理工系の基礎
力　　学

山口大学教授
理学博士

白石　清　著

裳　華　房

INTRODUCTION TO MECHANICS

by

Kiyoshi SHIRAISHI, DR. SC.

SHOKABO

TOKYO

序

本書は，物理系学科の大学生が，自力で最後まで読みこなせる力学の教科書を念頭において書かれたものである．

力学はいうまでもなく物理学，ひいては自然科学の中で最も基本的な学問である．したがって，その応用としての工学・医学など我々の生活と直結した学問分野においても，その基盤を提供しているのは力学であるといえる．本書では，運動の記述，運動の法則から，質点系・剛体の力学まで，多くの例題を交えながら論じており，読者の方々が力学の基礎知識および応用力を効率的に修得できることを希望している．

内容は質点の力学，質点系の力学，剛体の力学までである．各章の初めには「学習目標」・「キーワード」を配し，読者の方々の便宜を図った．また，各章各節に例題，各章末に章末問題を置き，読み進めながら達成度の確認ができるようにした．各章末問題の末尾には難易度に応じて，A（単純計算問題），B（標準問題），C（応用問題）と記号を付したので，問題を解く際の参考にしてほしい．

なお，裳華房のホームページ（https://www.shokabo.co.jp/）において，章末問題の詳細解答を公開している．必要に応じて，ダウンロードして活用いただければ幸いである．

最後に，本書執筆を勧めていただいた坂井典佑先生，刊行に当たりご指導いただいた裳華房の石黒浩之氏に感謝します．

2015 年秋

著　者

目　　次

第1章　座標とベクトル

第2章　運動の法則と力

第3章　簡単な運動

第4章　仕事とエネルギー

第 5 章　中心力と角運動量保存則

第 6 章　非慣性系と相対的な運動

第 7 章　質点系の運動と保存則

第 8 章　剛体の力学 ― 回転軸の向きが一定の場合 ―

第9章　剛体の一般的な回転運動

1 座標とベクトル

【学習目標】

・空間内の質点の運動の表し方を理解する.
・速度，加速度とは何かを説明できるようになる.
・ベクトルの和を理解する.

【キーワード】

質点，デカルト座標系，位置ベクトル，ベクトル，ベクトルの成分，速度（ベクトル），加速度（ベクトル）

1.1 デカルト座標系と位置ベクトル

最も簡単な物体のモデルは，物体を大きさのない点と見なすものである．後に第2章で述べる属性，質量はもっているので，これを**質点**とよぶ．大きさがないので，それ自身の回転運動は考えない．逆に，回転運動を考えなくてよい場合（物体が並進運動する場合），大きさのある物体でも質点と見なすことが可能である．したがって，本書では第8，9章で剛体を扱うまでは，物体を考えるときには理想化された質点を想定していることに注意する．

質点の位置をきちんと表すには，何か基準となるものが必要である．平面上に点Pに質点があるとしよう．もし，他に何も参照するものがなければ，この点Pの位置の情報を記述することはできない．そこでまず，平面上に1つの点をとり，これを原点と名づける．通常，原点はO（英字大文字のオー）で表す．原点を基準の点とすれば，原点と点Pの距離は測定により（例えば，メートル（m）を単位として）数値として表すことができる．しかし逆に，原点と与えられた距離だけでは，点Pの位置を特定することはできない．したがって，位置を表す基準としては原点だけでなく，向きをもっているものが必要となる．

そこで，我々は図1.1のように，原点を通る2つの互いに直交した直線を基準となるものとして採用する．これらを座標軸とよぶ．おのおのの座標軸には向きが示されている．通常，一方を x 軸，他方を y 軸とよぶ．また慣例として，x 軸の向きを（仮想的に）反時計回りに $\pi/2$（直角 $=90$ 度）回転すると y 軸に一致するよう，座標軸とそれらの向きは選ばれる．このような，原点を通り互いに直交し空間に固定された座標軸を用いた設定は，**デカルト座標系**とよばれている．

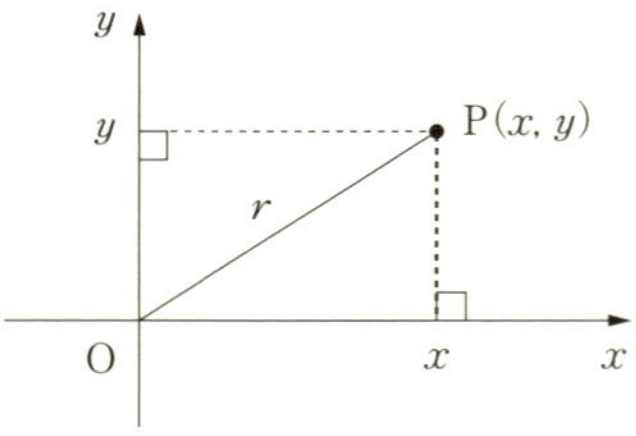

図1.1　平面上のデカルト座標系

この平面上の座標系において，点Pの位置は2つの数値の組（x, y）で表される．この x を点Pの x 座標，y を点Pの y 座標とよぶ．すなわち，y 軸上では $x=0$ であり，点Pの y 軸からの距離を x とする．ただし，y 軸から見て x 軸の向きと逆方向に点Pがある場合は，x は距離に負号（$-$）をつけたものとする．より単純に表現すれば，x 軸は（適当な長さの単位系をとったとき），原点がゼロに対応した数直線になっていて，点Pから x 軸に下ろした垂線の足の位置の数値が x である．y 座標についても全く同様に考えればよい（図1.1参照）．

例題1.1

点P（x, y）の原点からの距離 r を x と y を用いて表しなさい．

【解】　図1.1で，線分OPの長さが r である．線分OPを斜辺とした直角三角形を考えれば，三平方の定理（ピタゴラスの定理）により $r=\sqrt{x^2+y^2}$ であることがわかる．◆

実空間内での点の位置は，3次元デカルト座標系を用いて表すことができる．つまり，固定された原点および原点を通る互いに直交する3つの座標軸を設定すればよい．通常 3 つの軸は x 軸，y 軸，z 軸とする．3 つの座標の意味は平面のときと同様である．図 1.1 では，x 軸と y 軸の乗っている平面（x - y 平面とよぶ）が，先ほど述べた平面のデカルト座標軸の標準的な向きつけになっているとき，z 軸の向きは，この平面を見ている観測者の方向を向いている．このような座標系を**右手座標系**（右手系）とよぶ（図 1.2 参照）．この名称は，右手の親指，人差し指，中指を互いに直角に開いたとき，それらの向きが順に x 軸，y 軸，z 軸に対応することに由来している．

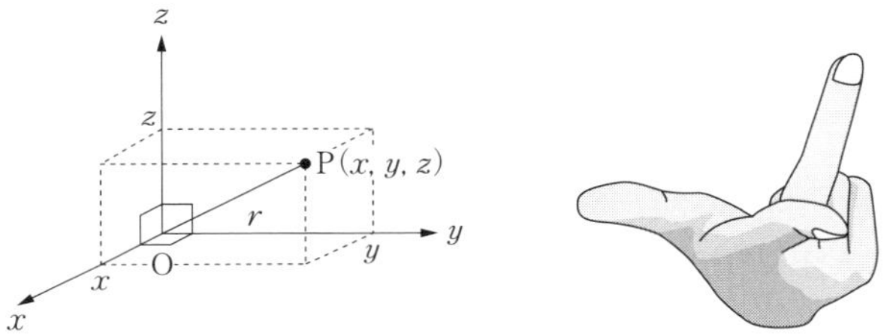

図 1.2　デカルト座標系（3 次元右手系）

例題 1.2

3 次元空間内の点 P (x, y, z) の原点からの距離 r を，x, y, z を用いて表しなさい．

【解】　図 1.2 で，線分 OP の長さが r である．線分 OP を対角線とした直方体を考えれば，$r = \sqrt{x^2 + y^2 + z^2}$ であることがわかる．◆

なお，点の位置の指定に必要な座標の数を次元とよぶ．平面は 2 次元であり，実空間では 3 次元である．

点 P の位置を表すのに，その座標を各成分とするベクトル，いいかえれば始点が原点，終点が点 P であるベクトル，を点 P の**位置ベクトル**とよぶ（次頁の図 1.3，図 1.4）．ベクトルは一般に太文字のアルファベットで表されるが，位置ベクトルは通常 $\boldsymbol{r}$ と書かれる．

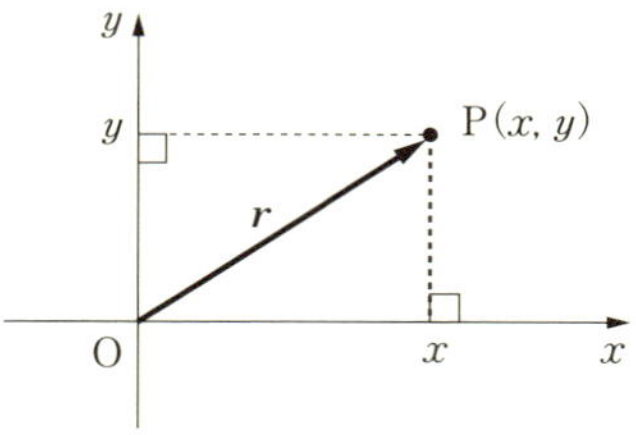

図 1.3　平面上の位置ベクトル

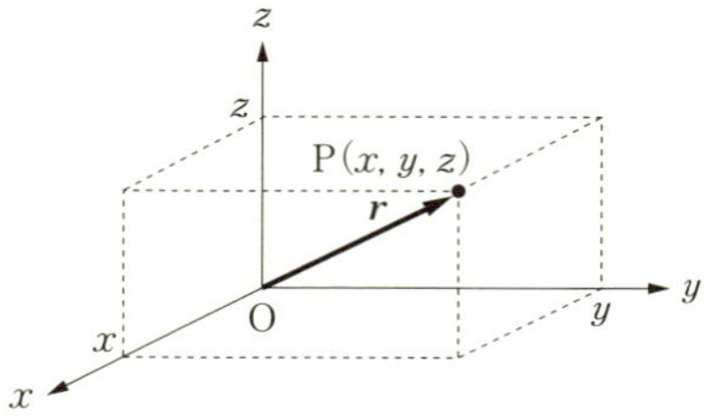

図 1.4　空間内の位置ベクトル

1.2 ベクトル

数学における**ベクトル**は，大きさ（長さ）と向きという2つの属性をもつ．このため，原点を基準点としてある点を表すために位置ベクトルが使用される．図に表す場合，ベクトルは矢印（有向線分）で表される．矢の先端の点がベクトルの終点，その反対の端点がベクトルの始点とよばれる（図 1.5 参照）．

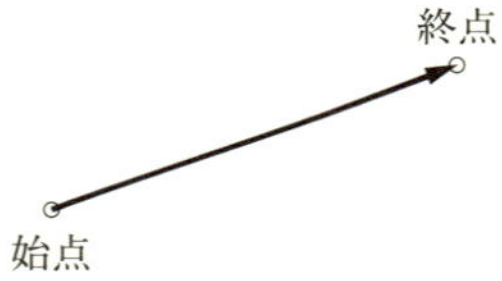

図 1.5　ベクトル

矢印は，始点から終点へのベクトルの向きを表している．前節の最後に述べた位置ベクトル $\boldsymbol{r}$ は，始点が原点に固定されている特別なベクトルである．ベクトルは物理学全般において有用な数学的道具であるので，この節ではその数学的性質の一部をまとめておくことにする．

一般にベクトルは，例えば $\boldsymbol{A}$，$\boldsymbol{B}$ のように太文字のアルファベットで書き表される．ベクトルの大きさはベクトルのノルム，または絶対値ともよばれ，数式中では絶対値記号で表すことが多い．例えば，ベクトル $\boldsymbol{A}$ の大きさを $|\boldsymbol{A}|$ で表す．しばしば，ベクトルの大きさを太文字ではなく普通の文字で表すことがある．例えば，ベクトル $\boldsymbol{A}$ の大きさを A で表すことが多くの場面で現れる．なお，大きさが1であるベクトルのことを**単位ベクトル**とよぶ．

ベクトルは，一般に向きと大きさが同じであれば，同じベクトルを表すものとする．すなわち，平行移動して一致する有向線分をすべて同一視するということである．ただし，実際に物理学で用いる場合には，位置ベクトルのように始点や終点の位置に特別の意味をもたせることがあるので，注意が必要である．このような特殊なベクトルを，固定ベクトルまたは束縛ベクトルとよぶ．このため，向きと大きさの2つの属性のみで表される一般のベクトルを，特に自由ベクトルとよぶことがある．

ここで，$\boldsymbol{A}$，$\boldsymbol{B}$，$\boldsymbol{C}$ をベクトルとする．図1.6のように，ベクトルの加法を定義する．例えば，$\boldsymbol{A}$ の終点に $\boldsymbol{B}$ の始点を，それぞれの向きは保ったまま重ねたとき，$\boldsymbol{A}$ の始点と $\boldsymbol{B}$ の終点を，それぞれ始点・終点とするベクトルを2つのベクトルの和 $\boldsymbol{A}+\boldsymbol{B}$ とする．すなわち，ベクトル $\boldsymbol{A}$ とベクトル $\boldsymbol{B}$ の和をベクトル $\boldsymbol{C}$ とするとき

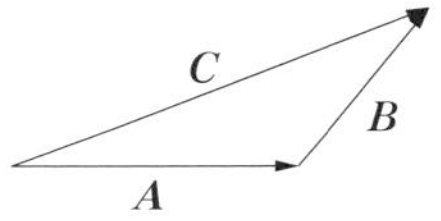

図1.6　ベクトルの和（その1）

$$\boldsymbol{A}+\boldsymbol{B}=\boldsymbol{C} \tag{1.1}$$

と表す．

あるいは，図1.7のように2つのベクトルの始点を合わせ，このベクトルを2辺とする平行四辺形を描き，その始点から始まる対角線にあたるベクトルを作れば，これが2つのベクトルの和となる．

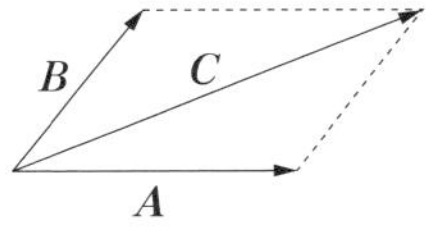

図1.7　ベクトルの和（その2）

以上から明らかなように，ベクトルの和においては数の加法と同様に交換法則が成り立つことがわかるであろう．つまり，

$$\boldsymbol{A}+\boldsymbol{B}=\boldsymbol{B}+\boldsymbol{A} \tag{1.2}$$

がベクトルの場合にも成り立つ．これは，図1.8を見れば明らかであろう．

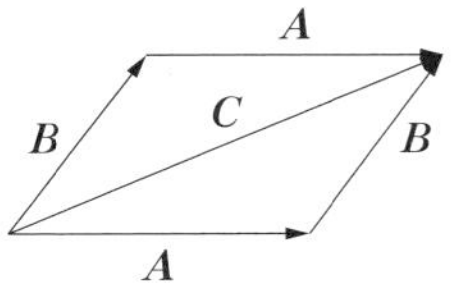

図1.8　ベクトルの加法における交換法則

例題 1.3

数の加法と同様，ベクトルの加法についても結合法則が成立する．

$$\text{結合法則：}\quad (\boldsymbol{A}+\boldsymbol{B})+\boldsymbol{C}=\boldsymbol{A}+(\boldsymbol{B}+\boldsymbol{C}) \tag{1.3}$$

これを図を描いて説明しなさい．

【解】 図 1.9 を用いて説明することができる．ベクトル $\boldsymbol{A}+\boldsymbol{B}$ とベクトル $\boldsymbol{C}$ の和は，ベクトル $\boldsymbol{A}$ とベクトル $\boldsymbol{B}+\boldsymbol{C}$ の和に等しい．

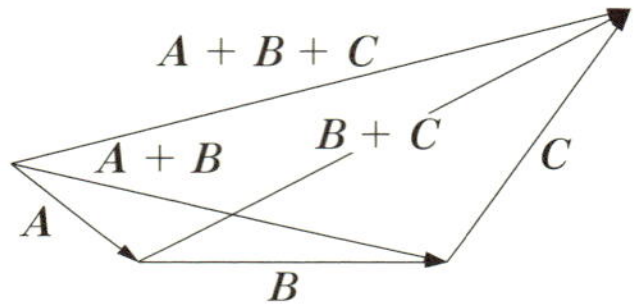

図 1.9 ベクトルの加法における結合法則

◆

次に，普通の数の体系のゼロ (0) と同様な性質をもつ**ゼロベクトル** ($\boldsymbol{0}$) を導入しよう．すなわち，

$$\boldsymbol{A}+\boldsymbol{0}=\boldsymbol{0}+\boldsymbol{A}=\boldsymbol{A} \tag{1.4}$$

の関係が成り立つと考える．このとき，ゼロベクトルは大きさはゼロ，つまり始点と終点が完全に一致したベクトルで，向きももつことができない．図の上では点で表さざるをえないことになる．ゼロベクトルもベクトルであるから太字で表さなければならないが，しばしば，0 でゼロベクトルを表すことがある．特に物理学など応用の場面では，ゼロベクトルを単にゼロとよぶことが多い．

また，負号のついたベクトル $-\boldsymbol{A}$ は，図 1.10 のようにベクトル $\boldsymbol{A}$ と大きさが同じで，向きが正反対のベクトルを表すものとする．

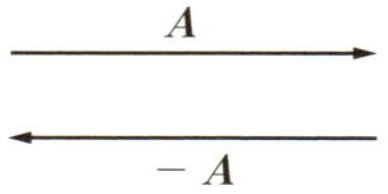

図 1.10 ベクトル $\boldsymbol{A}$ とベクトル $-\boldsymbol{A}$

このように定義すると，

$$\boldsymbol{A}+(-\boldsymbol{A})=\boldsymbol{0} \tag{1.5}$$

が普通の数の加法の場合と同様に成り立つ．

ベクトルの実数倍も自然に定義できる．同じベクトル 2 つの和は，元のベクトルと向きが同じで，大きさが 2 倍である．これを拡張して，正の実数 k に対してベクトル $k\boldsymbol{A}$ を考えると，それは大きさがベクトル $\boldsymbol{A}$ の大きさの k 倍で向きがベクトル $\boldsymbol{A}$ と同じものである．k が負の実数のときは，向きがベク

トル $\boldsymbol{A}$ と逆で，大きさが $|k|$ 倍のものとすればよい．例として，図 1.11 に $\boldsymbol{A}$，$2\boldsymbol{A}$，$-2\boldsymbol{A}$ を示した．

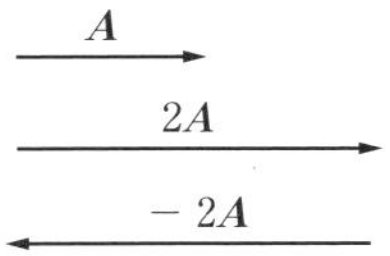

図 1.11　ベクトルの実数倍

普通の数と同様に考えれば，ベクトル $\boldsymbol{A}$ のゼロ倍は $0\boldsymbol{A} = \boldsymbol{0}$（ゼロベクトル）となり，任意の（あらゆる）ベクトルのゼロ倍はゼロベクトルである．また，$-\boldsymbol{A} = (-1)\boldsymbol{A}$ であることがわかる．

例題 1.4

k を実数，$\boldsymbol{A}$，$\boldsymbol{B}$ をベクトルとするとき，$k(\boldsymbol{A} + \boldsymbol{B}) = k\boldsymbol{A} + k\boldsymbol{B}$ となることを図を用いて示しなさい．

【解】　ベクトルの和を平行四辺形で表すことにすれば，相似比 k である平行四辺形を描くことによりこの関係を示すことができる（図 1.12 参照）．

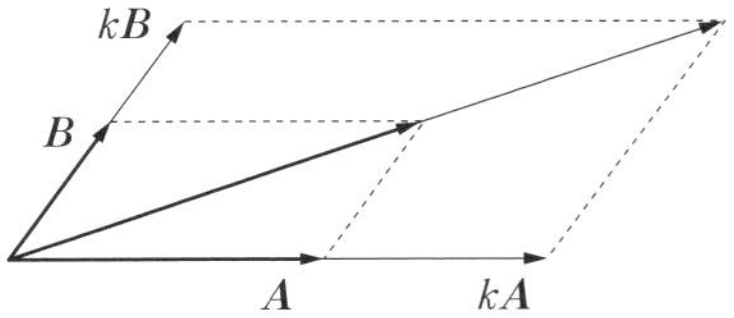

図 1.12　ベクトルの実数倍と和

◆

1.3　ベクトルとその成分

図を用いて幾何学的にベクトルの和が理解できるのは，簡単な場合に限られる．ベクトルをその成分に分解して考えると，それらを用いて直ちに式を表すことができるので，物理学などの応用分野においてはベクトルを成分で扱えることが必要である．ただしその際，適切な座標系を選ぶことが重要である．

デカルト座標系における各軸の方向をもつ単位ベクトルを考え，それらを用いて任意のベクトルを表そう．$\boldsymbol{e}_x$ を x 軸（正）方向の単位ベクトル，$\boldsymbol{e}_y$ を y 軸（正）方向の単位ベクトル，$\boldsymbol{e}_z$ を z 軸（正）方向の単位ベクトルとする．これらをデカルト座標系の**基底ベクトル**とよぶことにする．このとき，ベクトル $\boldsymbol{A}$ は 3 つの実数と基底ベクトルを用いて

$$\boldsymbol{A} = A_x\boldsymbol{e}_x + A_y\boldsymbol{e}_y + A_z\boldsymbol{e}_z \tag{1.6}$$

と表される．このとき，実数 A_x を $\boldsymbol{A}$ の x 成分，実数 A_y を $\boldsymbol{A}$ の y 成分，実数 A_z を $\boldsymbol{A}$ の z 成分とよぶ．

なお，点 P (x, y, z) を表す位置ベクトル $\boldsymbol{r}$ の x 成分は x 座標，y 成分は y 座標，z 成分は z 座標である．すなわち，

$$\boldsymbol{r} = x\boldsymbol{e}_x + y\boldsymbol{e}_y + z\boldsymbol{e}_z \tag{1.7}$$

である．通常，位置ベクトルの成分は x, y, z であるので，$\boldsymbol{r} = r_x\boldsymbol{e}_x + r_y\boldsymbol{e}_y + r_z\boldsymbol{e}_z$ とは書かないことに注意する．

点の座標を 3 つ組の数 (x, y, z) で表すことがあるように，一般のベクトルを表す場合にも（1.6）の表記の代わりに，

$$\boldsymbol{A} = (A_x, A_y, A_z) \tag{1.8}$$

と書き表すことが多い．この書き表し方をベクトルの成分表示とよぶこともある．

ベクトル $\boldsymbol{A}$ の大きさは，成分を用いて表せば

$$|\boldsymbol{A}| = \sqrt{A_x{}^2 + A_y{}^2 + A_z{}^2} \tag{1.9}$$

のように表される．これは三平方の定理（ピタゴラスの定理）から明らかである．

ちなみに，すべての成分が定数で表されるベクトルを一般に定ベクトルとよぶ．デカルト座標系における基底ベクトル $\boldsymbol{e}_x$, $\boldsymbol{e}_y$, $\boldsymbol{e}_z$ は，定ベクトルである．

例題 1.5

ベクトル $\boldsymbol{e}_x$ の成分表示を書きなさい．

【解】 $\boldsymbol{e}_x = (1, 0, 0)$ ◆

ベクトルの k 倍（k は実数）は，成分で考えると，ベクトルの各成分を k 倍することにあたる．ベクトル $\boldsymbol{A}$ を $\boldsymbol{A} = (A_x, A_y, A_z)$ としたとき，実数 k について $\boldsymbol{A}$ の k 倍のベクトルの成分は

$$k\boldsymbol{A} = (kA_x, kA_y, kA_z) \tag{1.10}$$

である．このとき，このベクトルの向きは，k が正であると元のベクトルと同じ向き，k が負であると元のベクトルと逆の向きである．k がゼロのときは，

ゼロベクトルになり向きも大きさもない．

成分を用いたときのベクトルの和は，ベクトルの各成分ごとに和をとるという簡単な規則となる．2つのベクトル $\boldsymbol{A}$，$\boldsymbol{B}$ を $\boldsymbol{A} = (A_x, A_y, A_z)$，$\boldsymbol{B} = (B_x, B_y, B_z)$ とするとき，それらの和は以下のようになる．

$$\boldsymbol{A} + \boldsymbol{B} = (A_x + B_x, A_y + B_y, A_z + B_z) \tag{1.11}$$

1.4 速度，等速直線運動

ある点の位置が時間の経過と共に変化する場合を考えよう．物理学では，これは点の運動を意味する．このとき，点の位置を表す座標が時刻 t（時間経過は，例えば秒（s）を単位としてはかる）に依存することになるから，点の位置を表す3つの座標は一般には独立な3つの t の関数である．したがって，位置ベクトル $\boldsymbol{r}$ は時刻 t の関数で表すことができる．すなわち，

$$\boxed{\boldsymbol{r}(t) = (x(t), y(t), z(t))} \tag{1.12}$$

と書き表す．いいかえれば，点の運動はその位置ベクトル $\boldsymbol{r}$ が時刻 t の関数，すなわち t の変化につれて $\boldsymbol{r}$ が変化し，t が定まれば $\boldsymbol{r}$ が決まる，として表すことができるということである．なお，関数であってもその依存性，すなわち，付記されている (t) などを省略することがあるので注意する．

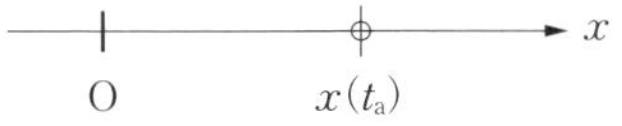

図 1.13　x 軸上の運動する点

まず，一番簡単な点の運動の例として，図 1.13 のように点が一直線上を運動している場合を考える．

その直線を x 軸とするような座標系を考えれば，点の位置は，時刻の関数 $x(t)$ で表される．このとき，$y = z = 0$ である．図 1.13 には，ある時刻 t_a における点の位置が記されている．横軸に t，縦軸に x をとったグラフで，一般の点の運動を図 1.14 のように表すことができる．これを x-t グラフ

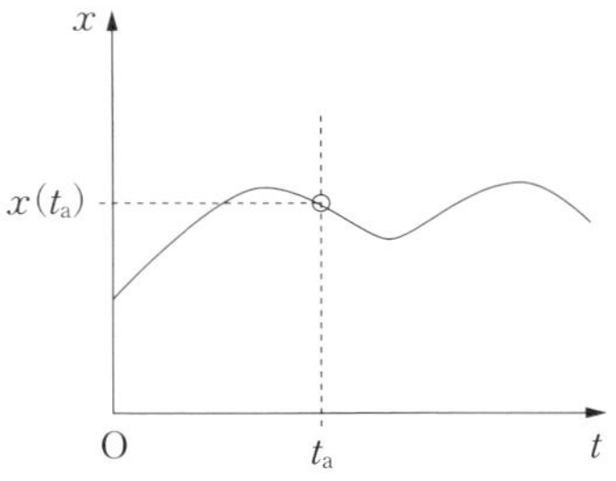

図 1.14　x-t グラフ

（あるいは x-t 図）とよぶ．

点が運動するとき，その移動距離を経過時間で割ったものを**速さ**という．すなわち，速さは単位時間当りの移動距離を表す．一般には，運動の記述には速さと向きが必要である．そこで，速さと向きを合わせたものとして，**速度**というものを考えていくことにする．一般に，速さは速度の大きさである．

時刻 t_1 から時刻 t_2 の間に点が x_1 から x_2 に動いたとする．位置座標 x を時刻の関数 $x(t)$ としたとき，$x_1 = x(t_1)$，$x_2 = x(t_2)$ である．点の位置の移動の際，位置の差を**変位**とよび，今の場合，変位は $x_2 - x_1$ である．このとき，**平均の速度**は変位を経過時間 $t_2 - t_1$ で割ったもので

$$\frac{x_2 - x_1}{t_2 - t_1} \tag{1.13}$$

である．すなわち平均の速度は，この時間内における単位時間当りの変位を表している．したがって，速度の単位は例えばメートル毎秒（m/s）である．(1.13) のような平均の速度は，図 1.15 の図中に引かれた直線の傾き（$\tan\theta$）に比例する．

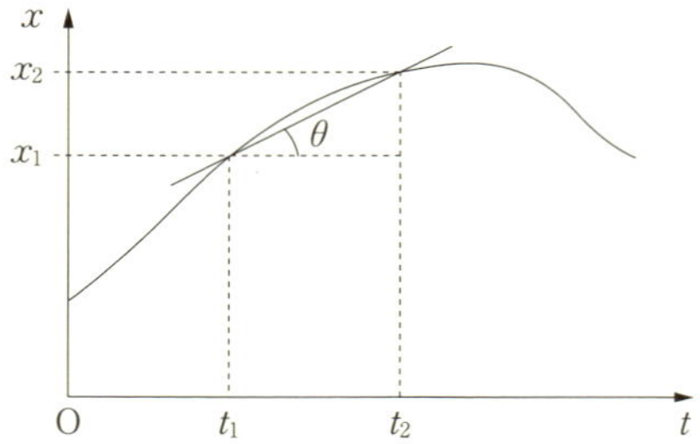

図 1.15　平均の速度

この傾きの値は $x_2 < x_1$ ならば負の値となるが，このときは x 軸の負方向の速度をもっているということになる．

時刻 t から時刻 $t + \Delta t$ の間に，点は $x(t)$ から $x(t + \Delta t)$ へと動くとする．$\Delta x = x(t + \Delta t) - x(t)$ とすれば，平均の速度は $\Delta x/\Delta t$ である．ここで Δt をゼロに近づけていく極限を考え，時刻 t の瞬間の**速度**を定義する．このとき x-t グラフ上では，平均の速度が点の運動を表す曲線の「時刻 t における接線の傾き」に徐々に近づいていくことがわかる（図 1.16 参照）．これが時刻 t

における速度である．

　このような極限操作は，数学では関数から導関数を求める操作，すなわち関数の微分に相当する．したがって，時刻 t における点の速度を

$$\boxed{v(t) = \frac{dx}{dt}} \tag{1.14}$$

と表す．ここで，極限記号（lim）を用いれば，

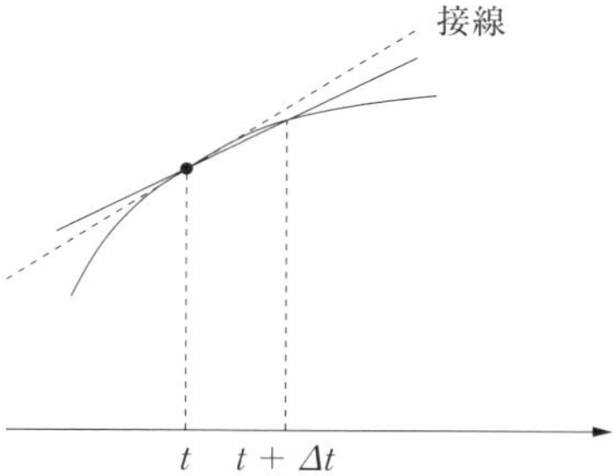

図 1.16　微小時間における平均の速度

$$\frac{dx}{dt} = \lim_{\Delta t \to 0} \frac{x(t + \Delta t) - x(t)}{\Delta t} \tag{1.15}$$

である．このような x の時間微分をしばしば $\dot{x}$ とも表すが，これはもともと**ニュートン**（Sir Isaac Newton, 1643 - 1727）の考案した記法である．一方，記法 dx/dt は**ライプニッツ**（Gottfried Wilhelm Leibniz, 1647 - 1716）が考案したものである．時と場合により両者を使い分けることが必要である．また，単に導関数 dx/dt を関数 x の t（についての）微分とよぶことがある．

　位置 $x(t)$ の導関数は速度を表すが，これは一般に時刻の関数である．したがって，縦軸に v をとって v - t グラフを描くことができる（図 1.17）．

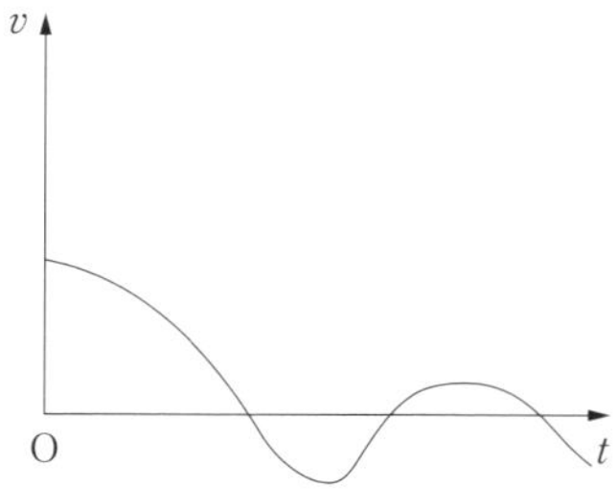

図 1.17　v - t グラフの例

　点の空間内の位置は，すでに見たようにデカルト座標系を用いて表すことができ，この座標を各成分とする位置ベクトルで書き表すことができる．x 軸上の運動の場合と同様にして考えると，空間内における時刻 t から時刻 $t + \Delta t$ の間の変位は，図 1.18 のように

$$\Delta \boldsymbol{r} = \boldsymbol{r}(t + \Delta t) - \boldsymbol{r}(t) \tag{1.16}$$

という変位ベクトルであり，Δt をゼロに近づけていく極限で得られる

$$\boldsymbol{v}(t) = \frac{d\boldsymbol{r}}{dt} = \lim_{\Delta t \to 0} \frac{\boldsymbol{r}(t + \Delta t) - \boldsymbol{r}(t)}{\Delta t} \tag{1.17}$$

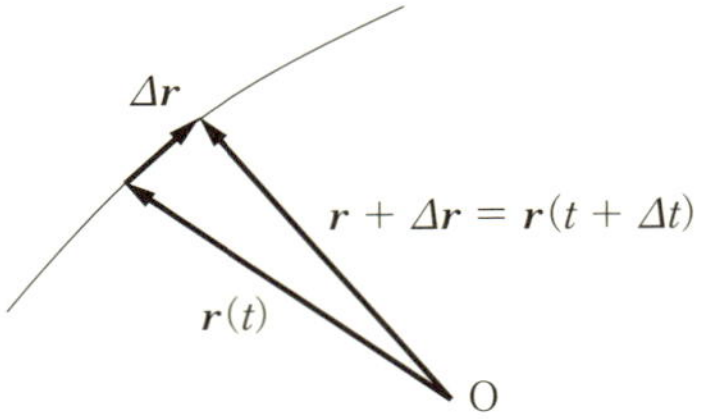

図 1.18　微小時間内の変位

は，位置ベクトル $\boldsymbol{r}(t)$ の（時間）微分であり，これを時刻 t における速度ベクトルまたは速度と定義する．この場合のベクトルの微分は，その 3 つの成分を時間の関数として，その導関数を求めて表せばよい．すなわち，まとめて書けば

$$\boxed{\boldsymbol{v}(t) = \frac{d\boldsymbol{r}}{dt} = \left(\frac{dx}{dt}, \frac{dy}{dt}, \frac{dz}{dt}\right) = (\dot{x}, \dot{y}, \dot{z})} \tag{1.18}$$

となる．この速度ベクトル $\boldsymbol{v}(t)$ は，微小時間の間の変位ベクトル（と微小時間の比）の極限に由来するので，質点の軌跡または軌道（空間内で点の運動した跡を表す曲線）に接している．ちなみに，前と同様に，しばしば $d\boldsymbol{r}/dt$ を $\dot{\boldsymbol{r}}$ と略記する．

例題 1.6

点 P が空間内を運動している．その座標が下記のような t の関数として与えられているとき，時刻 t における点 P の速度 $\boldsymbol{v}$ を求めなさい．

$$\boldsymbol{r}(t) = (R\cos\omega t, R\sin\omega t, Vt) \qquad (R, \omega, V \text{ は定数})$$

【解】　成分ごとに t で微分して

$$\boldsymbol{v}(t) = \frac{d\boldsymbol{r}}{dt} = (-\omega R\sin\omega t, \omega R\cos\omega t, V)$$

を得る．

ここで三角関数の導関数について $(d/dx)\sin x = \cos x$，$(d/dx)\cos x = -\sin x$ を使った．◆

簡単な運動の一例として，**等速直線運動**を考えよう．直線上を点が一定の速度で運動する場合である．簡単のため，点は x 軸上を運動するものとする．一定の正の値 v_0 を速度とする場合に，この運動を x - t グラフで表すと図 1.19

のようになる．ただし，ここでは t は正の値をとるものとした．

この場合，横軸を t，縦軸を x ととると，グラフは傾き一定の直線となる．この直線の傾きが速度を表している．グラフを式で表せば

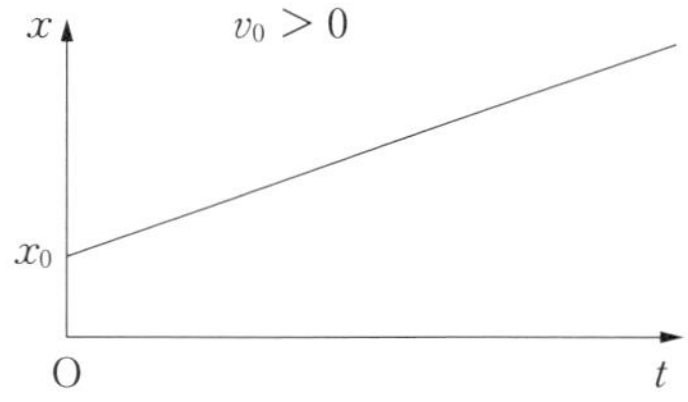

図 1.19 等速直線運動の x-t グラフ

$$\boxed{x(t) = x_0 + v_0 t \quad (x_0, v_0 \text{ は定数})} \tag{1.19}$$

となる．ただし，$t = 0$ のとき $x = x_0$ とした．(1.19) で表される等速直線運動では，速度は

$$v(t) = \frac{dx}{dt} = v_0 \tag{1.20}$$

である．v_0 は一定値で速度を表す．この値が正のときは x 軸の正方向への運動，負のときは負方向への運動となる．特別な場合 $v_0 = 0$ では，質点は静止していることに対応する．

等速直線運動の v-t グラフは，図 1.20 のように水平な直線になる．

この v-t グラフにおいて，この直線と t 軸，$t = t_1$ と $t = t_2$ を表す 2 つの直線で囲まれた長方形の面積（図中灰色の部分）は，ちょうど時刻 t_1 から時刻 t_2 の間の質点の変位（位置の変化）$x(t_2) - x(t_1)$ になる．なぜならば，(1.19) から

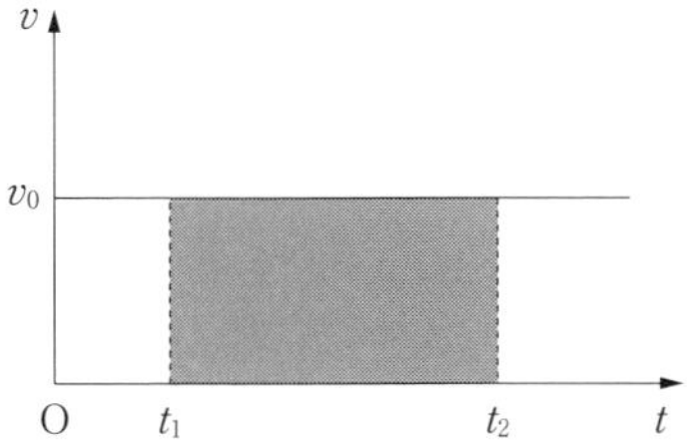

図 1.20 等速直線運動の v-t グラフ

$$x(t_2) - x(t_1) = v_0(t_2 - t_1) \tag{1.21}$$

が導かれるからである．ただし，v_0 が負のとき（長方形が t 軸の下に来る）は，囲まれた面積は負の値と解釈しなければならない．

一般の x 軸上の直線運動では，v-t グラフは x-t グラフ上各点の接線の傾きをプロットすればよい．v-t グラフから x-t グラフを考えるときは，等速

直線運動の場合を参考にして考える．すなわち，一般の運動でも，ごく短い時間間隔の間は一定の速度であると近似できる．

ここで，図 1.21 の v-t グラフで表される運動を考える．時刻 t_1 から時刻 t_2 の間の運動を考えるとき，この時間間隔を N 等分したものを Δt とすれば，

$$\Delta t = \frac{t_2 - t_1}{N} \tag{1.22}$$

が得られる．このような短い時間間隔 Δt においては，

$$\Delta x = x(t + \Delta t) - x(t) \sim v(t)\Delta t \tag{1.23}$$

と近似できるので，$v(t)\Delta t$ を次々足し合わせたものは，以下のものに等しい．

$$\begin{aligned}&\{x(t_1 + \Delta t) - x(t_1)\} + \{x(t_1 + 2\Delta t) - x(t_1 + \Delta t)\}\\ &\qquad\cdots\\ &\qquad + \{x(t_1 + N\Delta t) - x(t_1 + (N-1)\Delta t)\\ &= -x(t_1) + x(t_1 + N\Delta t)\\ &= x(t_2) - x(t_1)\end{aligned} \tag{1.24}$$

したがって，N を非常に大きくしたと考えると，等速直線運動の場合と同様，v-t グラフにおける曲線と t 軸，および $t = t_1$ と $t = t_2$ を表す 2 つの直線で囲まれた図形の面積は，ちょうど時刻 t_1 から時刻 t_2 の間の質点の変位 $x(t_2) - x(t_1)$ になる．この場合も，t 軸より下の図形は負の値を表すものとする．

以上の考察は，数学においてある関数の原始関数を求めること，すなわち積分に相当する．ここでわかったのは変位のみなので，完全な x-t グラフを作るには，ある時刻（例えば t_1）での位置 $x(t_1)$ を決めてやらなくてはならない．このことは，積分においては，積分定数を何らかの条件で決めなくてはならないことに対応している．

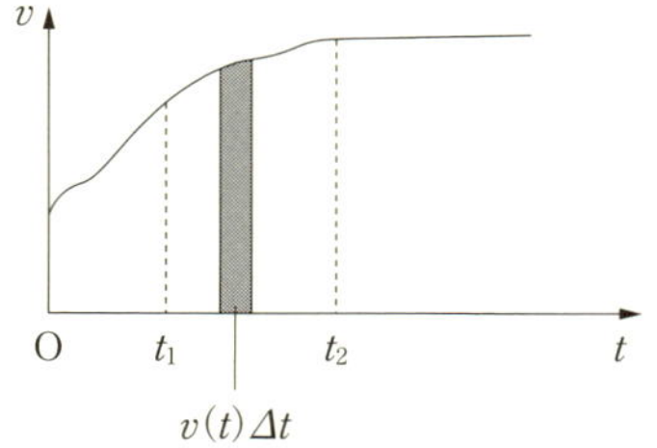

図 1.21　一般の直線運動における v-t グラフ

1.5 加速度，等加速度直線運動

速度は一般に，時間の経過と共に変化していく．まず，点が一直線上を運動している場合を考える．時刻 t_1 での点の速度を v_1，t_2 での点の速度を v_2 とする．このとき，平均の速度の変化，すなわち平均の加速度は，速度の変化 $v_2 - v_1$ を経過時間で割ったもの（単位時間当りの速度変化）で

$$\frac{v_2 - v_1}{t_2 - t_1} \tag{1.25}$$

である．平均の速度から瞬間の速度を考えていったように，時刻 t における速度を $v(t)$ としたとき，時刻 t における点の加速度は

$$\boxed{a(t) = \lim_{\Delta t \to 0} \frac{v(t + \Delta t) - v(t)}{\Delta t} = \frac{dv}{dt}} \tag{1.26}$$

として表される．このように，速度を時刻 t の関数と見たときに，その導関数は**加速度**となる．これは瞬間の速度の時間変化率である．x 軸に沿った運動の場合は，$x(t)$ の t による 2 階微分で以下のように表される．

$$\boxed{a(t) = \frac{dv}{dt} = \dot{v} = \frac{d^2x}{dt^2} = \ddot{x}} \tag{1.27}$$

なお，等速直線運動では，加速度はゼロである．

一般の空間内の点の運動の場合，速度ベクトルを時間微分したもの，つまり，以下に示すように速度ベクトルの時間変化率が加速度ベクトル $\boldsymbol{a}(t)$ である．

$$\boldsymbol{a}(t) = \frac{d\boldsymbol{v}}{dt} = \lim_{\Delta t \to 0} \frac{\boldsymbol{v}(t + \Delta t) - \boldsymbol{v}(t)}{\Delta t} \tag{1.28}$$

すなわち，

$$\boxed{\boldsymbol{a}(t) = \frac{d\boldsymbol{v}}{dt} = \frac{d^2\boldsymbol{r}}{dt^2}} \tag{1.29}$$

となる．また，ニュートンの記法では

$$\boldsymbol{v} = \dot{\boldsymbol{r}}, \qquad \boldsymbol{a} = \dot{\boldsymbol{v}} = \ddot{\boldsymbol{r}} \tag{1.30}$$

となる．加速度ベクトルは，位置ベクトルの時間についての 2 階微分である．したがって，加速度の成分や大きさを表す単位はメートル毎秒毎秒（$\mathrm{m/s^2}$）である．なお，加速度ベクトルの向きは，一般に運動方向と（直接の）関係が

ないことに注意しよう．

例題 1.7

点 P が空間内を運動している．その座標が下記のような t の関数として与えられているとき，時刻 t における点 P の加速度 $\boldsymbol{a}$ を求めなさい．

$$\boldsymbol{r}(t) = (R\cos\omega t,\ R\sin\omega t,\ Vt) \quad (R, \omega, V \text{ は定数})$$

【解】 $\boldsymbol{r}(t) = (x(t), y(t), z(t))$ のときは $\boldsymbol{a}(t) = (d^2x/dt^2, d^2y/dt^2, d^2z/dt^2)$ であるから，$\boldsymbol{a}(t) = (-\omega^2 R\cos\omega t,\ -\omega^2 R\sin\omega t,\ 0)$ である．◆

加速度，すなわち速度の変化の割合が一定の直線上の運動を考える．簡単のため，x 軸上の**等加速度直線運動**としよう．このとき，v-t グラフは図 1.22 のようになり，速度は

$$\boxed{v(t) = \frac{dx}{dt} = v_0 + a_0 t} \tag{1.31}$$

のように書ける．ただし，$t=0$ のとき速度 $v = v_0$ であるとした．$t=0$ を運動の開始とするとき，$v(0) = v_0$ を初速度とよぶ．

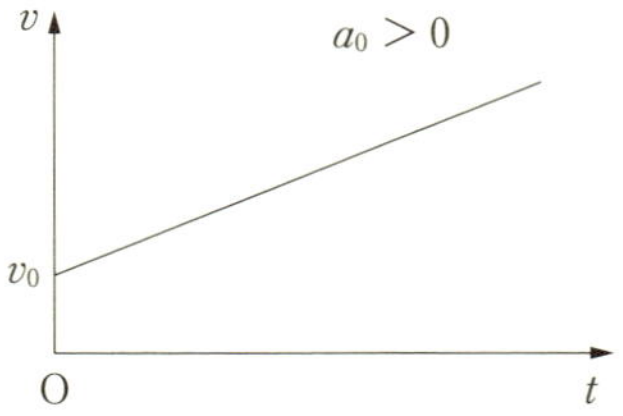

図 1.22　等加速度直線運動の v-t グラフ

等加速度直線運動の v-t グラフから $x(t)$ がどのように表されるか考えてみよう．1.4 節で見たように，図 1.23 中に示した灰色部分の図形の面積が変位を表す．すなわち，台形，あるいは長方形と直角三角形の和として，この台形部分の面積は

$$\frac{v_0 + v_0 + a_0 t}{2} \times t = v_0 t + \frac{1}{2} a_0 t \times t = v_0 t + \frac{1}{2} a_0 t^2 \tag{1.32}$$

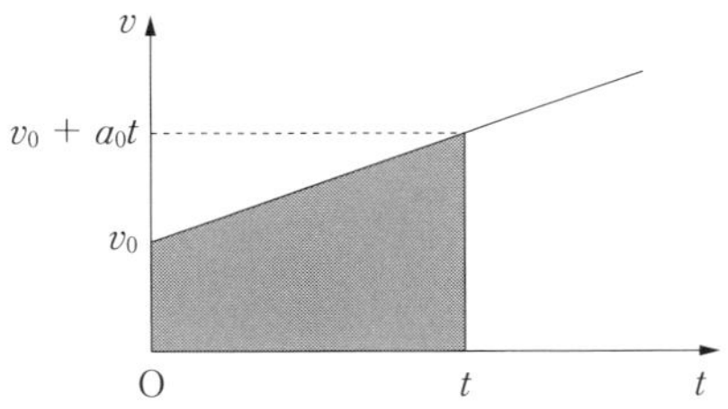

図 1.23　v-t グラフから変位を求める

のように表される．これが，時刻ゼロから時刻 t までの変位である．1.4 節における議論との対応では，$t_1 = 0$，$t_2 = t$ と考えればよい．時刻 0 のときの x を x_0 とすれば，$x(t)$ は

$$\boxed{x(t) = x_0 + v_0t + \frac{1}{2}a_0t^2 \quad (x_0, v_0, a_0 \text{ は定数})} \tag{1.33}$$

となる．$t = 0$ のとき $x = x_0$ となることを確かめるのは容易である．(1.33) を表すグラフは，横軸を t，縦軸を x ととった x-t グラフにおいて放物線（の一部）となる（図 1.24）．

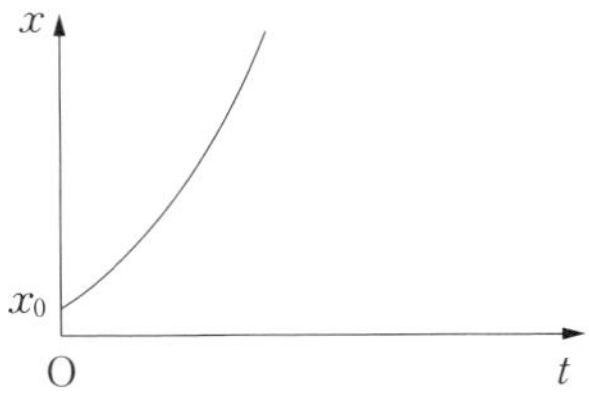

図 1.24　等加速度直線運動の x-t グラフ

この $x(t)$ の導関数として，$v(t)$ が微分の操作で求められるかを確かめよう．微分の定義通りに考えれば

$$\begin{aligned}
v(t) &= \lim_{\Delta t \to 0} \frac{x_0 + v_0 \cdot (t + \Delta t) + (1/2)a_0 \cdot (t + \Delta t)^2 - (x_0 + v_0t + (1/2)a_0t^2)}{\Delta t} \\
&= \lim_{\Delta t \to 0} \frac{v_0\Delta t + (1/2)a_0 \cdot (2t\Delta t + \Delta t^2)}{\Delta t} = \lim_{\Delta t \to 0}\left[v_0 + \frac{1}{2}a_0 \cdot (2t + \Delta t)\right] \\
&= v_0 + a_0t
\end{aligned} \tag{1.34}$$

を得る．この結果は (1.31) と一致している．ゆえに，$x(t)$ の導関数として $v(t)$ が微分操作で求められた．

例題 1.8

(1.31) から，加速度が一定であること，すなわち $a(t) = dv/dt = a_0$ (a_0 は定数) を，微分の定義に立ち返って示しなさい．

【解】
$$\frac{dv}{dt} = \lim_{\Delta t \to 0} \frac{v(t+\Delta t) - v(t)}{\Delta t} = \lim_{\Delta t \to 0} \frac{v_0 + a_0(t+\Delta t) - (v_0 + a_0 t)}{\Delta t}$$
$$= \lim_{\Delta t \to 0} \frac{a_0 \Delta t}{\Delta t} = a_0 \ \blacklozenge$$

(1.31), (1.33) を使って，時刻 t をあらわに (陽に) 含まない関係式

$$v^2(t_b) - v^2(t_a) = 2a_0 v_0 t_b + a_0{}^2 t_b{}^2 - 2a_0 v_0 t_a - a_0{}^2 t_a{}^2$$
$$= 2a_0\{x(t_b) - x(t_a)\} \tag{1.35}$$

すなわち

$$\boxed{v^2(t_b) - v^2(t_a) = 2a_0\{x(t_b) - x(t_a)\}} \tag{1.36}$$

を作ることができる．ここで，「あらわに (陽に) 含まない」というのは，式の中に変数 t が含まれていないということである．実際には v と x は t の関数だが，t は表立っては現れていないということである．この関係式は，後で第 4 章の力学的エネルギー保存則のところで有用となる．

章 末 問 題

【1】　$t = 0$ で $x = 0$ にあった質点が，一定の速度 5 m/s で x 軸上を運動している．$t = 3$ s のときの速度 v と位置 x を求めなさい．**1.4 節**　**A**

【2】　位置 $x = 0$ で静止していた質点が，一定の加速度 2 m/s^2 で x 軸上を運動し始めた．このときを $t = 0$ とする．$t = 3$ s のときの速度 v と位置 x を求めなさい．**1.5 節**　**A**

【3】　質点が，x 軸上を一定の加速度 2 m/s^2 で運動している．$x = 0$ の点を通過したときの質点の速度は 1 m/s であった．$x = 6$ の点を通過するときの速度 v を求めなさい．**1.5 節**　**A**

【4】　ある座標系で，位置ベクトルが定ベクトル $\boldsymbol{R} = (X, Y, Z)$ で表される点を新たな原点 O′ とする．基底ベクトルは元の座標系と同じものを採用する．空間内のあ

る点 P の元の座標系での位置ベクトルを $\boldsymbol{r} = (x, y, z)$ とし，原点を O′ とした新しい座標系での点 P を表す位置ベクトル $\boldsymbol{r}' = (x', y', z')$ とする．$\boldsymbol{r}$ と $\boldsymbol{r}'$ の間の関係式を求めなさい． **1.2 節，1.3 節** **B**

【5】 点 P が空間内を運動している．その座標が下記のような t の関数として与えられているとき，時刻 t における点 P の速度 $\boldsymbol{v}$ を求めなさい．なお，双曲線関数は $\cosh x = (e^x + e^{-x})/2$，$\sinh x = (e^x - e^{-x})/2$ で定義される． **1.4 節** **B**

(a) $\boldsymbol{r}(t) = (Ae^{bt} \cos bt, Ae^{bt} \sin bt, c)$　(A, b, c は定数)

(b) $\boldsymbol{r}(t) = (L \cosh \nu t, L \sinh \nu t, L \ln 2\nu t)$　(L, ν は定数)

【6】 図 1.25 は，x 軸上を運動する質点の距離 x と時刻 t のグラフである．下記の問いに答えなさい． **1.4 節** **B**

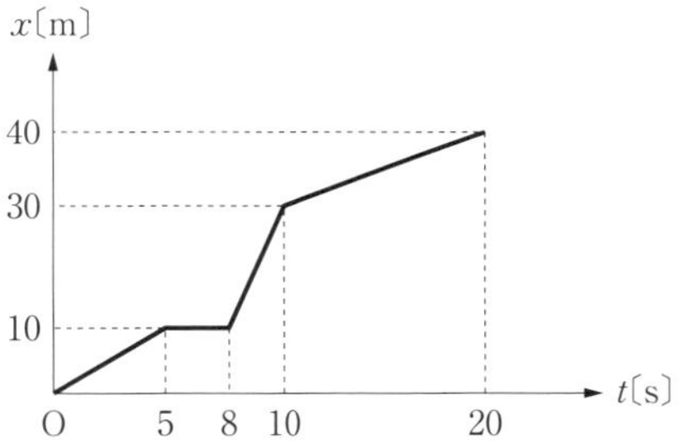

図 1.25

(a) 区間に分けて質点の速度 v〔m/s〕を求めなさい．

(b) この質点の速度 v と時間 t の v-t グラフを書きなさい．

【7】 次の v-t グラフ（図 1.26）は，車が直線道路を走っている様子を表している．下記の問いに答えなさい． **1.4 節** **B**

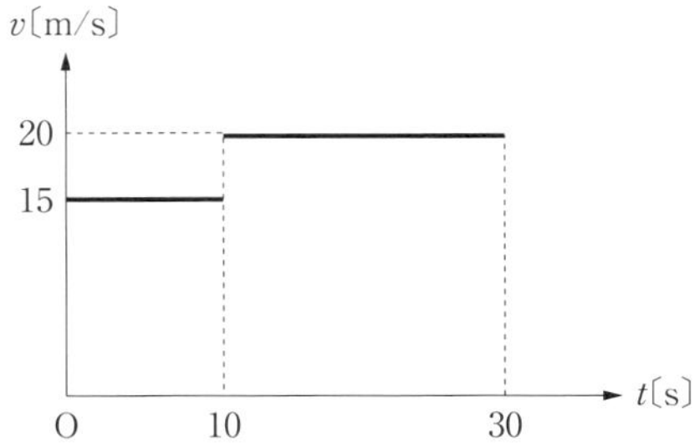

図 1.26

(a) 初めの 10 秒間で車はどれだけ進むか答えなさい.

(b) この 30 秒間に車が進んだ距離を求めなさい.

(c) $t = 0$ で原点を出発し, x 軸正方向に走っていく車の運動の様子を x-t グラフで表しなさい.

【8】 $\boldsymbol{r}_0$, $\boldsymbol{v}_0$, $\boldsymbol{a}_0$ を定ベクトルとし, 質点の位置ベクトル $\boldsymbol{r}$ が $\boldsymbol{r}(t) = \boldsymbol{r}_0 + \boldsymbol{v}_0 t + (1/2)\boldsymbol{a}_0 t^2$ で与えられている. この質点の運動で, 時刻 t における速度ベクトル $\boldsymbol{v}(t)$ および加速度ベクトル $\boldsymbol{a}(t)$ を求めなさい. **1.4 節, 1.5 節**　**B**

【9】 質点が空間内を運動している. その座標が下記のような t の関数として与えられているとき, 時刻 t における質点の加速度 $\boldsymbol{a}$ を求めなさい. **1.5 節**　**B**

(a) $\boldsymbol{r}(t) = (Ae^{bt}\cos bt, Ae^{bt}\sin bt, c)$　(A, b, c は定数)

(b) $\boldsymbol{r}(t) = (L\cosh \nu t, L\sinh \nu t, L\ln 2\nu t)$　(L, ν は定数)

【10】 質点が $t = 0$ で原点を出発して x 軸上を動いている. その v-t グラフが図 1.27 である. 下記の問いに答えなさい. **1.5 節**　**B**

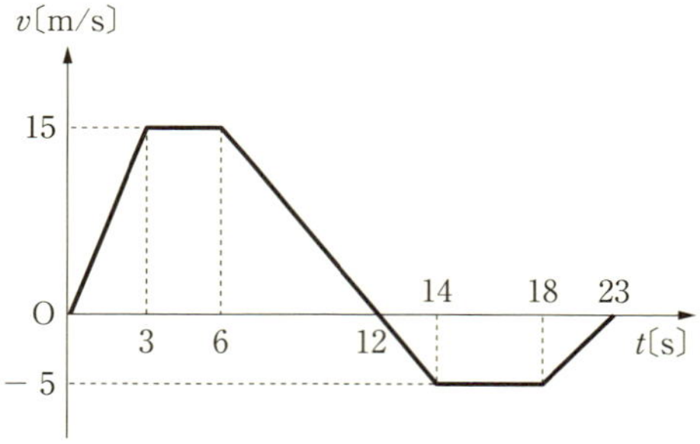

図 1.27

(a) 各時間帯での加速度 a〔$\mathrm{m/s^2}$〕を求めなさい.

(b) 初めの 12 秒間に動いた距離を求めなさい.

(c) 23 秒後の質点の位置を求めなさい.

2 運動の法則と力

【学習目標】

・慣性の法則と慣性系を理解する.
・運動の法則を理解する.
・作用反作用の法則を理解する.
・力の性質と力のつり合いを理解する.
・重力の性質を理解する.
・垂直抗力と摩擦力の性質を理解する.
・糸の張力の性質を理解する.

【キーワード】

慣性, 慣性座標系, 運動の法則, 力, 質量, ガリレイ変換, 重力, 重力加速度, 垂直抗力, 摩擦力, 作用反作用の法則, 外力, 内力, 糸の張力

2.1 慣性の法則（運動の第1法則）

ニュートンは, 以下の**運動の法則**（運動の3法則）を示した.

（1） **慣性の法則**（力のはたらいていない物体は, 静止しているか, または等速度運動をする.）

（2） **運動の法則**（運動している物体の加速度は, その物体にはたらく力に比例し, その物体の質量に反比例する.）

（3） **作用反作用の法則**（物体Aが物体Bに力を及ぼすとき, 物体Aは物体Bから大きさが同じで向きが正反対の力を受ける.）

まずこの節では, 上に挙げた1番目の法則である**慣性の法則**について, どのようなものか見ていこう.

滑らかな斜面を物体が滑り落ちる．その先に上りの斜面があれば，物体は最初と同じ高さまで上るだろう．**ガリレイ**（Galileo Galilei, 1564－1642）は，同様の現象を振り子の運動の中に見出した．おもりの運動の途中で糸の長さが変わる振り子を考える．

図 2.1 のように，運動している振り子は黒丸で表した途中の釘に引っかかるが，その後の振り子のおもりの最高点の高さは，釘の位置に関わらず最初におもりを静かに手放した点と同じ高さになる．同様に，滑らかな下り坂で手を離れた物体は，その前方に上り坂があった場合，その坂の傾きに関わらず同じ高さまで上るのである．

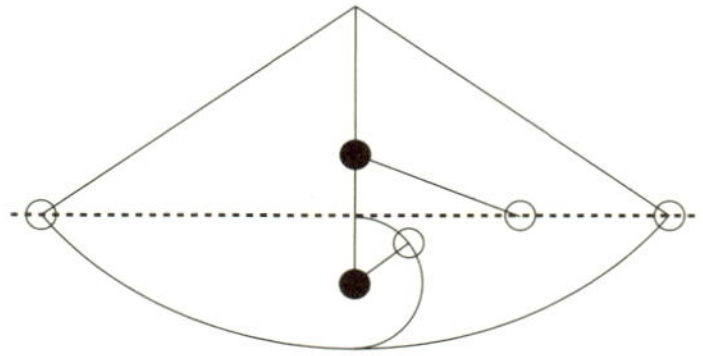

図 2.1　ガリレイの振り子

次に，前方の坂の傾きを緩くしていくことを考える（図 2.2 参照）．上り坂がどんどん水平に近づいていくと共に，物体ははるか遠くまで到達するようになる．さらにわかることは，物体の速さの変化も，坂の勾配が緩ければ，いくらでも小さくなっていく．このことから，水平面において物体は一定の速度で動き続けることが推論の結果導かれた．

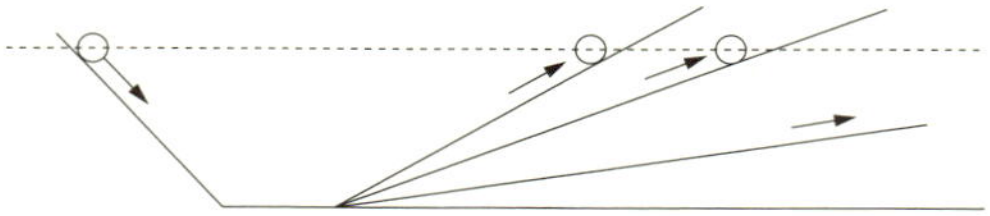

図 2.2　ガリレイの斜面を用いた思考実験

ちなみに，現実には摩擦や抵抗のため，このような理想的な条件の下での実験は実際には困難である．このような，推論のみから組み立てる仮想的実験を**思考実験**とよぶ．

ここから以下のように考察を進める．運動そのものの原因を求めるのではなく，運動の変化の原因として力を考える．逆に，それら原因となるものがないならば，同じ運動すなわち等速直線運動を続けると考える．物体が運動状態を維持し続ける性質を**慣性**と名づける．すべての物体は慣性をもつ，というのが慣性の法則である．つまり，「物体に力がはたらかなければ，物体は静止または等速直線運動を続ける」のである．

後に述べる運動の第 2 法則から，力がはたらかなければ，物体の運動状態は変わらないことがわかる．第1法則は，そういう物体の運動状態，すなわち物体の速度の変わらない状況が実際に存在していることを暗に要求している，と解釈できる．つまり，運動の第2法則が成り立つような**観測者**，または座標系が存在することを規定するのが運動の第1法則なのである．この運動の法則が成り立つ座標系を，慣性座標系または**慣性系**という．

2.3節で示すが，ある1つの慣性系に対して等速直線運動している座標系はすべて慣性系である．簡単にいいかえると，静止しているある観測者にとっての運動の法則と，その観測者に対して等速度で運動している別の観測者にとっての運動の法則は同一である．日常経験としては，列車が等速度で走っているとき，乗っている人は自分が動いているのか，外のすべてが動いているのかわからないという事実に相当する．

ガリレイが最初に指摘した慣性の法則を，ニュートンはより一般化（ガリレイは地球上の物体についてしか述べていない）し，運動の第1法則としたのである．

2.2 力，加速度，質量（運動の第2法則）

質点の加速度は質点が受ける力（質点にはたらく力）に比例し，その質量に反比例する．これがニュートンの運動の第2法則である．式で表すと，

$$\boxed{\boldsymbol{F} = m\boldsymbol{a}} \tag{2.1}$$

となる．ここで $\boldsymbol{F}$ は質点が受ける力（質点にはたらく力），m は質点の質量，$\boldsymbol{a}$ は質点の加速度ベクトルである．

以下の（2.2）に示すように，質点に力がはたらかないとき（または2.4節で見るように，質点にはたらく合力がゼロのとき），質点の加速度はゼロである．したがって，質点は等速直線運動を続ける．

$$\boldsymbol{F} = \boldsymbol{0} \quad \text{ならば} \quad \boldsymbol{a} = \boldsymbol{0} \quad \rightarrow \quad \boldsymbol{v} = \boldsymbol{v}_0 \ (\text{一定速度}) \tag{2.2}$$

ある決まった速度の等速直線運動を，その質点の運動状態とよぶことにしよう．静止している状態も，速度がゼロ（ベクトル）である1つの運動状態である．運動の第2法則は，どのように運動状態が変わるかを述べている．ただ

し，速度はベクトルなので，大きさが変わらず向きのみ変わる場合にも，速度の変化があることに注意する．

さて，**力**とはいったいなんであろうか．日常では，物体を移動させたり，変形させたりするときに，力という言葉を使う．ここで，重い物体を動かす場合を想像しよう．たとえ床の摩擦が小さくても，動かし始めは力が要ることがわかる．力は静止している物体を動かすこと，つまり，物体が静止している状態を運動している状態に変えることができる．

一方で，ばねのような弾性をもつものを考えてみる．これに力をかけると変形を起こす．この形状が変わることについても，状態の変化と見ることができる．すなわち，力は一般に状態の変化をもたらすものである．

手で物体を押すとき，手は物体に力を及ぼす．物体は手から力を受ける．この場合，手は別の物体としてよい．これより，物体は別の物体に力を及ぼすことがわかる．接触している物体から受ける力を特に，近接力とよぶことがある．一方で，万有引力（重力）やクーロン力，ローレンツ力（電磁気力）のように，物体が互いに接触していないのに，空間を隔ててはたらく力もある．このような力は，遠隔力とよばれる．

力そのものには大きさがある．また，物体に対して押したり引いたりする方向を決めなくてはならないということは，力には向きがあるということを意味している．したがって，力はベクトルで表されると考えられる．

力がベクトルで表されるということの他に，力が物体にはたらくときに注意を払うべき以下の事柄がある（図 2.3 参照）．

- **作用点**（物体に力がはたらく点）
- **作用線**（力の作用点を通り力の方向に伸びる直線）

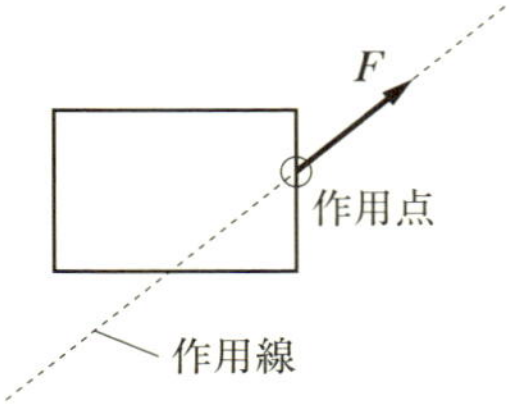

図 2.3　力の作用点と作用線

これらは，物体が大きさのない質点の場合には特に考慮しなくても構わないが，第 7 章以降で扱う質点系や剛体の力学においては重要となる．

さて一方で，運動の第 2 法則に現れる**質量**とは何であろうか．質量は物体のもつ固有の量であると考えられる．異なる物体に同じ力を加えれば，生じる加速度は質量の大きい方が小さい．このことから，質量は物体の慣性の大きさを表す量ということができる．したがって，第 2 法則に現れる質量を物体の**慣性質量**とよぶことができる．

では，質量と**重量**（あるいは重さ）はどう違うのだろう．重量は，地球が重力により物体を引きつける力から決められている．重さによって決められる質量を物体の**重力質量**とよぶ．物体にはたらく重力は，物体の重力質量に比例すると考えられる．

ガリレイは，地上では（空気抵抗などを無視できれば）どんな物体も同じ加速度（**重力加速度**の大きさ g はおよそ 9.8 m/s^2）で落下すること，すなわち，「落体の法則」を見出した．彼は斜面に沿って運動する物体の分析などから，等加速度運動を確かめたのである．運動の第 2 法則によれば，このことは，重さと質量が比例している（または適切な単位をとれば一致する）ことを示す．慣性質量と重力質量は結局同じものである．重さと質量の同等性は実験により確かめられている．**エトベッシュ**（Roland von Etövös, 1848 – 1919）は 1890 年にこのことを示した．

運動の第 2 法則に従えば，運動の加速度と力を測定によって求めることで，物体の質量を決定することができることになる．では，力の大きさはどうやって求めるのか．幸い，各種の力にはそれぞれ固有の法則がある．例えば，重力，ばねの復元力，電気力など，それぞれに法則が存在する．そのため，いろいろな力の法則との関連を通して，運動の法則は意味をもつ．

運動の第 2 法則から，力の大きさを，力のはたらいている物体の質量と加速度の大きさの積で表すことができるので，力の大きさを質量と加速度の尺度で表すことができる．すなわち，力の**単位**を決めることができる．では，その力の単位を次のように定めてみよう．質量 1 kg の物体が加速度 1 m/s^2 で加速されているとき，はたらいている力の大きさを 1 N（ニュートン）とする．すなわち，1 N は 1 kg・m/s^2 である．物理法則に基づいて，新しい単位を既存の単位から作るということは，これからもしばしば目にすることであろう．

ここで，物理学で扱う量を物理量とよぶ．物理量（例えば加速度）をはかる際に，その単位（m/s^2）が必要とされるとき，それは次元をもっているという（空間の座標の数を表す際に用いる“次元”と混同しないように注意する）．

長さの次元［L］，質量の次元［M］，時間の次元［T］などが基本的な物理量の次元であるといわれる．

法則により新しい物理量のはかり方が導入される場合，本質的なのは単位よりも次元である（なぜならば，ある次元の基準，すなわち単位の選び方には任意性が存在するからである）．「物理量の次元だけを考察することによって，物理量の間の関係式を求める」こと，すなわち**次元解析**は物理学において非常に有効であり，未知の関係式の推測などに用いられる．

例題 2.1

長さ l の伸び縮みしない軽い糸の先に，質量 m の小さいおもりをつけた振り子の周期 T_c は，他の物理量とどのような関係にあるかを次元解析によって求めなさい．ただし，質量 m の物体にはたらく重力の大きさは $W = mg$（g は重力加速度の大きさ）で与えられるものとする．

【解】 周期は時間だから，$[T_c] = [\mathrm{T}]$ である．振り子に関する物理量は，糸の長さ l とおもりの質量 m である．また，おもりにはたらく重力を表す重力加速度の大きさ g がある．これらの次元を考え，時間の次元を組み立てるには，振り子の長さ l（$[l] = [\mathrm{L}]$），おもりの質量 m（$[m] = [\mathrm{M}]$），重力加速度の大きさ g（$[g] = [\mathrm{LT}^{-2}]$）なので，これらより時間の次元として $[\sqrt{l/g}] = [\mathrm{T}]$ を選び出すしかない．このことから，振り子の周期は $T_c = \sqrt{l/g} \times$（定数）のように表されるであろう．◆

例題 2.1 のように次元解析によって，決定できない**無次元量**の定数を除いて正しい答えが得られる．この定数を求めるには，運動方程式などを正しく解く必要がある（振り子の周期については，3.3 節を参照）．

2.3 ガリレイ変換

2つの慣性座標系の間の座標変換を**ガリレイ変換**という．まず，簡単な場合を考えよう．x, y, z 軸からなるデカルト座標系 S（S 系）と，x', y', z' 軸からなるデカルト座標系 S′（S′ 系）を考える．座標系 S から見て，座標系 S′ の原点が x 軸方向に一定の速度 V で等速直線運動をしているものとする．さらに簡単のため，x 軸と x' 軸，y 軸と y' 軸，z 軸と z' 軸はそれぞれ平行の関係を保っているとしよう．

ここで，時刻 $t = 0$ で 2 つの座標系の原点 O と O′ が一致していたと仮定すると，空間内のある点 P の座標が S 系では (x, y, z)，S′ 系では (x', y', z') と表記できるとすれば，それらの間には次のような簡単な関係が成り立つ（図 2.4 参照）．

$$x' = x - Vt \tag{2.3}$$

$$y' = y \tag{2.4}$$

$$z' = z \tag{2.5}$$

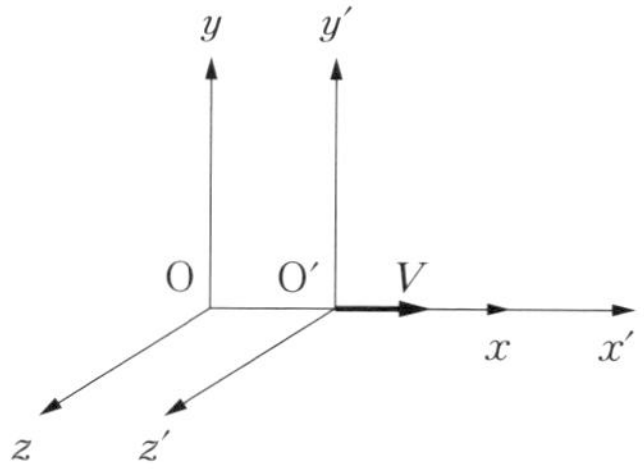

図 2.4　2 つの慣性座標系

これらが今の場合のガリレイ変換を与えている．

点 P の速度は，S 系では

$$\boldsymbol{v} = \left(\frac{dx}{dt}, \frac{dy}{dt}, \frac{dz}{dt}\right) \tag{2.6}$$

であるが，一方 S′ 系では

$$\boldsymbol{v}' = \left(\frac{dx'}{dt}, \frac{dy'}{dt}, \frac{dz'}{dt}\right) = \left(\frac{dx}{dt} - V, \frac{dy}{dt}, \frac{dz}{dt}\right) = \boldsymbol{v} - \boldsymbol{V} \tag{2.7}$$

である．ここで $\boldsymbol{V} = (V, 0, 0)$ とした．点 P の加速度は，S 系においても S′ 系においても

$$\boldsymbol{a} = \left(\frac{d^2x}{dt^2}, \frac{d^2y}{dt^2}, \frac{d^2z}{dt^2}\right) \tag{2.8}$$

となり，異なる慣性系においても共通であることがわかる．このため，運動の第 2 法則は慣性系であれば特定の座標系によらない．このことを**ガリレイの相対性原理**という．また，運動の第 2 法則が成り立つ慣性系が 1 つ存在するなら

ば，その座標系とガリレイ変換で結びつけられる座標系はすべて慣性系である．

例題 2.2

一般に，座標系Sの原点Oに対して，座標系S′の原点O′が一定の速度 $\boldsymbol{V}$ で等速直線運動している場合（ただし，座標軸の方向は固定されているものとする）のガリレイ変換を書きなさい．このとき，ある点の速度，加速度はS系とS′系でどのように変わるか，あるいは変わらないかを示しなさい．

【解】 $\boldsymbol{r}' = \boldsymbol{r} - \boldsymbol{V}t$ と表されるので，$\boldsymbol{v}' = \dot{\boldsymbol{r}}' = \dot{\boldsymbol{r}} - \boldsymbol{V} = \boldsymbol{v} - \boldsymbol{V}$，$\boldsymbol{a}' = \dot{\boldsymbol{v}}' = \dot{\boldsymbol{v}} = \boldsymbol{a}$ である．よって，S′系はS系に対して，速度で $-\boldsymbol{V}$ が追加されるが，加速度は変わらない．◆

例題 2.3

速度についての関係は，それぞれの座標系での原点のとり方によらないことを示しなさい．

【解】 原点を変えるということは，それぞれの系で位置ベクトルを定ベクトルだけ平行移動することであるから，定ベクトル $\boldsymbol{R}$，$\boldsymbol{R}'$ を用いて一般に $\boldsymbol{r}' - \boldsymbol{R}' = \boldsymbol{r} - \boldsymbol{R} - \boldsymbol{V}t$ と表される．定ベクトルの微分はゼロ（ベクトル）であるので $\boldsymbol{v}' = \boldsymbol{v} - \boldsymbol{V}$ の関係は変わらない．◆

例題 2.4

ガリレイ変換（2.3）の逆変換，すなわち x を x' などを用いて表すとどうなるか書きなさい．また，これはどのような意味をもつか答えなさい．

【解】 $x = x' + Vt$ であるが，ガリレイ変換とその逆変換はちょうど $x \rightleftarrows x'$，$V \rightleftarrows -V$ の関係をもって移り変わる．S′系ではOは x' 軸方向に一定の速度 $-V$ で等速直線運動をしている．◆

2.4 力と力のつり合い

物体に2つの力がはたらく場合を考えよう．力はベクトルで表されるから，

2つの力の効果を加え合わせたものは，ベクトルを加えたもので表される．これを**力の合成**という．例えば，力 $\boldsymbol{F}$ が2つの力 $\boldsymbol{F}_1$ と $\boldsymbol{F}_2$ の**合力**であるとは，

$$\boldsymbol{F} = \boldsymbol{F}_1 + \boldsymbol{F}_2 \tag{2.9}$$

が成り立つ場合のことである（図2.5）．

作用点Oにはたらく2つの力 $\boldsymbol{F}_1$ と $\boldsymbol{F}_2$ の合力を $\boldsymbol{F}$ とする．逆に $\boldsymbol{F}$ を $\boldsymbol{F}_1$，$\boldsymbol{F}_2$ に分解したとき，それぞれを分力とよぶ．これを**力の分解**という．

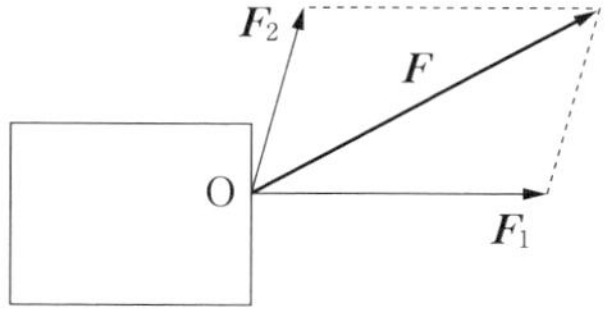

図2.5　合力

3つ以上の力が1つの作用点にはたらくときも同様に扱う．2つずつ力を合成・分解していけば，任意の個数の力についてでも合成・分解ができることになる．ここで，物体上の同一作用点に n 個の力がはたらく場合を考える．合力は

$$\boldsymbol{F} = \boldsymbol{F}_1 + \boldsymbol{F}_2 + \cdots + \boldsymbol{F}_n \tag{2.10}$$

のように表される．n 個の力の合力がゼロ（ベクトル）のとき，n 個の力がつり合っているという．すなわち，力がはたらいていないことと等しく，物体の運動状態が変えられない．速度 $\boldsymbol{v}$ で運動しているものは速度 $\boldsymbol{v}$ で運動し続けるし，静止しているものはそのまま静止している．合力がゼロであることを別のいい方にすると，いくつかの力がつり合っている，となる．また，このような状況を**力のつり合い**とよぶ．

なお，(2.10) のような複数個の和については，例えば

$$\boldsymbol{F} = \sum_{i=1}^{n} \boldsymbol{F}_i \quad \text{またはさらに略して} \quad \boldsymbol{F} = \sum_{i} \boldsymbol{F}_i \tag{2.11}$$

のように書き表す．この記法は簡便であるので，力以外の物理量の和についても用いられる．

さて図2.6では，3つの力 $\boldsymbol{F}_1$，$\boldsymbol{F}_2$，$\boldsymbol{F}_3$ がつり合っている．このとき，それ

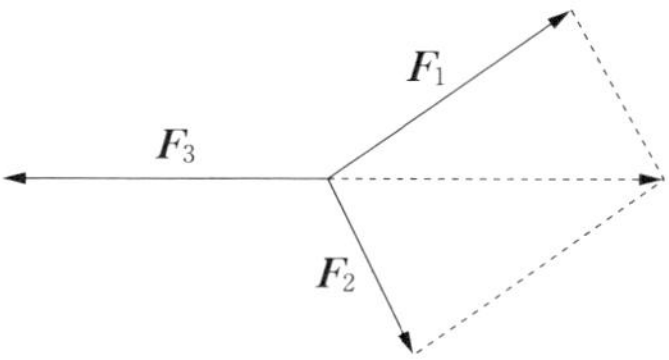

図2.6　3つの力のつり合い

らの合力 $\boldsymbol{F}$ は

$$\boldsymbol{F}_1 + \boldsymbol{F}_2 + \boldsymbol{F}_3 = \boldsymbol{F} = \boldsymbol{0} \tag{2.12}$$

を満たしている．ちなみに，力のつり合いにおける合成則を初めて定式化したのは**ステビン**（Simon Stevin, 1548 - 1620）である．

地表近くの物体には，図 2.7 のように，その質量に比例した**重力**が鉛直下方にはたらいている（この図では $\boldsymbol{W}$）．質量 m の物体にはたらく重力の大きさ W は

$$\boxed{W = mg} \tag{2.13}$$

で与えられる．ここで g は重力加速度の大きさ（9.8 $\mathrm{m/s^2}$）である．

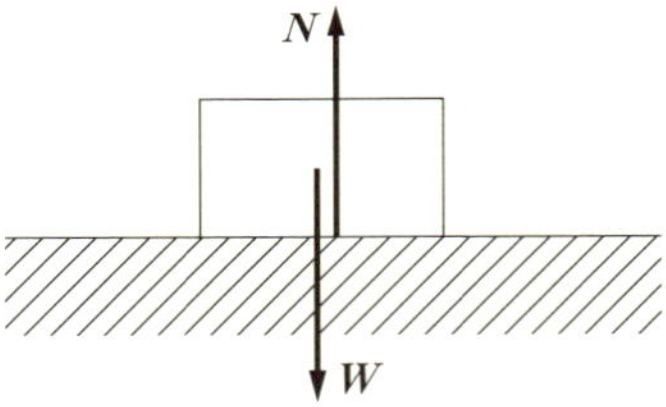

図 2.7　重力と垂直抗力

物体が接している地面は，重力が面を押す力と大きさが同じで逆向きの力を物体に及ぼしている．そのようなつり合いがなければ，水平面に置いた物体は地面に垂直に運動をし始めることになる．このように，接触している面（接触面）から垂直に物体が受ける力 $\boldsymbol{N}$ を**垂直抗力**とよぶ．

摩擦力は，物体が接している面に平行に，物体の運動を妨げる向きにはたらく力である．**静止摩擦力**とは，物体が動かないときに物体が接している面から受ける摩擦力のことである．摩擦のある（粗い）水平面上に物体が静止しており，力を外から水平に加えても，物体は動かなかったとする．外から加える力をここでは外力とよぶことにする（外力という用語を必然的に使う場合は後で紹介する）．このとき，物体にはたらく力（外力，重力，垂直抗力，摩擦力）はつり合っている．すなわち，物体にはたらく合力はゼロである．静止摩擦力は，外力による運動を妨げる方向にはたらき，つり合いをもたらす．静止摩擦力は，ある大きさを越えない範囲で外力に応じたいろいろな値をとる．

図 2.8 で，$\boldsymbol{F}$ は外力，$\boldsymbol{W}$ は重力，$\boldsymbol{N}$ は垂直抗力，$\boldsymbol{f}$ は摩擦力を表している．

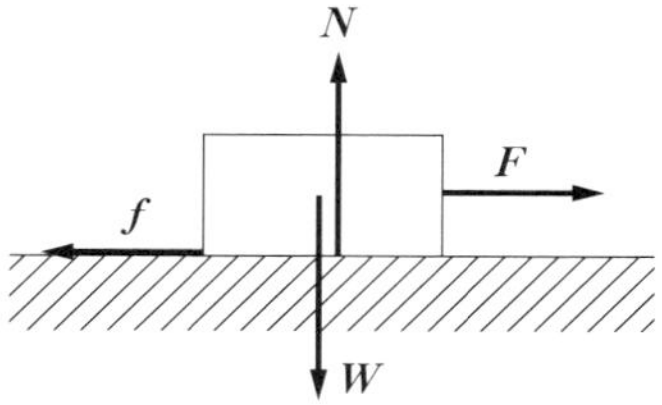

図 2.8　水平面上の静止した物体にはたらく力のつり合い

この水平面上の物体は静止しているので，力のつり合いより，

$$\boldsymbol{W} + \boldsymbol{N} + \boldsymbol{F} + \boldsymbol{f} = \boldsymbol{0} \tag{2.14}$$

が成り立つ．つり合いは，厳密には同一作用点にはたらく力の場合に考えなければならない．今の場合，明らかに物体は回転しないと仮定するので，作用点をどこに移動して考えても議論は変わらない．このため，物体は質点と見なしてよい．

図 2.9 のように，力の作用点を黒丸の 1 点としてみる．ここで，水平と垂直方向のつり合いは，明らかに独立に成り立っていることに注目する．我々は，互いに垂直な方向を定義して，それぞれの方向を座標軸のように考え，対応する方向についての成分とよぶことができる．ベクトルの座標成分のように，力のベクトルの垂直成分・水平成分を考えることにより，つり合っている力（のベクトル）の大きさにかかわる関係は

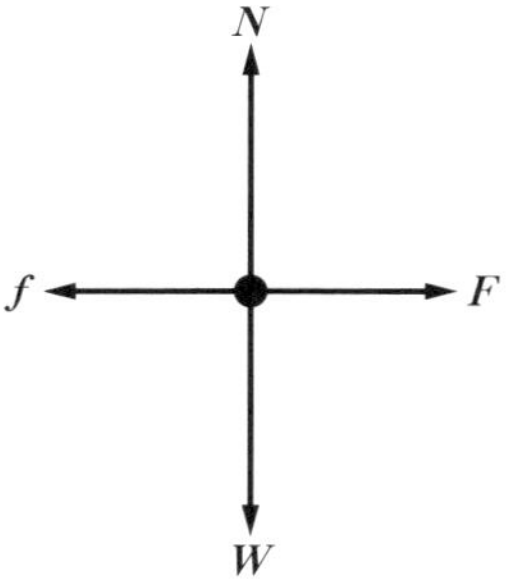

図 2.9　図 2.8 の場合の物体にはたらく 4 つの力のつり合い

$$\left.\begin{aligned} &(\text{垂直成分})\quad |\boldsymbol{W}| = |\boldsymbol{N}| \\ &(\text{水平成分})\quad |\boldsymbol{F}| = |\boldsymbol{f}| \end{aligned}\right\} \tag{2.15}$$

となっていることがわかる．

物体に力を与えて物体が接している面に沿って動かそうとするとき，静止摩擦力の大きさの最大値（**最大静止摩擦力**）$f_{\max}$ は，垂直抗力の大きさ N に比例する．すなわち，静止摩擦力の大きさを f としたとき

$$\boxed{f \leqq f_{\max} = \mu N} \tag{2.16}$$

である．この関係式が，物体が静止している状態である限り成り立つことが知

られている．**静止摩擦係数** μ は，接触している 2 つの物体の材質と接触面の状態によって決まる定数である．

例題 2.5

水平な面上の質量 2.0 kg の物体に水平方向へ力を加えた．力の大きさを徐々に大きくしたところ，力の大きさが 4.9 N を超えたときに物体は動き出した．この物体と面との静止摩擦係数 μ を求めなさい．なお，重力加速度の大きさを 9.8 m/s^2 とする．

【解】　$\mu = 4.9\,\mathrm{N}/(2.0\,\mathrm{kg} \times 9.8\,\mathrm{m/s^2}) = 0.25$ ◆

図 2.10 のように，摩擦のある斜面上（水平面からの傾きの角 θ）に物体が静止している状況を考えよう．

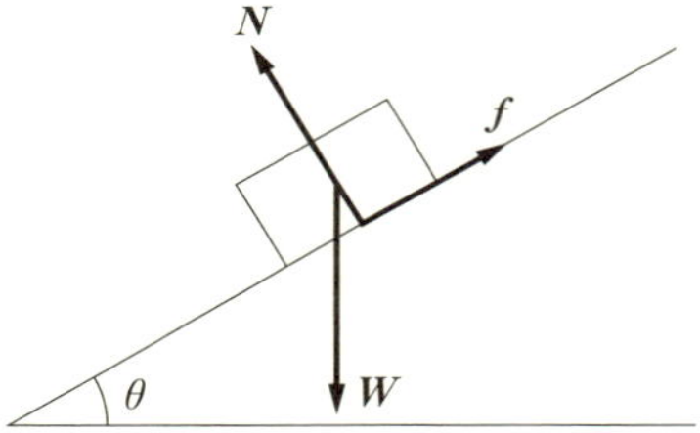

図 2.10　斜面上の静止した物体

この場合も，物体にはたらく力はつり合っている，つまり，それらの合力はゼロである．すなわち

$$\boldsymbol{W} + \boldsymbol{N} + \boldsymbol{f} = \boldsymbol{0} \tag{2.17}$$

となる．

具体的に 3 次元のデカルト座標系を設定して，この問題を考察することができる．図 2.11 のように，斜面に沿って x 軸（向きは斜面に沿って下向き），斜面と垂直に z 軸（向きは上方）をとると，垂直抗力，静止摩擦力，重力の各成分は

$$\boldsymbol{N} = (0, 0, N) \tag{2.18}$$

$$\boldsymbol{f} = (-f, 0, 0) \tag{2.19}$$

$$\boldsymbol{W} = (W \sin\theta, 0, -W\cos\theta) \tag{2.20}$$

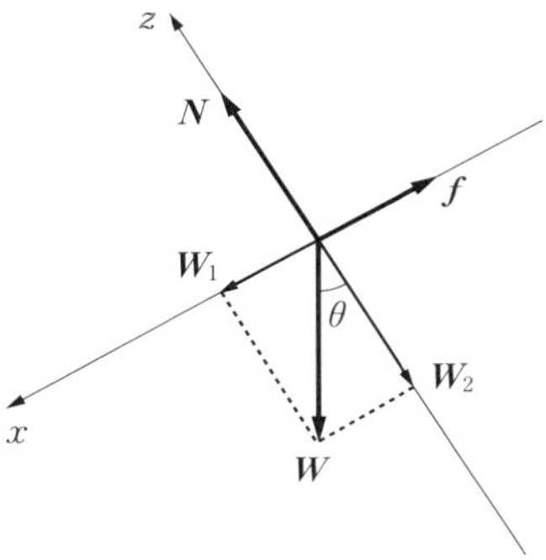

図 2.11　斜面上の静止した物体にはたらく力のつり合い

と表される．ただし，ここで $N = |\boldsymbol{N}|$，$f = |\boldsymbol{f}|$，$W = |\boldsymbol{W}|$ である．力のつり合い $\boldsymbol{W} + \boldsymbol{N} + \boldsymbol{f} = \boldsymbol{0}$ より，

$$x \text{ 成分について} \qquad W \sin\theta - f = 0 \tag{2.21}$$

$$z \text{ 成分について} \qquad -W\cos\theta + N = 0 \tag{2.22}$$

の 2 つの式が導出されるので（y 成分は自明），

$$f = N\tan\theta \tag{2.23}$$

が導かれる．なお，以上の考察は，力の分解により $\boldsymbol{W} = \boldsymbol{W}_1 + \boldsymbol{W}_2$ とし，$\boldsymbol{W}_1$ と $\boldsymbol{f}$，$\boldsymbol{W}_2$ と $\boldsymbol{N}$ がそれぞれつり合うと考えることと同等である（図 2.11）．

さて，(2.16) のように，静止摩擦力は最大静止摩擦力を超えることはないので，$f \leqq \mu N$ であるから，(2.23) から，

$$\tan\theta \leqq \mu \tag{2.24}$$

の場合にのみ，斜面上で物体の静止状態が可能であることがわかる．この限界の傾きの角，すなわち $\tan\theta_0 = \mu$ となる θ_0 を**摩擦角**とよぶことがある．すなわち，傾きの角の正接（タンジェント）が静止摩擦係数よりも大きい斜面では，つり合いを満たすほどの摩擦力を得ることができないのである．

物体がその接している面に対して運動しているときには，**動摩擦力**（運動摩擦力）が物体とその接触している表面の間にはたらき，その向きは物体の運動を妨げる向きとなる．その大きさは，垂直抗力にほぼ比例することが知られている．つまり，

$$\boxed{f' = \mu' N} \tag{2.25}$$

である．ここで f' は物体にはたらく運動摩擦力の大きさ，μ' は**動摩擦係数**または運動摩擦係数とよばれる．動摩擦係数 μ' は，一般に静止摩擦係数 μ より小さい．動摩擦係数も静止摩擦係数と同様に物質とその表面状態に依存する．

例題 2.6

水平面上を運動する質量 2.0 kg の物体がある．面と物体との動摩擦係数が 0.1 であるとき，この物体にはたらく動摩擦力の大きさ f' を求めなさい．重力加速度の大きさを 9.8 m/s^2 とする．

【解】　$f' = 0.1 \times 2.0\,\mathrm{kg} \times 9.8\,\mathrm{m/s^2} = 2.0\,\mathrm{N}$ ◆

なお，摩擦力が常に無視できるほど小さい表面を「滑らか」と形容することが多い．この逆は「粗い」である．

2.5　作用反作用の法則（運動の第 3 法則）

連結した 2 つの物体 A，B（質量はそれぞれ m_A，m_B）を考える．物体 A が物体 B から力を受けるとき，物体 B は物体 A から力を受ける．これら 2 つの力の大きさは等しく，（一般には同一作用線上で）向きは正反対である．これが作用反作用の法則，運動の第 3 法則である．

$\boldsymbol{F}_{AB}$ を B が A に及ぼす力（A が受ける力），$\boldsymbol{F}_{BA}$ を A が B に及ぼす力（B が受ける力）とする．力の種類は近接力でも遠隔力でもよい．このとき，**作用反作用の法則**は

$$\boxed{\boldsymbol{F}_{BA} + \boldsymbol{F}_{AB} = \boldsymbol{0}} \tag{2.26}$$

が物体の運動状態に関わらず成り立つことを主張する（したがって，運動の第 3 法則は非慣性系でも成り立つ）．この法則は 2 つの力について述べているのであるが，慣習として名称には「力」ではなく「作用」が使われているので注意を要する．

最も気をつけなくてはいけないことは，(2.26) は同一の物体にはたらく力のつり合いとは異なるという点である．このことは作用反作用の法則における

力の一方は物体Aにはたらき，もう一方は物体Bにはたらく力であることからわかる．つり合いとは，1つの物体にはたらく独立した2つ以上の力についての特別な条件を表す言葉である．

作用反作用の法則の適用例として，物体Aと物体Bが伸び縮みしない軽い丈夫な糸で連結され，物体Aが外力 $\boldsymbol{F}_{\mathrm{ext}}$ を受ける場合を考えよう（図2.12参照）．

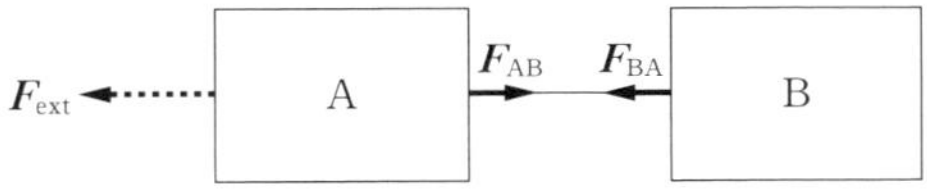

図2.12　連結された物体

このとき，物体Aについての運動方程式は

$$\boldsymbol{F}_{\mathrm{A}} = \boldsymbol{F}_{\mathrm{ext}} + \boldsymbol{F}_{\mathrm{AB}} = m_{\mathrm{A}}\boldsymbol{a}_{\mathrm{A}} \tag{2.27}$$

である．ここで $\boldsymbol{a}_{\mathrm{A}}$ は物体Aの加速度である．一方，物体Bについての運動方程式は

$$\boldsymbol{F}_{\mathrm{B}} = \boldsymbol{F}_{\mathrm{BA}} = m_{\mathrm{B}}\boldsymbol{a}_{\mathrm{B}} \tag{2.28}$$

である．ここで $\boldsymbol{a}_{\mathrm{B}}$ は物体Bの加速度である．糸は伸び縮みしないので，2つの物体の加速度は共通であり，

$$\boldsymbol{a}_{\mathrm{A}} = \boldsymbol{a}_{\mathrm{B}} = \boldsymbol{a} \tag{2.29}$$

とおくことにする．作用反作用の法則（2.26）と物体Aと物体Bに対するそれぞれの運動方程式から，

$$\boldsymbol{F}_{\mathrm{A}} + \boldsymbol{F}_{\mathrm{B}} = \boldsymbol{F}_{\mathrm{ext}} + \boldsymbol{F}_{\mathrm{AB}} + \boldsymbol{F}_{\mathrm{BA}} = \boldsymbol{F}_{\mathrm{ext}} = (m_{\mathrm{A}} + m_{\mathrm{B}})\boldsymbol{a} \tag{2.30}$$

を得る．

これは物体Aと物体Bを合わせた，質量 $m_{\mathrm{A}} + m_{\mathrm{B}}$ をもつ1つの物体に外力 $\boldsymbol{F}_{\mathrm{ext}}$ がはたらいている場合の運動方程式と読むことができる．結局，いくつかの物体を一緒にして1つの物体として考えたとき，**外力**（外部からの力）のみが運動方程式中に残る．このとき，物体Aと物体Bが互いに及ぼす力を**内力**とよぶ（上の例でいえば $\boldsymbol{F}_{\mathrm{AB}}$ と $\boldsymbol{F}_{\mathrm{BA}}$ が該当する）．いくつかの物体を合わせて考えるときには，内力はその合わさった物体についての運動方程式中では考えなくてよいことになる．

もし，このことが成り立たないとすると，原子や分子からなる現実の物体に対する運動方程式は，無数の原子・分子間の内力に依存することになる．作用反作用の法則が成り立っていないと，巨視的な物体の運動についての一般的な運動の法則，つまり力学あるいは力の概念そのものを考えることは困難になる．

上記の例で物体をつないだような，質量の無視できる伸び縮みのない糸を考えてみる．この糸の両端をある力で引っ張ってみるとき，糸の各部分（例えば図 2.13 の黒丸）は両端にはたらく力と同じ大きさの力で引かれている．このことは，さきほど説明した作用反作用の法則が成り立つために必要であった．これが糸の**張力**の基本的性質である．ただし，糸がたるんだときには張力ははたらかない．糸の張力は，滑車などによって方向が変えられてもその大きさは同じである．

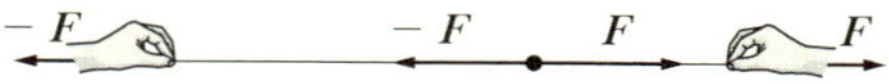

図 2.13　糸の張力

例題 2.7

質量 m の物体につないだ軽い糸を，一定の力（大きさ F）で鉛直上方に引き上げている．このときの物体の加速度を求めなさい．ただし，鉛直下方には重力（大きさ W）がはたらいているものとする．

【解】　物体にはたらく糸の張力は鉛直上向きに大きさ F である．重力は鉛直下方に大きさ W ではたらく．運動の法則により，鉛直上方の物体の加速度を a とすれば

図 2.14　物体の引き上げ

$ma = F - W$ である．したがって，加速度は $a = (F - W)/m$ である．なお，重力加速度の大きさ g を用いて $W = mg$ としたときは $a = (F/m) - g$ である．◆

例題 2.8

質量 m の物体につないだ軽い糸を，質量の無視できる**定滑車**を通して一定の力（大きさ F）で引いている．このときの物体の加速度を求めなさい．ただし，鉛直下方には重力（大きさ W）がはたらいているものとする．

【解】 物体にはたらく糸の張力は上方に大きさ F であり，例題 2.7 と同じである．したがって，加速度は $a = (F - W)/m$ である．なお，重力加速度の大きさ g を用いて $W = mg$ としたときは $a = (F/m) - g$ である．

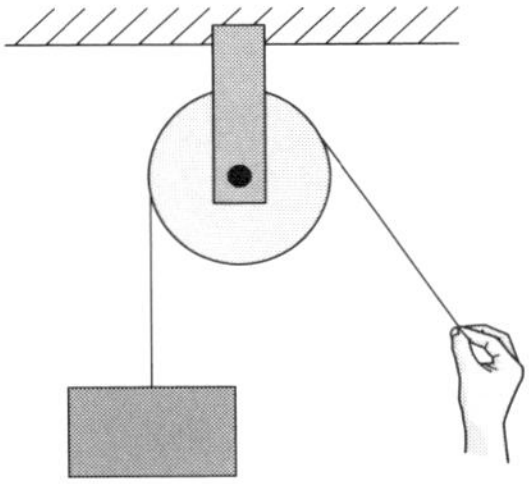

図 2.15 滑車による物体の引き上げ

◆

章 末 問 題

【1】 質量 m の物体が速さ v で等速直線運動をしている．一定の力 F をある時間内だけはたらかせて，この物体を静止させた．静止までにかかった時間を求めなさい．

2.2 節　**A**

【2】 川を横切ろうとする船を考えると，図 2.16 のように**速度の合成**が行われる（逆は**速度の分解**という）．

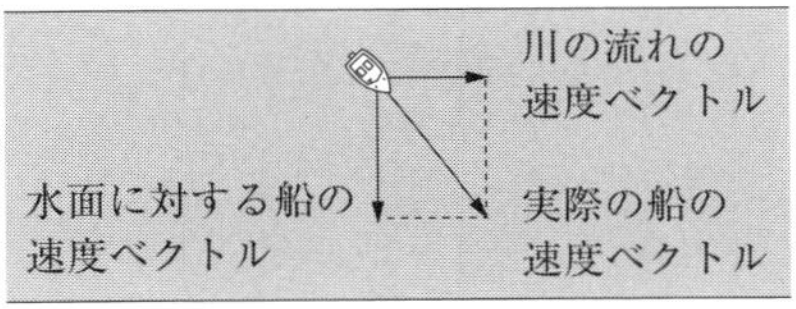

図 2.16 速度の合成

すなわち，実際の船の速度ベクトルは川の流れの速度ベクトルと水面に対する船の速度ベクトルの和である．以下の問いに答えなさい．**2.3節**　**A**

(a) ガリレイ変換の言葉で，この速度の合成について述べなさい．

(b) 図のような状況（つまり水面に対する船の速度は川の流れに垂直）で，川の流れの速さを 3 m/s，水面に対する船の速さを 4 m/s としたとき，実際の船の速さを求めなさい．

【3】 地球は公転運動をしている（軌道上の速さは約 30 km/s）．公転の速度方向とは垂直な方向の星から来る光を望遠鏡で見るには（図 2.17 を参照），どの方向に向ければよいか求めなさい（このように，運動している観測者が物体からの光を見る方向と実際の物体の方向とにずれが生じる現象を，**光行差**という）．**2.3節**　**A**

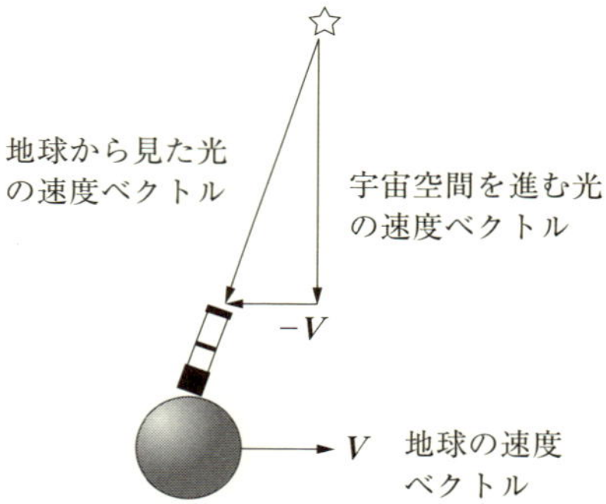

図 2.17　光行差

【4】 質量 1.0 kg の物体にはたらく重力の大きさ（重量）は何 N か答えなさい．重力加速度の大きさを 9.8 m/s² とする．**2.4節**　**A**

【5】 図 2.18 のように，天井から 2 本の糸で吊り下げられた質量 m の小さいおもりがある．左の糸は鉛直方向と θ の角度をなしていて，2 本の糸の間の角は直角である．2 本の糸の張力の大きさをそれぞれ求めなさい．ただし，重力加速度の大きさを g とする．**2.4節**　**B**

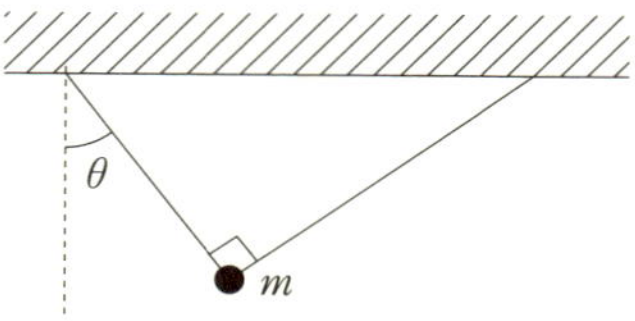

図 2.18　吊り下げられたおもり

【6】 図 2.19 のように，傾きの角 θ の斜面とその面に垂直な斜面があり，質量 m と質量 M の物体が頂上にある軽い滑らかな滑車を通して軽い糸で結ばれている．以下の問いに答えなさい．**2.4 節，2.5 節**　**C**

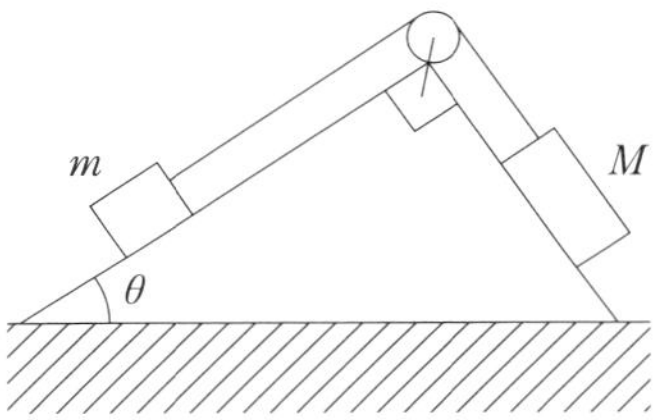

図 2.19　糸で連結された物体

(a) 両方の斜面が滑らかで，2 つの物体が静止しているとき，m/M を求めなさい．

(b) 物体と斜面の間の静止摩擦係数が μ であり，2 つの物体が静止しているとき，m/M のとりうる範囲を求めなさい．ただし μ は $\tan\theta$，$1/\tan\theta$ よりも小さいとする．

【7】 地面に固定された半径 R の半円筒状の粗い表面の床がある（図 2.20 を参照）．微小な物体は，どの高さまで静止状態で置くことができるか答えなさい．ただし，床面と物体の間の静止摩擦係数を μ とする．**2.4 節**　**C**

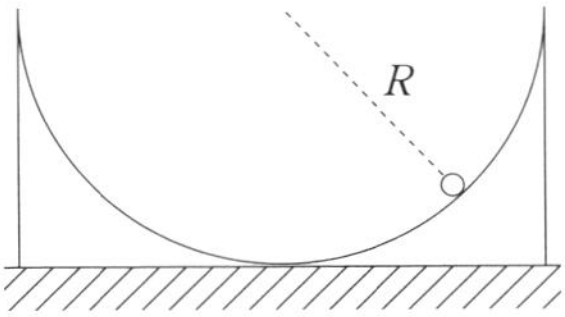

図 2.20　半円筒状の床

【8】 図 2.21 のように滑らかな水平面の上に質量 M の物体が置かれ，その上部水平面上に質量 m の物体が置かれている．質量 M の物体を水平に一定の力（大きさ F）で引いた．以下の 2 つの場合についての問いに答えなさい．ただし，重力加速度の大きさを g とする．**2.2 節，2.4 節，2.5 節**　**C**

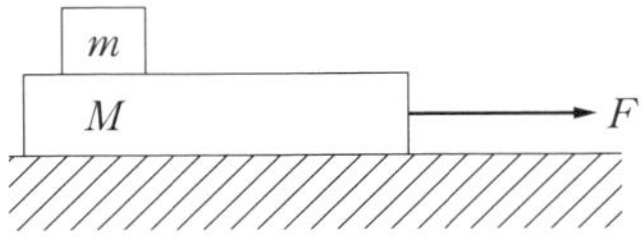

図 2.21　重ねて置いた物体

(a) 2 つの物体は同じ加速度で運動した．このとき，質量 m の物体にはたらく摩擦力の大きさ f を求めなさい．また，2 つの物体の間の静止摩擦係数を μ とするとき，

F の上限値を求めなさい．

(b) 質量 m の物体は，質量 M の物体の上を滑りながら運動した．2つの物体の間の動摩擦係数を μ' としたとき，質量 m の物体の加速度 a' を求めなさい．

【9】 粗い斜面を質量 M の物体が滑り落ちる．動摩擦係数を μ' とする（空気抵抗，物体の回転を無視する）．斜面が水平面となす角度は θ である．物体の加速度の大きさを求めなさい．**2.2 節，2.4 節** **B**

【10】 図 2.22 のように，固定された机の水平面上の質量 m の物体に水平に軽い糸がとりつけられ，その糸の他端は軽く滑らかに動く滑車を介して質量 M の物体に結びつけられている．以下の問いに答えなさい．ただし，重力加速度の大きさを g とする．**2.2 節，2.4 節，2.5 節** **B**

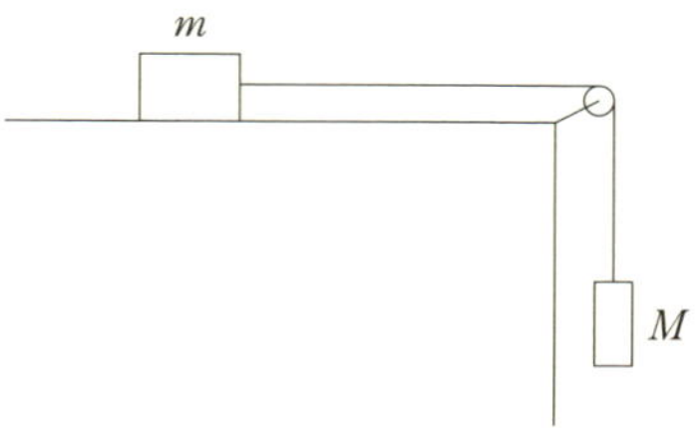

図 2.22　机，滑車，物体

(a) 質量 m の物体と机の上面との間の動摩擦係数を μ' とする．質量 m の物体が等加速度運動をしているとき，加速度の大きさ a を求めなさい．

(b) 質量 m の物体と机の上面の間の静止摩擦係数を μ とする．質量 m の物体が静止しているとき，M の上限値を求めなさい．

3 簡単な運動

【学習目標】

・運動方程式が微分方程式であることを理解する．
・微分方程式の解と初期条件の意義について理解する．
・フックの法則を理解する．
・落体の運動，単振動など特徴的な質点の運動について，その方程式と解について理解する．
・抵抗力の性質，抵抗力がはたらく質点の運動について理解する．
・強制振動と共振現象について理解する．

【キーワード】

落体の運動，放物体の運動，重力，運動方程式，微分方程式，初期条件，抵抗力，単振動，単振り子，減衰振動，強制振動，共振

3.1 落体の運動

初速度ゼロで落下する物体，すなわち，自由落下する物体の落下距離は物体の質量によらず落下時間の2乗に比例する．このことは，落下速度の大きさが落下時間に比例することと等価である．これを最初に明らかにしたのはガリレイで，この法則は現代では落体の法則として知られている．

重力加速度の大きさを g とする（地上での平均的な値は $g = 9.8\,\mathrm{m/s^2}$）．ガリレイの落体の法則は，物体を質点と見なし，地上付近での質点はその質量に関わらず鉛直下向きに加速度の大きさ g の等加速度運動をする，と述べているのと同じである．

より一般に，質点を真上に投げ上げる場合を考えてみよう．鉛直上方に x

軸をとる．時刻 $t=0$ で位置 $x=x_0$，速度 $v=v_0$ とする（図 3.1）．ちなみに，$v_0=0$ のときの運動は**自由落下**である．重力の大きさ W は，質点の質量に**重力加速度**の大きさ g を掛けたものである．質点にはたらく力は重力だけであるとすると，運動の法則から

$$\boxed{\begin{aligned} ma &= -W \\ &= -mg \end{aligned}} \tag{3.1}$$

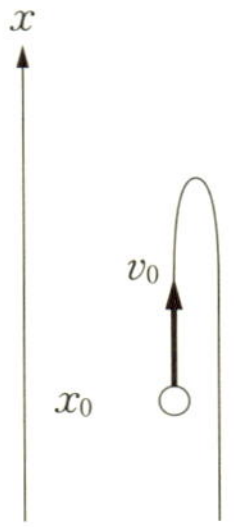

図 3.1　鉛直投げ上げ

である．ここで重力は x 軸の負方向にはたらくため，負号がついていることに注意する．(3.1) から，質点の加速度は一定で重力加速度に等しいことがわかる．すなわち

$$\begin{aligned} a &= a_0 \\ &= -g \end{aligned} \tag{3.2}$$

である．したがって，質点の運動は 1.5 節で扱った等加速度直線運動となり，$x(t)$ の関数形などが求められる．すなわち，

$$x(t) = x_0 + v_0 t - \frac{1}{2}gt^2 \tag{3.3}$$

$$v(t) = v_0 - gt \tag{3.4}$$

である．

例題 3.1

$v_0=0$ とおくことにより，落体の法則を確かめなさい．

【解】　(3.3) で $v_0=0$ とおくと，$x(t)=x_0-(1/2)gt^2$ となる．これは，落下距離 $x_0-x(t)$ が経過時間 t の 2 乗に比例することを表している．◆

上方に正の速度で投げ上げた質点は，やがてまた落ちてくる．時刻 $t=t_1$ のとき最高点に到達したとする．最高点において，速度 v はゼロになっているはずである．したがって，時刻 $t=t_1$ のとき最高点に到達したとすれば，$v(t_1)=v_0-gt_1=0$ より，

$$t_1 = \frac{v_0}{g} \tag{3.5}$$

と求められる．x の最大値は x の（t についての）導関数がゼロになるときと考えるのは，結局速度がゼロとなることと等しく，同じ結論に至る．

この時刻 t_1 は，文字通り $x(t)$ が最大値となる時刻であるから，$x(t)$ を

$$\begin{aligned} x(t) &= x_0 + v_0 t - \frac{1}{2}gt^2 \\ &= x_0 + \frac{{v_0}^2}{2g} - \frac{1}{2}g\left(t - \frac{v_0}{g}\right)^2 \end{aligned} \tag{3.6}$$

のように平方完成することによっても求められる．(3.6) 最右辺にあるかっこの 2 乗はゼロ以上なので，$x(t)$ の最大はかっこの中がゼロになる場合に実現し，$t = t_1 = v_0/g$ のときである．

最高点の高さ H は $x(t_1)$ を求めればよいので，(3.3) と (3.5) から

$$\begin{aligned} H &= x(t_1) \\ &= x_0 + \frac{{v_0}^2}{2g} \end{aligned} \tag{3.7}$$

が導かれる．

時刻 $t = 0$ のときと同じ高さに質点が戻ってくるときの時刻 t_2 は，質点が最高点に到達する時間 t_1 の 2 倍である．なぜならば，最高点まで上昇するのと，全く時間を逆転した過程で最高点から落下してくるからである．

この運動の x-t グラフ，v-t グラフは図 3.2 のようになる．これらを見ると，明らかな対称性があることがわかる．具体的に x が x_0 になる時刻として

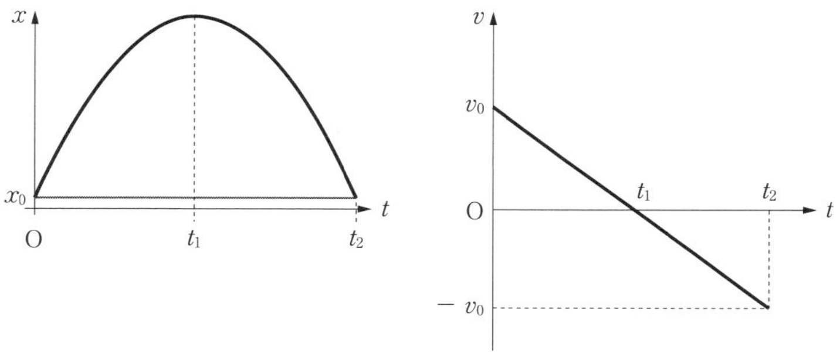

図 3.2 鉛直投げ上げの x-t グラフ（左図）と v-t グラフ（右図）

t_2 を求めてもよい．すなわち，

$$x(t_2) = x_0 + v_0 t_2 - \frac{1}{2} g t_2{}^2 \\ = x_0 \tag{3.8}$$

という 2 次方程式を解くと，解は

$$t_2 = 0 \quad \text{または} \quad t_2 = \frac{2v_0}{g} = 2t_1 \tag{3.9}$$

となる．もちろん $t = 0$ のとき $x = x_0$ は当然なので，$t_2 = 2t_1$ が得られる．

一般に，質点にはたらく力が与えられているとき，運動の第 2 法則から，質点の運動がわかるであろうか．加速度は（第 1 章で見たように），質点の位置を表す座標の時間についての 2 階微分である．したがって，運動と力の関係は時間についての**微分方程式**（微分を含む方程式）に帰着する．この微分方程式を**運動方程式**という．質点の運動方程式を解けばその運動がわかる．

微分方程式を解くとき，一般に方程式だけでは決まらない（時間によらない）定数が出てくる．これは，微分方程式を解く数学的操作として，微分の回数だけ積分を行うからである．不定積分の表現には積分定数がつくが，ここに現れる定数はその積分定数なのである．例として直線上の運動を考えれば，2 個の決められない定数が現れる（運動方程式を 2 回積分するため）．3 次元空間内の一般の運動については，$2 \times 3 = 6$ 個の定数が現れることになる．しかし，これらは**初期条件**によって決定される．初期条件は例えば，ある時刻での位置と速度で与えることができる．

鉛直投げ上げの場合，運動方程式

$$m \frac{d^2x}{dt^2} = -mg \tag{3.10}$$

を初期条件 $x(0) = x_0$，$\dot{x}(0) = v_0$ の下で解くことを考える．運動方程式の両辺を 1 回積分すると，

$$\frac{dx}{dt} = -gt + C_1 \quad (C_1 \text{ は積分定数}) \tag{3.11}$$

を得る．ここで，初期条件 $\dot{x}(0) = v_0$ から $C_1 = v_0$ と決められる．つまり，$\dot{x}(t) = -gt + v_0$ である．この式の両辺を再び積分すると

$$x(t) = -\frac{1}{2}gt^2 + v_0t + C_2 \quad (C_2\text{は積分定数}) \tag{3.12}$$

となる．ここに初期条件 $x(0) = x_0$ を使うと $C_2 = x_0$，すなわち $x(t) = -(1/2)gt^2 + v_0t + x_0$ となり，運動が決定される．

運動方程式と独立な初期条件の存在理由は，運動法則がいかなる慣性系に対しても同一であることと考えてもよい．例えば，ある慣性系（A とする）の時刻 $t=0$ における位置が x_0 であった座標を，別の慣性系（B とする）で捉え直してみよう．その位置に慣性系 B の x 座標の原点をとれば，慣性系 A において $x_0 = 0$ とおいたものと同等となる．また，鉛直上方（x 軸の正方向）に v_0 で動くエレベーターに乗って観測することを考える（図 3.3）．地表に対して固定された元の原点（慣性系 A における原点）の位置は，相対的に下方に速さ v_0 で遠ざかっていく．このエレベーター内の観測者が自分と共に動く原点（観測者にとっては静止している．つまり慣性系 B の原点）を基準にした座標を x' として，元の静止座標 x と比べると，

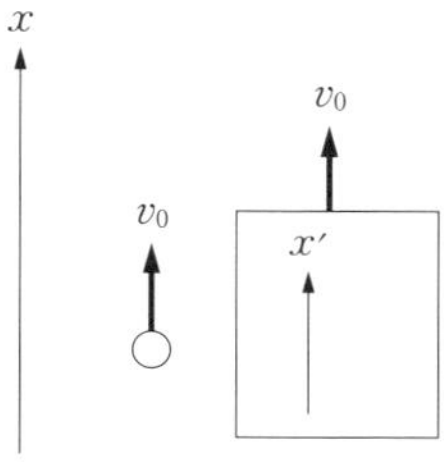

図 3.3 2つの座標系

$$x' = x - v_0t \tag{3.13}$$

のようになる（2.3 節を参照）．

静止座標系における初速度 v_0 での鉛直投げ上げは，このエレベーター内の観測者の座標系では自由落下として記述される．鉛直投げ上げも自由落下も，地上の重力の下で可能な運動である．つまり，運動の法則は同一でも，観測者の座標系によっては，異なる初期条件を選んだように見えるということである．

例題 3.2

ガリレイは，斜面を使って物体の落下を調べた．水平面と θ の角度をなす滑らかな斜面で，物体を静止状態から手放した．このときの運動について述べなさい．

【解】 斜面下方に x 軸をとってみる．重力の x 軸方向の成分は $mg\sin\theta$ である．な

お，斜面に垂直な成分は斜面からの垂直抗力とつり合う．運動方程式は $m(d^2x/dt^2) = mg\sin\theta$ である．この方程式の両辺を1回積分すると $dx/dt = v = C_1 + gt\sin\theta$，ここで C_1 は積分定数である．時刻 $t = 0$ で速度がゼロであったとすると $C_1 = 0$，すなわち $dx/dt = gt\sin\theta$ である．この式の両辺をもう1度積分すると，$x = C_2 + (1/2)gt^2\sin\theta$ となる．時刻 $t = 0$ で手放した位置を $x = 0$ とすれば $C_2 = 0$，すなわち $x = (1/2)gt^2\sin\theta$ となる．斜面上では物体の加速度は自由落下の場合より小さくなるため，観測が容易となる．◆

大気中の雨滴には重力の他に，空気による抵抗力が運動方向と逆向き（上向き）にはたらく．ここでは，簡単のため速さ v に比例する大きさの抵抗力を仮定する（比較的小さい物体にはたらく粘性抵抗の性質として知られている）．すなわち，抵抗力の大きさを f とすると

$$f = bv \quad (b\text{ は定数}) \tag{3.14}$$

が成り立つとする．なお，現実には，抵抗力は速さが小さいときは速さに比例する（**ストークスの法則**）が，速さが大きいときは速さの2乗に比例すること（**ニュートンの抵抗法則**）が知られている．

雨滴を質量 m の質点と見なして運動方程式を作ると，

$$m\frac{d^2x}{dt^2} = F = mg - bv \tag{3.15}$$

である．ただし，鉛直下向きに x 軸をとった（図3.4）．

この方程式を質点の速度 v についての1階線形微分方程式と捉え直すと，

$$m\frac{dv}{dt} = mg - bv \tag{3.16}$$

と書ける．

この $v(t)$ についての微分方程式の一般解は，

$$v(t) = \frac{mg}{b} + Ce^{-(b/m)t} \tag{3.17}$$

である（C は積分定数）．e^x は指数関数で，

図 3.4　雨滴の落下

$$\frac{de^x}{dx} = e^x \tag{3.18}$$

を満たすことが知られている．(3.17) を t で微分することにより

$$\frac{d^2x}{dt^2} = \frac{dv}{dt} = -\frac{bC}{m}e^{-(b/m)t} \tag{3.19}$$

が得られ，微分方程式（3.16）を満たしていることが確かめられる．ここで，

$$\frac{df(bt)}{dt} = b\dot{f}(bt) \quad (b\text{ は定数}) \tag{3.20}$$

が用いられていることに注意する．

微分方程式の一般解は積分定数を含んでいる．この定数は運動の初期条件，例えば時刻 $t = 0$ のときの速度，によって定めることができる．ここでは初期条件として，$t = 0$ のとき $v = 0$ としてみよう．このときは $C = -mg/b$ とすれば条件は満たされるので，$v(t)$ は

$$v(t) = \frac{mg}{b}\{1 - e^{-(b/m)t}\} \tag{3.21}$$

のように決定される．(3.21) をグラフにしたものが，図 3.5 の v-t グラフである．

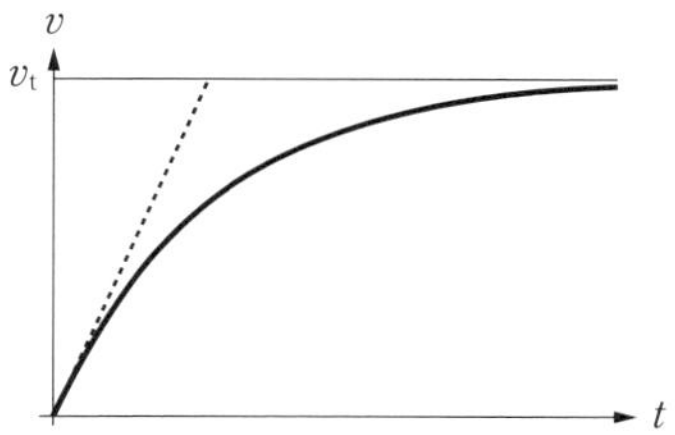

図 3.5 空気抵抗を受けつつ落下する雨滴の速さ

十分時間が経つと，雨滴の速さは一定値に近づく．指数関数の性質から，x が大きいとき e^{-x} はゼロに近づくことが知られているため，t が十分大きいと雨滴の速さは

$$v \ \rightarrow \ \frac{mg}{b} = v_t \tag{3.22}$$

という一定値になる．このような速さ v_t を**終端速度**という．実際，雨滴の速度がこの値に近づいていくとき，雨滴にはたらく重力と空気抵抗がつり合いに近づいていく．すなわち，(3.16) では $v \sim v_t$ のときは運動方程式は $m(dv/dt) \sim 0$ となるので，ほぼ雨滴の運動は等速度運動になる．現実の空気抵抗の速度依存性は複雑ではあるが，十分な時間の後，重力と空気抵抗がつり

合うような終端速度に近づいていくことは共通して起こる現象である．

一方，速度の小さいうちは抵抗が小さいので，ほぼ自由落下と同じ運動をする．指数関数 e^{-x} は x が小さいときは（**マクローリン展開**を用いて）$e^{-x} \sim 1 - x$ と近似されるので，(3.21) については t が小さいときには $v \sim gt$ が得られ，これは自由落下の場合に類似している．

3.2 放物運動

初めの速さ v_0 で，水平と角 θ_0 をなす方向に質量 m の物体を投げたときの運動を考える．このときの角度 θ_0 を投射角（または単に上向きの角度の意味で，仰角）とよぶ．時刻 $t = 0$ において，質点は $x = 0$，$y = 0$ の位置にあるとする．また，時刻 $t = 0$ での速度ベクトルは x 軸を水平方向，y 軸を鉛直方向にとった x-y 平面内にあるものとする（図 3.6 参照）．

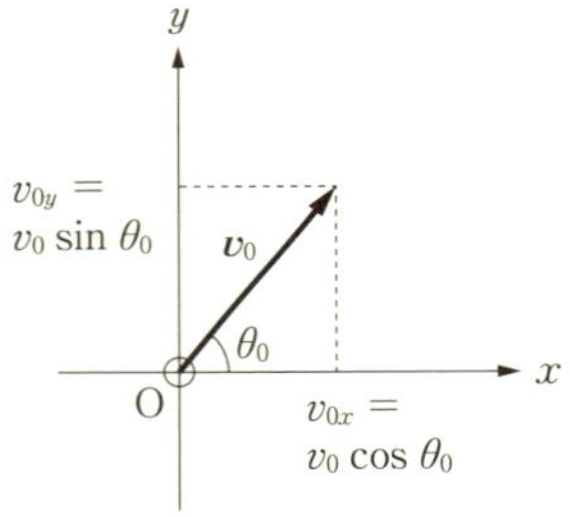

図 3.6　初速とその成分

時刻 $t = 0$ における質点の初速度（初期速度または初速ともいう）の成分は，$v_x = v_{0x} = v_0 \cos \theta_0$，$v_y = v_{0y} = v_0 \sin \theta_0$ であるとする．これらが，初期条件である．ここでは $v_{0x} > 0$，$v_{0y} \geqq 0$ と仮定する．このような設定を一般に斜方投射という．なお，$v_{0x} = 0$ の場合は前節で見た鉛直投げ上げであり，また $v_{0y} = 0$ のときは水平投射とよぶ．なお，このような投射された物体のことを放物体，放物体の運動を**放物運動**とよぶ．

質点にはたらいている力は，鉛直下方に重力のみなので，力の x 成分，y 成分はそれぞれ

$$F_x = 0, \qquad F_y = -mg \tag{3.23}$$

である．したがって，運動方程式は

$$ma_x = 0, \qquad ma_y = -mg \tag{3.24}$$

のようになる．すなわち，加速度の各成分は

$$a_x = 0, \qquad a_y = -g \tag{3.25}$$

である．

x 軸方向の運動は加速度ゼロであるから，等速度運動である．y 軸方向は，鉛直投げ上げと同じ，y 軸の負方向（つまり下向き）の加速度をもった等加速度運動である．したがって，x 軸方向は一定速度 v_{0x} の運動，y 軸方向は初速 v_{0y} の鉛直投げ上げと等価である．また，時刻 $t = 0$ において $x = 0$，$y = 0$ であることから，t の関数として，x，y は

$$\boxed{x = v_{0x}t, \qquad y = v_{0y}t - \frac{1}{2}gt^2} \tag{3.26}$$

であることがわかる．

ところで，たいていの場合，初速度はその大きさと角度でコントロールされる．速度の大きさ（速さ）と水平からの角度で初速度の成分を表すと，初速度 $\boldsymbol{v}_0 = (v_{0x}, v_{0y})$ は，先ほども述べたが

$$v_{0x} = v_0 \cos\theta_0, \qquad v_{0y} = v_0 \sin\theta_0 \tag{3.27}$$

となる．ただし，$v_0 = |\boldsymbol{v}_0|$ は初速度の大きさ（速さ），θ_0 は初速度が水平となす角度である．そこで，これを前の (3.26) に代入すれば，

$$\boxed{v_x = v_0 \cos\theta_0, \qquad v_y = v_0 \sin\theta_0 - gt} \tag{3.28}$$

$$\boxed{x = v_{0x}t = v_0 t \cos\theta_0, \qquad y = v_0 t \sin\theta_0 - \frac{1}{2}gt^2} \tag{3.29}$$

を得る．

最高点に到達するまでの時間 t_1 は，速度の y 成分 v_y が 0 となるときなので，

$$v_y(t_1) = v_0 \sin\theta_0 - gt_1 = 0 \tag{3.30}$$

という条件から，

$$t_1 = \frac{v_0 \sin\theta_0}{g} \tag{3.31}$$

のようになる．y 成分のみについて考えれば，先ほども述べたように鉛直投げ上げと同じである．つまり，最高点の高さについても鉛直投げ上げの解の求め方と同様なので，

$$H = y(t_1) = \frac{(v_0 \sin\theta_0)^2}{2g} \tag{3.32}$$

となる．ただし，今回は時刻 $t = 0$ のとき $y = 0$ としたことに注意する．

投げたときと同じ高さに戻ってくる時刻も，鉛直投げ上げと全く同様に考える．投げたときの高さと同じ高さに落下する時刻 t_2 は，

$$y(t_2) = v_0 t_2 \sin\theta_0 - \frac{1}{2} g {t_2}^2 = 0 \tag{3.33}$$

から求まり，

$$t_2 = 2t_1 = \frac{2v_0 \sin\theta_0}{g} \tag{3.34}$$

である．

質点が空間を移動する道筋（軌跡）はどんな形をしているだろうか．質点の軌跡を知るには x と y の関係を求めればよいから，先ほど求められた解 (3.29) で変数 t を消去すればよい．次のように，x の 2 次関数としての y が得られる．

$$\boxed{y = x \tan\theta_0 - \frac{g}{2{v_0}^2 \cos^2\theta_0} x^2} \tag{3.35}$$

横軸に x，縦軸に y をとったグラフで，(3.35) を表す曲線は放物線とよばれる 2 次曲線（円錐曲線ともよばれる）の 1 つである．この放物線の特徴的な量はいくつかある．1 つは最高点の高さで，もう 1 つは落下点の距離である．落下点の距離は到達距離ともよばれ，質点の高さが投げた点と同じ高さになったとき，その投げた点からの水平距離である．これは大砲の弾がどこまで届くか，砲丸投げでどこまで距離が伸ばせるかという問題と関連する．ただ，今扱っている放物運動では，現実とは違い，空気抵抗などを考慮していないことに注意する．これを以下で議論する．

初速度の大きさ v_0 を固定したとき，到達距離は投射角によってどう変わるであろうか．図 3.7 において，質点の落下点 $x = R$ は，(3.35) で $y = 0$ とお

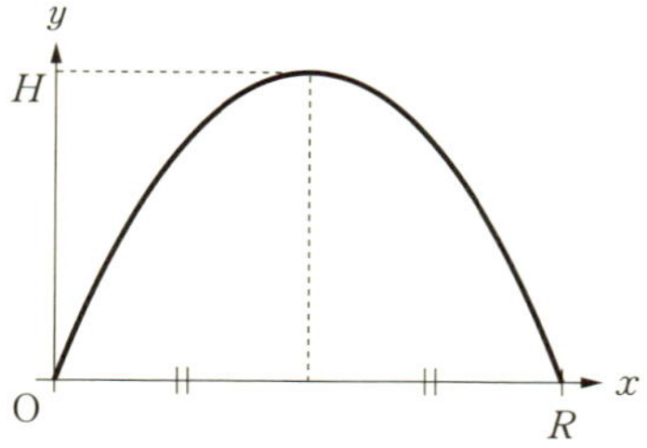

図 3.7　斜方投射された質点の軌跡

いたときの2つの解のうち，$x=0$ でない方の解，

$$R = \frac{2{v_0}^2}{g}\sin\theta_0\cos\theta_0 = \frac{{v_0}^2}{g}\sin 2\theta_0 \tag{3.36}$$

である．ただし，ここで三角関数の倍角公式

$$2\sin\theta_0\cos\theta_0 = \sin 2\theta_0 \tag{3.37}$$

を用いた．もちろん，着地するまでの時間 t_2 に水平方向の速度 v_{0x} を掛けたものが同じ答えを与える．なぜならば，水平方向のみを考えれば，等速度運動であるからである．すなわち，

$$R = v_{0x}t_2 = v_0\cos\theta_0\cdot\frac{2v_0}{g}\sin\theta_0 = \frac{{v_0}^2}{g}\sin 2\theta_0 \tag{3.38}$$

として求めてもよい．

初速度の大きさ v_0 が同じならば，$\sin 2\theta_0 = 1$ になる $\theta = \pi/4$ のときに R は最大値

$$R_{\max} = \frac{{v_0}^2}{g} \tag{3.39}$$

をとる．v_0 を固定したとき，一番遠くまで届くのは物体を投げる角度が水平から $\pi/4$（45度）のときである．

例題 3.3

投射角 $\pi/4$，初速（初速度の大きさ）を時速160キロ（1.6×10^2 km/h）としたときの到達距離を求めなさい．ただし，重力加速度の大きさを 9.8 m/s^2 とする．

【解】 初速は $1.6\times1000/3600 = 4.4\times10$ m/s であるので，到達距離は 2.0×10^2 m である．◆

3.3 単 振 動

ばねのように伸び縮みする物体は，その伸び縮みが極端に大きくないとき，その変形の度合いが大きいほど元に戻る力（**復元力**または弾性力）が大きくなる．例えば，ばねの復元力の大きさは，ばねの自然の長さ（自然長とよぶ）か

らの伸びまたは縮みの量（図3.8参照）に比例する．まずは，簡単のため x 軸方向のみを考える．復元力 F が，ばねの伸び x で次のように表されるとしよう．

$$\boxed{F = -kx} \tag{3.40}$$

ここで，k は**ばね定数**とよばれる．ばね定数の単位は N/m である．

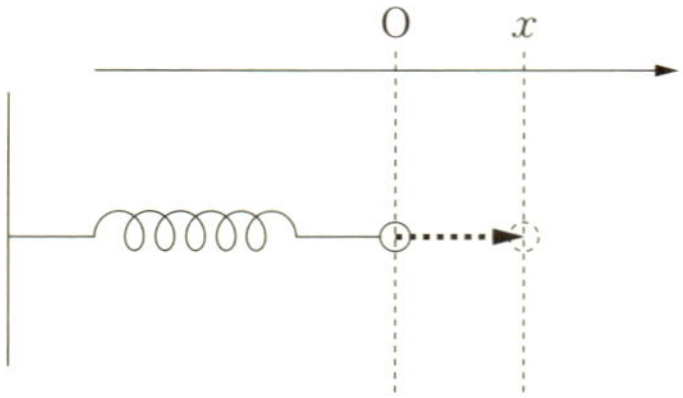

図 3.8　ばねの自然長からの変位

(3.40) を**フックの法則**という．より一般には，フックの法則は「力を加えない自然の状態からの変形があまり大きくないとき，復元力の大きさは変形の大きさに比例する」ということになる．変形量（ばねの伸び縮み）x は変形のないときからの変位である．(3.40) では，x 軸方向のみを考え，F は力の大きさというよりも x 軸方向の成分を表している．すなわち，負号は変位の逆向き，元に戻る向きに力がはたらくことを意味している．

例題 3.4

ばね定数 k_1 の同じばねを n 個並列に並べると（図3.9），$k = nk_1$ の1個のばねと等価であることを示しなさい．また，同様のばねの端をつないで直列にすると（図3.10），$k = k_1/n$ の1個のばねと等価であることを示しなさい．

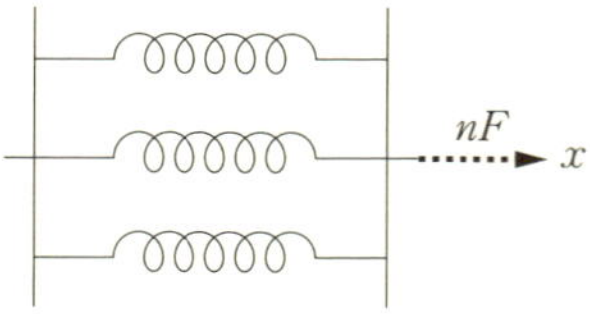

図 3.9　ばねの並列つなぎ

図 3.10　ばねの直列つなぎ

【解】　並列の場合は各ばねの伸びは共通，力は n 個のばねにかかる合力である．$F = -k_1x$ から $nF = -nk_1x$ であるが，$F' = nF$ とおけば $F' = -(nk_1)x$ と書ける．

直列の場合は，個々のばねにはたらく力は共通で，個々のばねの伸びは全体の伸びの $1/n$ で済む．$F = -k_1x$ から $F = -(k_1/n)nx$ であるが，$x' = nx$ とおけば F

$= -(k_1/n)x'$ と書ける．◆

例題 3.5

ばね定数 k_A と k_B の 2 つのばねを並列にしたとき，直列にしたとき，それぞれの合成ばね定数を求めなさい．

【解】 例題 3.4 と同様に考察する．並列のときは $k_A + k_B$，直列のときは $\dfrac{k_A k_B}{k_A + k_B}$ となる．◆

滑らかな水平面上で x 軸方向のみに動く質点に，フックの法則（3.40）に従う力がはたらいているとき，質点はどのような運動を行うであろうか．ただし，ばねの質量は無視できるものとする．直観的に考えると，もし最初，質点が平衡の位置（原点，$x = 0$）にいなければ，その原点に向かうような力（復元力）を受け，運動するだろう．平衡の位置に到達しても，質点は勢いがある（慣性がある）ので，そこを通り過ぎ，逆方向に変位するだろう．そして，再び復元力により原点方向の加速度運動をする．このような繰り返しの**周期運動**，すなわち**振動**が期待される．フックの法則に厳密に従う力による振動は最も簡単・単純なので，**単振動**または調和振動とよばれる．単振動する物体を**調和振動子**とよぶこともある．

フックの法則に従う外力のみがはたらいている質量 m の質点の運動方程式は，

$$m\frac{d^2x}{dt^2} = -kx \qquad (3.41)$$

である．ただし，この場合も x 軸上の運動に限るものとする．ここで $\omega = \sqrt{k/m}$ とすると（3.41）は

$$\boxed{\frac{d^2x}{dt^2} + \omega^2 x = 0} \qquad (3.42)$$

と書き直される．この微分方程式（**振動方程式**）の一般解は

$$x(t) = a\cos\omega t + b\sin\omega t \qquad (3.43)$$

である．ただし，a，b は定数で初期条件が与えられれば決めることができる

(積分定数ともいう)．例えば，$t=0$ で $x=x_0$，$v=v_0$ という条件では

$$x(t) = x_0 \cos \omega t + \frac{v_0}{\omega} \sin \omega t \tag{3.44}$$

となる．以上のような解のことも，また単振動（の解）とよぶ．単振動は次のようにも書くことができる．

$$x(t) = A \cos(\omega t + \beta) \tag{3.45}$$

このとき A は**振幅**，ω は**角振動数**，三角関数の引数 $\omega t + \beta$ は**位相**，β は**初期位相**とよばれる定数である．単振動では振幅は振動数と関係がなく，独立な定数である．運動方程式を解くには微分方程式の知識が必要だが，関数が微分方程式の解であることは微分を知っていれば確かめられる．

三角関数の性質から，(3.43) や (3.45) で t を $t + 2\pi/\omega$ に変えても同じ変位 x を表す．すなわち，$2\pi/\omega$ ごとに同じ状態に戻るわけで，この同じ状態に戻る時間間隔を**周期**といい，単振動では周期 T は $2\pi/\omega$ である．また，時刻 t と $t + T$ のときの位相の差は 2π であることに注意する．なお，(3.45) で表される単振動の x-t グラフおよび v-t グラフは，例として図 3.11 のようになる．

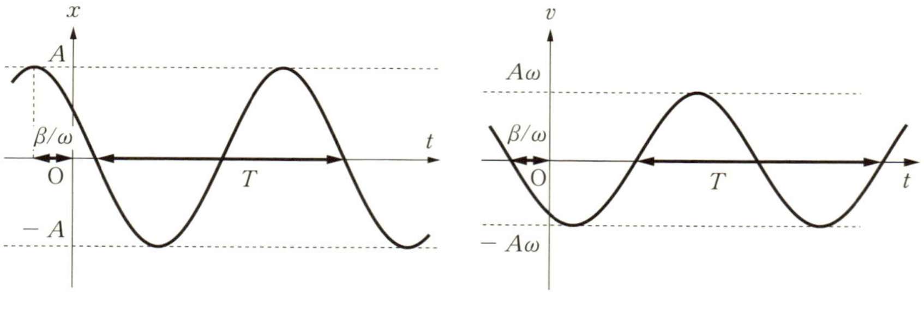

図 3.11　単振動の x-t グラフ（左図），v-t グラフ（右図）

フックの法則 $F = -kx$ に従う外力のみがはたらいている質量 m の質点の単振動の周期は，

$$\boxed{T = 2\pi\sqrt{\frac{m}{k}}} \tag{3.46}$$

のように書くこともできる．

例題 3.6

(3.43) は (3.45) の形に変形できる，すなわち，等価であることを示しなさい．

【解】 三角関数の加法定理により $\cos(\omega t + \beta) = \cos\omega t\cos\beta - \sin\omega t\sin\beta$ なので，(3.43) と (3.45) における定数の対応は，$a = A\cos\beta$，$b = -A\sin\beta$ であれば等価と見なせる．◆

例題 3.7

単振動運動を横軸 x，縦軸 $v = \dot{x}$ のグラフ上に表しなさい．

【解】 $x(t) = A\cos(\omega t + \beta)$，$v(t) = \dot{x}(t) = -\omega A\sin(\omega t + \beta)$ であるから，$x^2 + (1/\omega^2)v^2 = A^2$ を満たす．これは図 3.12 のように楕円を表す．運動と共に (x, v) は楕円上を時計回りに動く．

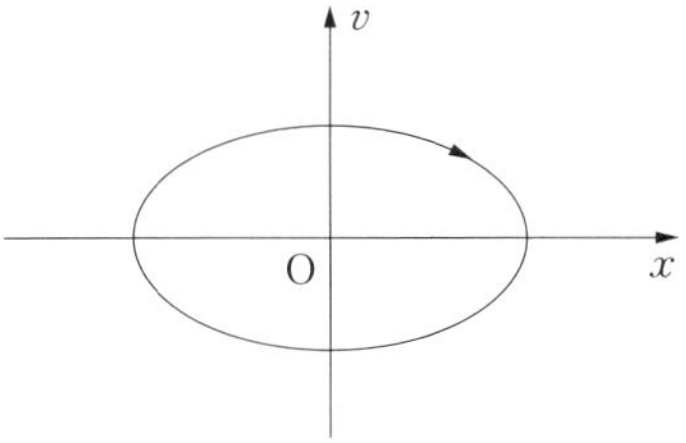

図 3.12　v と x の関係

◆

ここで，(3.42) のような微分方程式の解法について紹介する．この微分方程式の特徴は，それが未知関数 x とその導関数 dx/dt および高次導関数 d^nx/dt^n の線形結合で書かれているということである．線形結合とは，独立な要素（今の場合，関数とその導関数および高次導関数）それぞれに定数係数を掛けて足し合わせたもの（$Ax + B(dx/dt)$，$Cx + D(dx/dt) + E(d^2x/dt^2)$ など）をいう．このような微分方程式を一般に線形微分方程式とよぶ．

また，指数関数の導関数および高次導関数は，やはり指数関数である．この事実を使って，(3.42) を解くことにする．λ を定数として

$$x(t) = e^{\lambda t} \tag{3.47}$$

とおき，(3.42) に代入すると，$\lambda^2 = -\omega^2$ を得る．すなわち，$\lambda = i\omega$ または $\lambda = -i\omega$ である．ここで，i は $i^2 = -1$ を満たす虚数単位である．

したがって，

$$x_1(t) = e^{i\omega t} \tag{3.48}$$

$$x_2(t) = e^{-i\omega t} \tag{3.49}$$

は微分方程式（3.42）の解である.

具体的に確かめてみればよいが，このとき，α_1，α_2 を任意の定数として

$$x(t) = \alpha_1 x_1(t) + \alpha_2 x_2(t) \tag{3.50}$$

という形の，$x_1(t)$ と $x_2(t)$ の線形結合も微分方程式（3.42）の解である．これは，係数 α_1，α_2 の片方ずつがゼロである場合を考えてみればわかるように，元の2つの基本的な解 $x_1(t)$，$x_2(t)$ をどちらも含んでおり，（3.42）の一般的な解の形である．これを一般解とよぶ．今の場合，一般解が2個の任意定数 (α_1, α_2) を含んでいることは，線形微分方程式が関数の2階微分（2次導関数）までを含んでいることに対応している.

例題 3.8

ここで得られた（3.42）の一般解（3.50）を，（3.43）の形に表しなさい.

【解】 オイラーの公式 $e^{iz} = \cos z + i \sin z$ を使えば，一般解は $x(t) = \alpha_1 e^{i\omega t} + \alpha_2 e^{-i\omega t} = (\alpha_1 + \alpha_2)\cos\omega t + (i\alpha_1 - i\alpha_2)\sin\omega t$ のように書き直すことができる．$a = \alpha_1 + \alpha_2$，$b = i(\alpha_1 - \alpha_2)$ のように任意定数を定義し直せば，（3.43）に一致する．このように，一般解は複素数を与えるように見える場合でも，実数を表す解を得ることができる．◆

日常目にする単振動に近い現象は，**振り子**の振動であろう．ガリレイの振り子の等時性の発見はあまりにも有名である．おもり（質点と見なす）に長さ l の軽く伸び縮みしない糸をつなげ，振り子を作る．これは最も簡単な振り子なので（特に他の一般の振動するもの，振動子，と区別したいときに）**単振り子**ともいう.

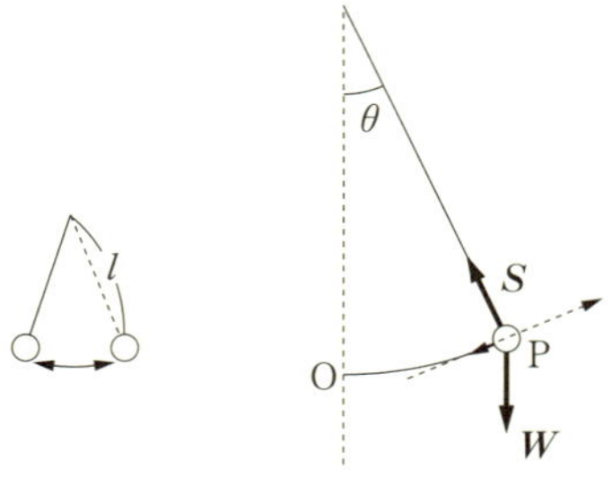

図 3.13　単振り子

地上で質量 m のおもりにはたらく重力の大きさは $W = mg$ であることから，図3.13のように，おもりが鉛直下方から角度 θ の位置，つまり点Pにあるとき，重力の，お

もりの軌道の接線方向成分（接線方向にはたらく力）は

$$F_{\mathrm{t}} = -mg\sin\theta \tag{3.51}$$

である．ただし，図中の l は振り子の長さである．なお，点 O を最下点とする．

ここで，弧 OP の長さは $l\theta$ なので，これを運動を表す接線方向成分の座標とする．すると，おもりの加速度の軌道接線方向成分は

$$\frac{d^2(l\theta)}{dt^2} = l\frac{d^2\theta}{dt^2} \tag{3.52}$$

である．したがって，おもりの接線方向の運動方程式は

$$ml\frac{d^2\theta}{dt^2} = -mg\sin\theta \tag{3.53}$$

である．振り子の振れが小さく，θ が 1 に比べてはるかに小さな**微小振動**の場合には（**マクローリン展開**により），$\sin\theta \sim \theta$ なので，(3.53) は，

$$\frac{d^2\theta}{dt^2} = -\frac{g}{l}\theta \tag{3.54}$$

と書き直すことができる．ここで

$$\omega = \sqrt{\frac{g}{l}} \tag{3.55}$$

とおくと，(3.54) は単振動を表す方程式そのものとなるので，その一般解は

$$\theta(t) = A\cos(\omega t + \beta) \tag{3.56}$$

で与えられる．

振幅の小さな単振り子の振動の周期 T と，**振動数**（単位時間当りの振動回数）ν は

$$\boxed{\text{振幅の小さな振動の周期 } T : T = \frac{2\pi}{\omega} = 2\pi\sqrt{\frac{l}{g}}} \tag{3.57}$$

$$\boxed{\text{振動数 } \nu : \nu = \frac{1}{T} = \frac{1}{2\pi}\sqrt{\frac{g}{l}}} \tag{3.58}$$

と表され，これらは，振り子の振幅 A にもおもりの質量 m にもよらないという著しい性質がある．これを振り子の等時性とよぶ．(3.57) を用いて，糸の長さと振り子の周期の測定から，重力加速度の大きさを求めることができる．

例題 3.9

月面上では，重力加速度の大きさは地球の 1/6 であるという．糸の長さが同じ振り子の周期は，月では地球の何倍になるか．

【解】 $\sqrt{6}$ 倍である．◆

3.4 減衰振動

質量 m の質点にはたらく外力として，ばねの復元力と共に速度に比例した大きさの抵抗力がはたらくとき，その運動はどうなるであろうか．本節でも質点は x 軸上を運動するものとする．ニュートンの運動の法則（$F = ma$）より

$$m\frac{d^2x(t)}{dt^2} = -kx(t) - 2m\gamma\frac{dx(t)}{dt} \tag{3.59}$$

と書き表すことができる．ここで，$x(t)$ は時刻 t での質点の位置の座標，$-kx(t)$ は復元力，$-2m\gamma(dx(t)/dt) = -2m\gamma v$ は速さ v に比例した抵抗力である．ただし，γ は正の定数である．(3.59) は，2 階の線形微分方程式である．これを書きかえると以下のようになる（ただし，$\omega = \sqrt{k/m}$）．

$$\boxed{\frac{d^2x}{dt^2} + 2\gamma\frac{dx}{dt} + \omega^2 x = 0} \tag{3.60}$$

この微分方程式の解は以下の 3 通りとなる（a，b は積分定数）．

（1）$\omega > \gamma$ のとき

$$\boxed{x(t) = e^{-\gamma t}\{a\cos(\sqrt{\omega^2-\gamma^2}\,t) + b\sin(\sqrt{\omega^2-\gamma^2}\,t)\}} \quad \text{（減衰振動）} \tag{3.61}$$

（2）$\omega = \gamma$ のとき

$$\boxed{x(t) = (a + bt)e^{-\gamma t}} \quad \text{（臨界減衰）} \tag{3.62}$$

（3）$\omega < \gamma$ のとき

$$\boxed{x(t) = a\exp[(-\gamma + \sqrt{\gamma^2 - \omega^2})t] + b\exp[(-\gamma - \sqrt{\gamma^2 - \omega^2})t]} \quad \text{（過減衰）} \tag{3.63}$$

復元力による「振動」と抵抗力による「減衰」のどちらが強いか，それぞれ

の強さを表すのが，ω と γ の大きさである．減衰振動（$\omega > \gamma$）の場合，x は振動をしながらも，その振れ幅が指数関数的に減少（減衰）していくという振舞をする．臨界減衰の場合，一番素早く x はゼロに近づくことが（初期条件にある程度依存するが）可能である．**過減衰**の場合の方が，他の２つと比べると減衰が遅いことが一般的である．

図 3.14 は，初期条件としては，初速ゼロ，ω を固定の上，γ がゼロの場合，$\omega > \gamma$ の場合，$\omega = \gamma$ の場合，$\omega < \gamma$ の場合，をそれぞれプロットした x-t グラフである．$\gamma = 0$ 以外のいずれの場合も，$t \to \infty$ で $x \to 0$ となることが見てとれる．臨界減衰のような，ばねと抵抗の大きさの選択についてはドアクローザーに使われていて，扉が最も速やかに閉まるようになっている．

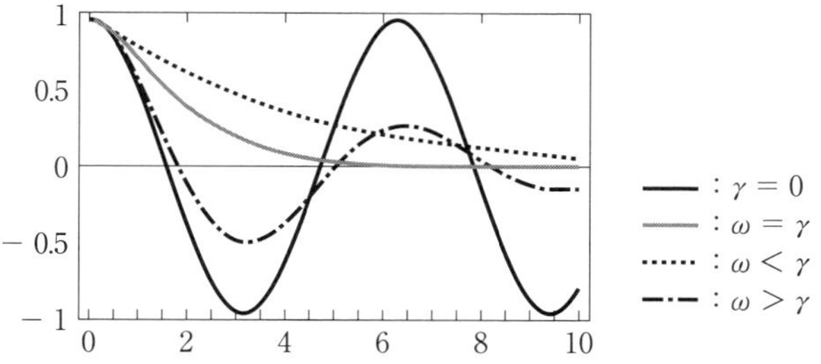

図 3.14　復元力，抵抗力のはたらく質点の運動

ここで，微分方程式の解き方の１つを紹介する．$x(t)$ を

$$x(t) = y(t)e^{-\gamma t} \tag{3.64}$$

のように，指数関数部分と未知関数 $y(t)$ の積で表し，y の微分方程式を導く．積の微分および合成関数の微分公式から

$$\frac{dx}{dt} = \left(\frac{dy}{dt} - \gamma y\right)e^{-\gamma t} \tag{3.65}$$

$$\frac{d^2x}{dt^2} = \left(\frac{d^2y}{dt^2} - 2\gamma\frac{dy}{dt} + \gamma^2 y\right)e^{-\gamma t} \tag{3.66}$$

となることを用いて，(3.60) は

$$\frac{d^2y}{dt^2} + (\omega^2 - \gamma^2)y = 0 \tag{3.67}$$

という，y についての微分方程式に書きかえられる．$\omega^2-\gamma^2>0$ のとき，これは単振動のときに現れる微分方程式と同じ形であるので，その一般解は $y(t)=a\cos(\sqrt{\omega^2-\gamma^2}t)+b\cos(\sqrt{\omega^2-\gamma^2}t)$ である．また，$\omega^2-\gamma^2=0$ のとき解は $y(t)=a+bt$，$\omega^2-\gamma^2<0$ のとき解は $y(t)=a\exp\{-\sqrt{\gamma^2-\omega^2}t\}+b\exp\{\sqrt{\gamma^2-\omega^2}t\}$ である．ただし，a,b は定数である．

例題 3.10

減衰振動の解を，$x(t)=e^{\lambda t}$ の形と仮定することによって解きなさい．

【解】　(3.60) に $x(t)=e^{\lambda t}$ を代入すると，$\lambda^2+2\gamma\lambda+\omega^2=0$ という λ についての2次方程式を得る．この解は $\lambda=-\gamma\pm\sqrt{\gamma^2-\omega^2}$ である．

$\omega^2-\gamma^2<0$ のときは $\exp[(-\gamma\pm\sqrt{\gamma^2-\omega^2})t]$ という2つの解が得られ，この2つの解の線形結合が一般解である．このとき，過減衰を表す解 (3.63) が得られる．また，$\omega^2-\gamma^2>0$ のときは $\exp[(-\gamma\pm i\sqrt{\omega^2-\gamma^2})t]$ という2つの解が得られるが，任意の線形結合が解となることから，オイラーの公式を用いて，$e^{-\gamma t}\cos(\sqrt{\omega^2-\gamma^2}t)$ および $e^{-\gamma t}\sin(\sqrt{\omega^2-\gamma^2}t)$ が独立な実数解である．このとき，減衰振動を表す解 (3.61) が得られる．$\omega^2-\gamma^2=0$ のとき，ここでの考え方では $e^{-\gamma t}$ という1つの解しか得られないので，このときには，さらに $x(t)=te^{-\gamma t}$ という形が微分方程式を満たすことを確かめなければならない．これら2つの解の線形結合として，臨界減衰を表す解 (3.62) が得られる．なお，ω^2 が γ^2 に近づく極限として，$\omega^2\neq\gamma^2$ の解から推測することは可能である．それは，$\omega^2-\gamma^2$ が小さいとき，$\sin(\sqrt{\omega^2-\gamma^2}t)\sim\sqrt{\omega^2-\gamma^2}t$，または $\exp(\pm\sqrt{\gamma^2-\omega^2}t)\sim 1\pm\sqrt{\gamma^2-\omega^2}t$ となるからである．◆

例題 3.11

減衰振動 ($\gamma<\omega$) を，横軸に x，縦軸に $v=dx/dt$ をとったグラフ平面上に表しなさい．

【解】

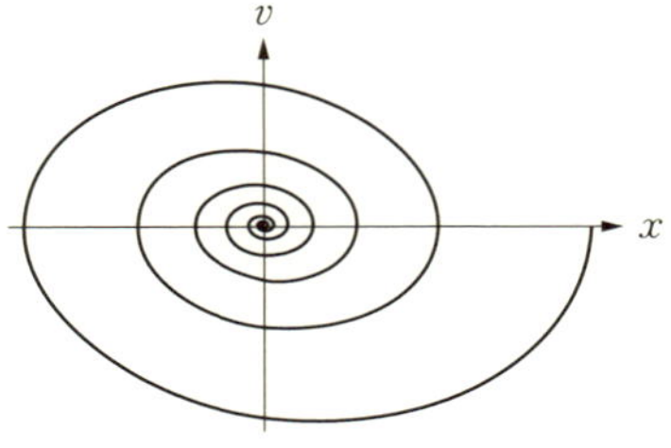

図 3.15　減衰振動の v と x

前ページで示した図 3.15 のようになる．◆

3.5 強制振動

ばねのような復元力の他に外力もはたらいているとき，質点の運動はどのようになるだろうか．外力としては，以下のような周期的なものを考える．

$$F = F_0 \cos \omega t \quad (F_0 \text{ は定数}) \tag{3.68}$$

復元力，抵抗力は前節と同じものを考えるとすると，運動方程式は

$$m\frac{d^2x}{dt^2} = -kx - 2m\gamma\frac{dx}{dt} + F_0 \cos \omega t \tag{3.69}$$

となり，書きかえると

$$\boxed{\frac{d^2x}{dt^2} + 2\gamma\frac{dx}{dt} + {\omega_0}^2 x = \frac{F_0}{m}\cos \omega t} \tag{3.70}$$

のようになる．この節では，$\omega_0 = \sqrt{k/m}$ とした．

少なくとも定常に近い状態では，質点は外力と同じ周期の振動をすると考えられる．ただし，位相は同じとは限らない．そこで方程式（3.70）の解を

$$\boxed{x(t) = A\cos(\omega t - \phi)} \tag{3.71}$$

と仮定して，方程式に代入してみる．そして，得られた式

$$A\{({\omega_0}^2 - \omega^2)\cos(\omega t - \phi) - 2\gamma\omega\sin(\omega t - \phi)\} = \frac{F_0}{m}\cos \omega t \tag{3.72}$$

を，恒等的に（つまり t によらず）満たす初期位相 ϕ が存在するかを検討する．

三角関数の合成公式を使えばすぐに求めることができるが，ここではそれを使わずに考えてみよう．まず，t の値によらず成り立つ式とすることから，(3.72) において $t = 0$ としてみると

$$A\{({\omega_0}^2 - \omega^2)\cos(-\phi) - 2\gamma\omega\sin(-\phi)\} = \frac{F_0}{m} \tag{3.73}$$

となるが，これはすなわち

$$A\{({\omega_0}^2 - \omega^2)\cos\phi + 2\gamma\omega\sin\phi\} = \frac{F_0}{m} \tag{3.74}$$

である．また，$\omega t = \pi/2$ でも（3.72）は成り立つはずなので，

$$A\left\{(\omega_0{}^2 - \omega^2)\cos\left(\frac{\pi}{2} - \phi\right) - 2\gamma\omega\sin\left(\frac{\pi}{2} - \phi\right)\right\} = 0 \qquad (3.75)$$

すなわち

$$A\{(\omega_0{}^2 - \omega^2)\sin\phi - 2\gamma\omega\cos\phi\} = 0 \qquad (3.76)$$

である．(3.74) と (3.76) から，

$$A\,(\omega_0{}^2 - \omega^2) = \frac{F_0}{m}\cos\phi \qquad (3.77)$$

$$2A\gamma\omega = \frac{F_0}{m}\sin\phi \qquad (3.78)$$

が導かれる．

これらにより

$$\boxed{\tan\phi = \frac{2\gamma\omega}{\omega_0{}^2 - \omega^2}} \qquad (3.79)$$

$$\boxed{A = \frac{F_0}{m\sqrt{(\omega_0{}^2 - \omega^2)^2 + 4\gamma^2\omega^2}}} \qquad (3.80)$$

が得られる．なお，この解（特解）に，外力のない場合の減衰振動の解（前節の解）を加えたものが一般解であるが，十分時間が経過した後は減衰振動分は小さくなるので，ほぼ，この特解の表す振動のみが残る．

(3.80) によれば，外力の振動数を変えたときに，振幅が最大となるのは

$$\omega^2 = \omega_0{}^2 - 2\gamma^2 \qquad (3.81)$$

の成り立つときである（図 3.16 参照）．抵抗力の小さい場合は，外力の振動数が，復元力のみによる（固有の）振動数とほぼ等しいときに最大となる．

このように振幅の増大する特異な現象を，**共振**とよぶ．橋や建築物の固有の振動数（ω_0 に対応）と外力の振動数（ω に対応）が等しくなると，このような現象が起き，フックの法則の適用限界および構造の限界をも越えてしまって，破壊的現象が起こることが実際に知られている．力の大きさは小さくても，物体の固有の振

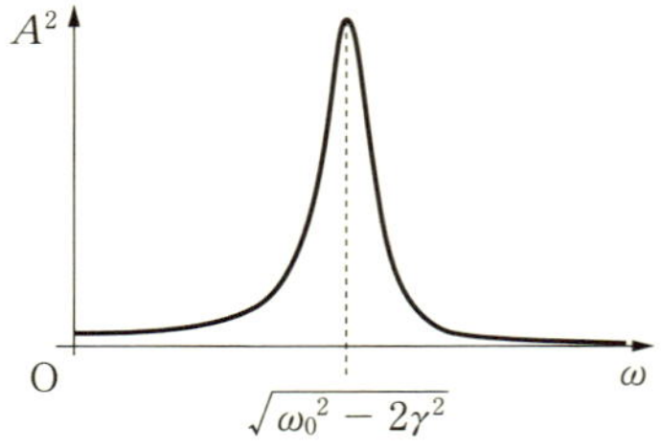

図 3.16　共振現象における振幅

動数と対応した周期で加え続けると大きな振幅にすることができる．

なお，外力の振動数を変えたときに，振幅の 2 乗の大きさがピーク値の半分程度になるのは，だいたい $\omega \sim \omega_0 \pm \gamma$ の辺りである．位相について見てみると，外力の振動数が固有の振動数に近づくと $\pi/2$ に近づき，さらにずっと大きくなると π に近づく．

例題 3.12

(3.70) で，γ が厳密に 0 の場合における微分方程式の解を求めなさい．特に，外力の振動数が固有の振動数に等しい場合の解を示しなさい．

【解】 $\omega_0{}^2 - \omega^2 \neq 0$ のときは，特解は前と同様に $x(t) = A\cos(\omega t - \phi)$ とおいて $\phi = 0$，$A = F_0/m(\omega_0{}^2 - \omega^2)$ である．A の正負は $\omega_0{}^2 = \omega^2$ のところで反転する．

$\omega_0{}^2 - \omega^2 = 0$ のときは，解くべき微分方程式は $d^2x/dt^2 + \omega^2 x = (F_0/m)\cos\omega t$ である．特解を $x(t) = Bt\sin\omega t$ と仮定して，この微分方程式に代入すると，$-\omega^2 Bt\sin\omega t + 2\omega B\cos\omega t + \omega^2 Bt\sin\omega t = (F_0/m)\cos\omega t$ となるので，$x(t) = (F_0/2m\omega)t\sin\omega t$ が特解である．振幅は際限なく増大し，位相は外力に比べて $\pi/2$ ずれる．現実には，さまざまな摩擦や抵抗力がはたらくため，この解は有限時間までしか実現しない．◆

章 末 問 題

【1】 高さ 26 m の建物の上からボールを静かに落とす．2 s 後の速度と位置を求めなさい．ただし，重力加速度の大きさを 9.8 m/s^2 とし，空気抵抗などを無視する．
3.1 節　**A**

【2】 速度に比例した空気抵抗（比例係数 b）のはたらく場合の鉛直投げ上げで，質量 m の質点が最高点に達するまでの時間を求めなさい．3.1 節　**C**

【3】 比較的大きい物体が高速で運動する場合，空気抵抗は慣性抵抗とよばれる速さの 2 乗に比例した力（流体中の渦が原因）で表される．慣性抵抗がはたらくときの物体の落下速度を，時刻 t の関数として表しなさい．ただし，初速をゼロとする．
3.1 節　**C**

【4】 水を噴出する箇所は 1 箇所だが，同じ速さ v_0 で，あらゆる方向に水を噴出して

いる噴水がある．噴水全体の形はどんな形になるだろうか．3.2 節　**B**

【5】【4】で求められた噴水の外形は，初速や重力加速度の大きさによらず，同じ形となる（相似形である）ことを示しなさい（木星の衛星イオの「火山」からのガスの噴出も同形のドーム状に観察された）．3.2 節　**B**

【6】 重さの無視できるばねの先端を天井に固定し，末端に質量 m のおもりをつけた．静止したおもりをさらに鉛直下方に A だけ伸ばして，そこで静かに手を放すとおもりは振動を始める（**ばね振り子**）．ばね定数を k，重力加速度の大きさを g として以下の問いに答えなさい．3.3 節　**A**

(a) つり合いの位置でのばねの長さ l を求めなさい．ただし，ばねの自然長は l_0 である．

(b) つり合いの位置から下方への変位の大きさを x として，おもりの運動方程式を書きなさい．

(c) この方程式の一般解を三角関数を用いて書き表しなさい．

(d) 初期条件を考慮して解を求めなさい．

(e) おもりの速さの最大値 $v_{\max}$ を求めなさい．また，そのときの変位を求めなさい．

【7】 糸の長さが 1 m の単振り子の微小振動の周期 T を求めなさい．なお，重力加速度の大きさを 9.8 m/s^2 とする．3.3 節　**A**

【8】 質量 m の浮きが，図 3.17 のように水槽に浮かんでいる．質量 m の浮きは断面積 S，高さ L の円柱で，一様な密度をもっている．水の質量密度（単位体積当りの質量）を ρ とする．水槽は十分大きく，水面の高さの変化は無視できるものとする．浮きの水中にある部分の長さを l とする．この浮きが上下に振動しているときの振動の周期を求めなさい．3.3 節　**B**

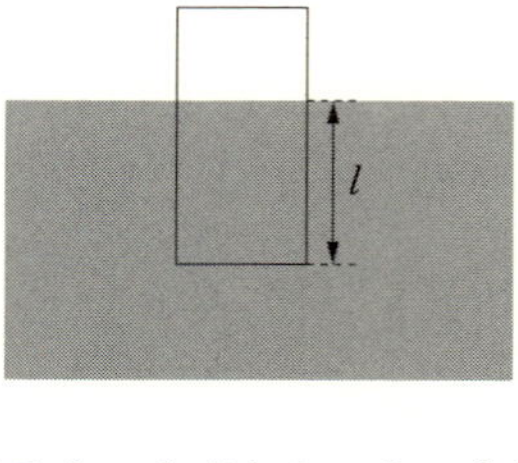

図 3.17　浮き

【9】 地球の中心を通るまっすぐなトンネルを掘ったとき（図 3.18 を参照），それに沿った物体の運動について考察しなさい．ただし，地球を質量密度（単位体積当りの質量）ρ が一定である球体であると近似的に考える．地球の自転や公転も無視する．

【注】 距離 r 離れた質量 m，M の 2 つの質点の間には万有引力がはたらく．その大きさは 2 つの質点の質量の積 mM と，質点間の距離 r の逆 2 乗に比例する．すなわち，G を**ニュートンの重力定数**とすると，質量 m の質点には質量 M の質点の方向に大きさ GmM/r^2 の力がはたらく．また，性質として，等方な球体の内部にある物体にはたらく万有引力は，その位置よりも内側にある物質の質量が，中心位置の 1 点に集中したと考えたものからの引力と同等であるということが知られている．

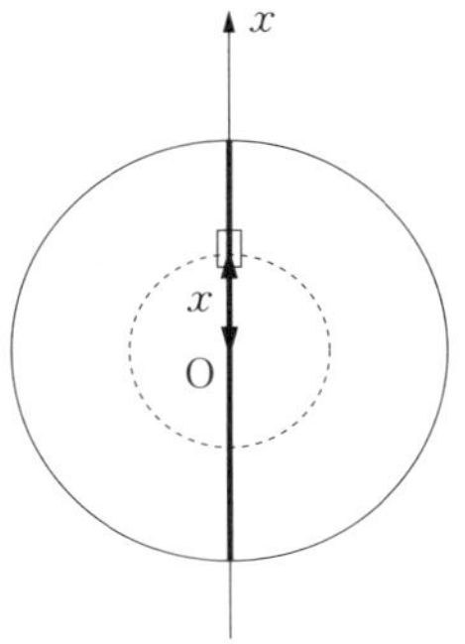

図 3.18　地球の中心を通るトンネル

3.3 節　**C**

【10】 上記のトンネルと平行なトンネルを考え，それに沿った物体の運動の周期を求めなさい． 3.3 節　**C**

4 仕事とエネルギー

【学習目標】

・力学的な仕事について理解する.
・ベクトルの内積を理解する.
・保存力と仕事の関係について，重力や弾性力などの実例を通して理解する.
・ポテンシャルエネルギーとその保存力との関係を理解する.
・運動エネルギーを理解する.
・力学的エネルギー保存則とその応用例を理解する.

【キーワード】

仕事，ベクトルの内積，保存力，運動エネルギー，ポテンシャルエネルギー，力学的エネルギー保存則

4.1 質点にはたらく力の行う仕事

x 軸上を点Pから点Qまで質点が運動するという最も簡単な場合を考える. まず，力も x 軸方向にしかはたらかないとする. さらに，その力 $F=$ 一定のときは，その力の行う**仕事**は

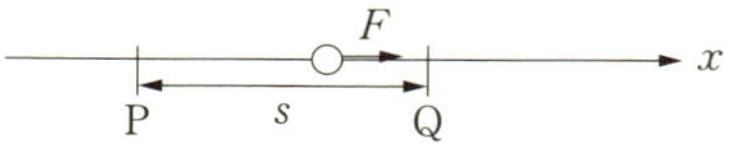

図 4.1　直線上，一定の力の行う仕事

$$w = Fs \tag{4.1}$$

であるとする. ただし，s は点Pと点Qの距離である（図4.1）.

F が x に依存するときは，

$$w = \int_{x_\mathrm{P}}^{x_\mathrm{Q}} F(x)\,dx \tag{4.2}$$

とする．これは，x による定積分で表されている．さらに，力が x 軸方向以外の成分をもつとき，

$$w = \int_{x_P}^{x_Q} F_x dx \tag{4.3}$$

である．外力に x 軸方向以外の成分があってもこのようになるということは，力がはたらいていても，運動が力の方向に垂直ならば外力は仕事をしないということである．

質点の動きが任意の方向となる場合では，質点の運動方向の成分の力だけが仕事に有効なので，

$$\Delta w = F \cos\theta \, \Delta s \tag{4.4}$$

が，質点が Δs だけ動いたときの仕事である．1 次元以外の場合では，運動の方向と力の方向が一般に一致しないために，このように表式が煩雑である．簡潔に表すにはベクトルの内積を使用すればよい．内積を用いれば，(4.4) は図 4.2 の力 $\boldsymbol{F}$ と変位 $\Delta \boldsymbol{r}$ の内積 $\boldsymbol{F} \cdot \Delta \boldsymbol{r}$ で表すことができる．

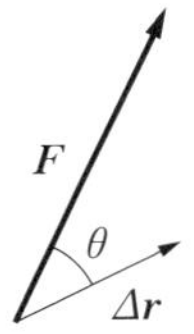

図 4.2 微小な変位と外力

ここで，ベクトルの内積についてまとめておこう．ベクトルの**内積**はベクトルの**スカラー積**ともいう（数値だけをもつ量を，ベクトルに対比してスカラーとよぶ）．次の

$$\boldsymbol{A} \cdot \boldsymbol{B} = |\boldsymbol{A}||\boldsymbol{B}| \cos\theta \tag{4.5}$$

のように，2 つのベクトルから計算される量である．ただし，θ は 2 つのベクトル $\boldsymbol{A}$ と $\boldsymbol{B}$ のなす角である（図 4.3）．

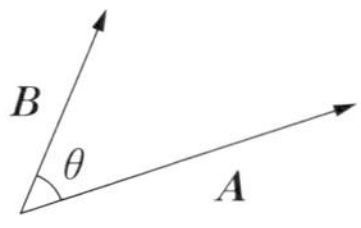

図 4.3 ベクトルのなす角

したがって，直交する 2 つのベクトルの内積はゼロである．なぜならば，ベクトルが直交するときは $\theta = \pi/2$ だからである．逆に $|\boldsymbol{A}| \neq 0$，$|\boldsymbol{B}| \neq 0$ のとき，$\boldsymbol{A} \cdot \boldsymbol{B} = 0$ ならば $\theta = \pi/2$，いいかえれば，どちらもゼロベクトルでない 2 つのベクトルの内積がゼロならば，それらは直交している．

同一のベクトル $\boldsymbol{A}$ と $\boldsymbol{A}$ の内積，すなわち自分自身の内積を考えるときは，$\theta = 0$ であるので $\boldsymbol{A} \cdot \boldsymbol{A} = |\boldsymbol{A}|^2$ となる．これは，あるベクトルの自身との内

積が，そのベクトルの大きさの2乗になることを示している．なお，誤解を招かないときには，$\boldsymbol{A}\cdot\boldsymbol{A}$，$|\boldsymbol{A}|^2$ を $\boldsymbol{A}^2$ と略記する場合がある．

また，(4.5) の定義から，内積についての交換法則

$$\boldsymbol{A}\cdot\boldsymbol{B} = \boldsymbol{B}\cdot\boldsymbol{A} \tag{4.6}$$

が成り立つことがわかる．

さらに，内積について成分を用いて表すと，

$$\begin{aligned}\boldsymbol{A}\cdot\boldsymbol{B} &= (A_x\boldsymbol{e}_x + A_y\boldsymbol{e}_y + A_z\boldsymbol{e}_z)\cdot(B_x\boldsymbol{e}_x + B_y\boldsymbol{e}_y + B_z\boldsymbol{e}_z)\\ &= A_xB_x + A_yB_y + A_zB_z\end{aligned} \tag{4.7}$$

と書ける．ここで，デカルト座標系の異なる基底ベクトルは互いに直交し，それぞれは単位ベクトルであること，つまり

$$\boldsymbol{e}_x\cdot\boldsymbol{e}_y = \boldsymbol{e}_y\cdot\boldsymbol{e}_z = \boldsymbol{e}_z\cdot\boldsymbol{e}_x = 0,\quad \boldsymbol{e}_x\cdot\boldsymbol{e}_x = \boldsymbol{e}_y\cdot\boldsymbol{e}_y = \boldsymbol{e}_z\cdot\boldsymbol{e}_z = 1 \tag{4.8}$$

を用いた．

例題 4.1

分配法則　$\boldsymbol{A}\cdot(\boldsymbol{B}+\boldsymbol{C}) = \boldsymbol{A}\cdot\boldsymbol{B} + \boldsymbol{A}\cdot\boldsymbol{C}$　が成り立つことを示しなさい．

【解】　両辺を成分で書き表せば，(左辺) $= A_x(B_x + C_x) + A_y(B_y + C_y) + A_z(B_z + C_z) = (A_xB_x + A_yB_y + A_zB_z) + (A_xC_x + A_yC_y + A_zC_z) =$ (右辺)．よって，成立する．◆

例題 4.2

ベクトルの実数倍について，$(k\boldsymbol{A})\cdot\boldsymbol{B} = k(\boldsymbol{A}\cdot\boldsymbol{B})$ が成り立つことを示しなさい．

【解】　ベクトル $\boldsymbol{A}$ とベクトル $\boldsymbol{B}$ のなす角を θ とする．すると右辺は，$k(\boldsymbol{A}\cdot\boldsymbol{B}) = k|\boldsymbol{A}||\boldsymbol{B}|\cos\theta$ である．左辺は，k が正のとき，$(k\boldsymbol{A})\cdot\boldsymbol{B} = |k\boldsymbol{A}||\boldsymbol{B}|\cos\theta = k|\boldsymbol{A}||\boldsymbol{B}|\cos\theta$ である．また，k が負のとき，$(k\boldsymbol{A})\cdot\boldsymbol{B} = |k\boldsymbol{A}||\boldsymbol{B}|\cos(\pi-\theta) = -|k||\boldsymbol{A}||\boldsymbol{B}|\cos\theta = k|\boldsymbol{A}||\boldsymbol{B}|\cos\theta$ となる．$k=0$ のときは自明である．よって，成立する．成分を用いても示すことができる．◆

例題 4.3

ベクトル $\boldsymbol{A}$ の x 成分は，$A_x = \boldsymbol{A}\cdot\boldsymbol{e}_x$ と表すことができることを示しなさい．

【解】 (4.8) を用いると $\boldsymbol{A}\cdot\boldsymbol{e}_x = (A_x\boldsymbol{e}_x + A_y\boldsymbol{e}_y + A_z\boldsymbol{e}_z)\cdot\boldsymbol{e}_x = A_x$ が示される．◆

内積を用いて，余弦定理を表すことができる．すなわち，分配法則，交換法則および (4.5) を用いて

$$
\begin{aligned}
|\boldsymbol{A}-\boldsymbol{B}|^2 &= (\boldsymbol{A}-\boldsymbol{B})\cdot(\boldsymbol{A}-\boldsymbol{B})\\
&= \boldsymbol{A}\cdot\boldsymbol{A} - 2\boldsymbol{A}\cdot\boldsymbol{B} + \boldsymbol{B}\cdot\boldsymbol{B}\\
&= |\boldsymbol{A}|^2 - 2\boldsymbol{A}\cdot\boldsymbol{B} + |\boldsymbol{B}|^2\\
&= |\boldsymbol{A}|^2 - 2|\boldsymbol{A}||\boldsymbol{B}|\cos\theta + |\boldsymbol{B}|^2 \qquad (4.9)
\end{aligned}
$$

を示すことができる．(4.9) は，図 4.4 の三角形についての余弦定理と同等である．

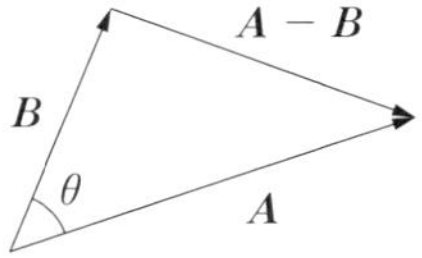

図 4.4 余弦定理と内積

では，3 次元空間を運動する質点を考えよう．質点がある軌跡を通って動く．軌跡上の位置ベクトル $\boldsymbol{r}$ で表される点では，質点は外力 $\boldsymbol{F}$ を受けるとする．運動の軌跡は関数 $\boldsymbol{r}(t)$ を与えることであり，ある時刻からある時刻までの質点の位置と軌跡は決まる．質点が $\boldsymbol{r}$ にいるとき受ける力は，その位置で決まるとする．このとき，$\boldsymbol{F}$ は $\boldsymbol{r}$ の関数 $\boldsymbol{F}(\boldsymbol{r})$ と書ける．

この状況で，質点が点 P から点 Q まで動くとき，外力 $\boldsymbol{F}$ が質点にした仕事を

$$
\boxed{w = \int_{\mathrm{P}}^{\mathrm{Q}} \boldsymbol{F}(\boldsymbol{r})\cdot d\boldsymbol{r}} \qquad (4.10)
$$

と定義する（図 4.5）．ただし，$\boldsymbol{F}(\boldsymbol{r})\cdot d\boldsymbol{r} = F_x dx + F_y dy + F_z dz$ である．積分は微小なものの足し

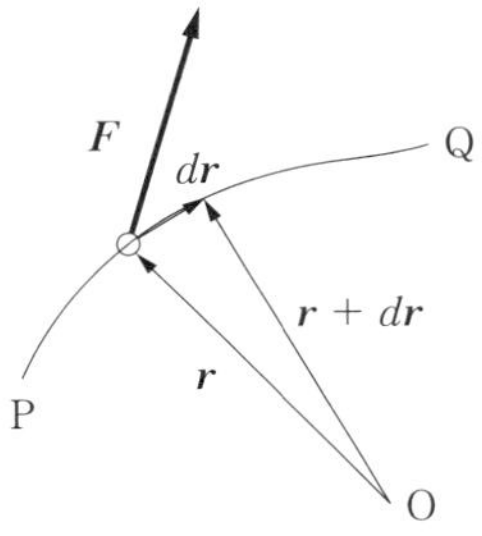

図 4.5 質点の軌跡と外力の行う仕事

合わせの極限であって，(4.10) は図 4.2 の $\boldsymbol{F}\cdot\Delta\boldsymbol{r} = F_x\Delta x + F_y\Delta y + F_z\Delta z$ の軌跡に沿っての総和であると見なせる．

仕事の単位はジュール (J) である．他の単位の組み合わせでは，

$$1\,\mathrm{J} = 1\,\mathrm{N}\cdot\mathrm{m} = 1\,\mathrm{kg}\cdot\mathrm{m^2/s^2} \tag{4.11}$$

となっている．単位時間当りの仕事の量を**仕事率**とよび，P で表し，

$$P = \frac{dw}{dt} \tag{4.12}$$

である．仕事率の単位は J/s であり，これをワット (W) とよぶ．上の例のように，力がはたらいている物体が運動しているとき，瞬間の仕事率は

$$P = \boldsymbol{F}\cdot\frac{d\boldsymbol{r}}{dt} = \boldsymbol{F}\cdot\boldsymbol{v} = Fv\cos\theta \tag{4.13}$$

と書ける．ただし v は質点の速さ，F は力の大きさであり，θ はその瞬間の力と速度のなす角である．

4.2 保存力とポテンシャルエネルギー

外力が物体に仕事をしたときに，何が変化するのだろうか．この節では，このことについて考えてみよう．

地上付近（重力加速度の大きさを g とする）で，質量 m の物体を垂直に h だけ持ち上げる（図 4.6）．このとき，どれだけの仕事を物体に与えればよいだろうか．我々が物体を静かにゆっくりと持ち上げるとすると，重力とちょうどつり合う力を与えなければならない．

つり合いに極めて近い条件で限りなくゆっくりと持ち上げるとすると，物体に与える仕事は

$$\boxed{w = \int_0^h F\,dx = mgh} \tag{4.14}$$

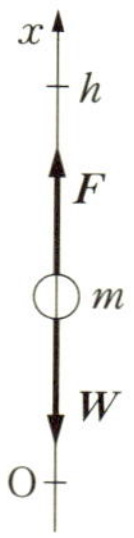

図 4.6　物体を持ち上げる仕事

である．ここで，外力として大きさ $F = mg$ の力を重力とつり合うように加えている．この場合は，物体の移動方向と外力の方向が一致しているので，物体の位置を x から $x + \Delta x$ まで運ぶときに外力の与える仕事は $F\Delta x$ となる．その足し合わせとして（4.14）の積分になっている．

同様に，質量 m の物体を滑らかな斜面に沿って持ち上げるときを考える（図 4.7 参照）．

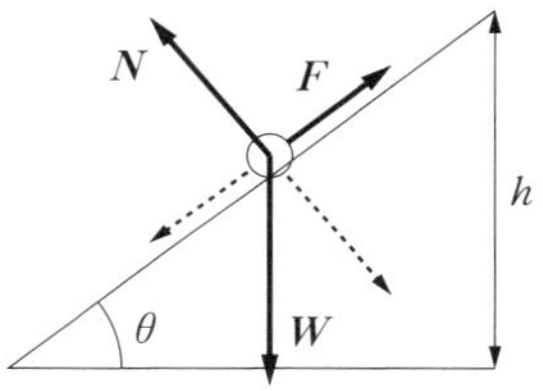

図 4.7 物体を斜めに持ち上げる仕事

傾きの角 θ の坂の上で，つり合いを保ちながらゆっくりと持ち上げる．重力の斜面に沿う成分から

$$F = mg \sin\theta \tag{4.15}$$

で，高さ h だけ持ち上げるときの移動距離 s は，坂の長さが

$$s = \frac{h}{\sin\theta} \tag{4.16}$$

なので，必要な仕事は

$$w = Fs = mgh \tag{4.17}$$

である．

この場合，仕事の量は垂直に h だけ持ち上げたときと同じく $w = mgh$ である．実は，一様に重力のはたらく空間では，どういう軌跡をとっても，質量 m の物体を h だけ持ち上げるのに必要な仕事は $w = mgh$ となる．物体を，垂直に動かすときに仕事をし，水平に動かすときに仕事はゼロである（外力の方向と物体の動く方向が垂直のため）から，垂直，水平の動きを細かく組み合わせて，あらゆる物体の軌跡を表すことができると考えてもよい（図 4.8 参照）．

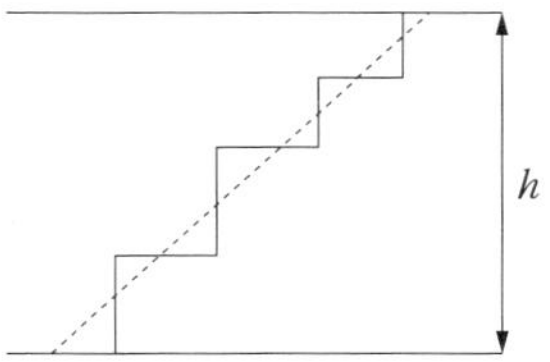

図 4.8 重力と仕事

我々の与えた仕事 w は，どのような変化をもたらしたのだろうか．この場合，物体の位置（高さ）が変わっている．この状況（位置）で，物体は仕事 w と同じ量の“何か”をもっている．それを**位置エネルギー**または**ポテンシャルエネルギー**（潜在的エネルギーの意）とよぶ．ここでは，ポテンシャルエネル

ギー U は $U(h) = mgh$ で与えられる．

例題 4.4

上で述べたように，物体を，常に外力と重力のつり合いを保ちながらゆっくりと動かす．いったん高さ h のところに持ち上げた後，地面（高さゼロ）に移した．外力のした仕事を求めなさい．

【解】 外力のした仕事はゼロである．重力の方向に動かす際は，外力は負の仕事をしている（力と運動の方向が逆）ことに注意する．◆

別の例として，フックの法則に従うばねを考えよう．ばねの先には物体がとりつけてある．ばねの復元力に抗して，物体を平衡位置から s だけ移動させる．つり合いに極めて近い条件で無限にゆっくりとばねを伸ばすとすると，物体に与える仕事は外力 $F = kx$ なので，

$$w = \int_0^s F\,dx = \int_0^s kx\,dx = \frac{1}{2}ks^2 \tag{4.18}$$

となる．したがって，ばねが s だけ伸びた状態は，位置エネルギー $U(s) = (1/2)ks^2$ をもっている．

この積分は，図 4.9 からわかるように，$(1/2)(ks)s$ として求めることができる．

また，いったん s_1 だけ伸びた状態から，伸びが s_2 の状態にするには

$$\begin{aligned} w &= \int_{s_1}^{s_2} F\,dx = \int_{s_1}^{s_2} kx\,dx \\ &= \frac{1}{2}k{s_2}^2 - \frac{1}{2}k{s_1}^2 \end{aligned} \tag{4.19}$$

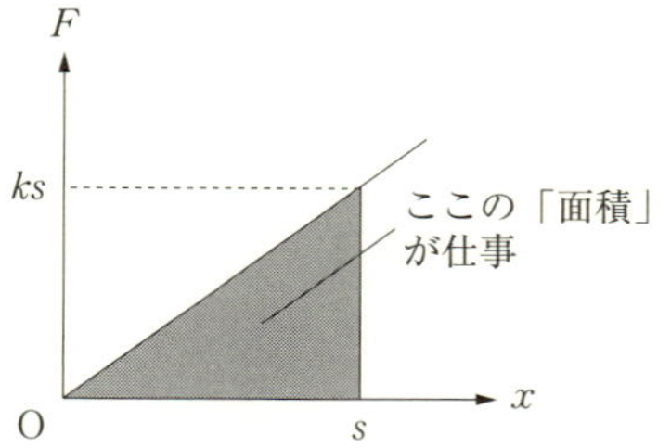

図 4.9 ばねの復元力に対して行う仕事

だけの仕事が必要である．なお，ばねのような復元力が伴う位置エネルギー（ポテンシャルエネルギー）は，特に弾性エネルギーとよばれることがある．

例題 4.5

上で述べたように，常に外力と復元力のつり合いを保ちながらゆっくりと，ばねをいったん s だけ伸ばした後，再び平衡の位置（伸びがゼロ）に戻した．外力のした仕事を求めなさい．

【解】 外力のした仕事はゼロである．復元力の方向に動かす際は，外力は負の仕事をしている（力と運動の方向が逆）ことに注意する．◆

例題 4.6

ばねの直列，並列を 3.3 節例題 3.4 で扱った．自然長から x だけ伸ばすには，どれだけ仕事が必要か求めなさい．そして，それは n 個あるばねのポテンシャルエネルギーの和となっていることを確かめなさい．

【解】 n 個のばねが並列につながっている場合，全ポテンシャルエネルギーは $(1/2) \times (nk_1)x^2$ であるから，ばね 1 つ当り $(1/2)(k_1)x^2$ のポテンシャルエネルギーが蓄えられる．

n 個のばねが直列につながっている場合，全ポテンシャルエネルギーは $(1/2) \times (k_1/n)x^2$ であるから，ばね 1 つ当り $(1/2)k_1(x/n)^2$ のポテンシャルエネルギーが蓄えられる．このときは，個々のばねの伸びが x/n であることに注意する．

したがって，どちらの場合も，1 つずつのばねのポテンシャルエネルギーの和となっている．◆

以上見てきたように，重力やばねの復元力のはたらいている場合に，外力を加えて物体をある地点（始点）から別の地点（終点）に運ぶ際，途中の軌跡（道筋）に関わらず始点と終点だけで決まる仕事が必要となる．

軌跡（道筋）によらないから，1 周して元に戻るような場合，何も状況が変わらないことが可能なので，このような場合に物体にはたらいている力を**保存力**とよぶ．つまり，重力やばねの復元力は保存力である．摩擦力や空気抵抗力は明らかに保存力ではないため，非保存力とよばれる．

例題 4.7

同じ位置エネルギーを得るのに必要な仕事は，どうやっても同じである．図4.10のように，定滑車と動滑車を組み合わせた装置で，質量 m の物体を高さ h まで持ち上げるのに必要な仕事を求めなさい．滑車や綱の質量は無視する．

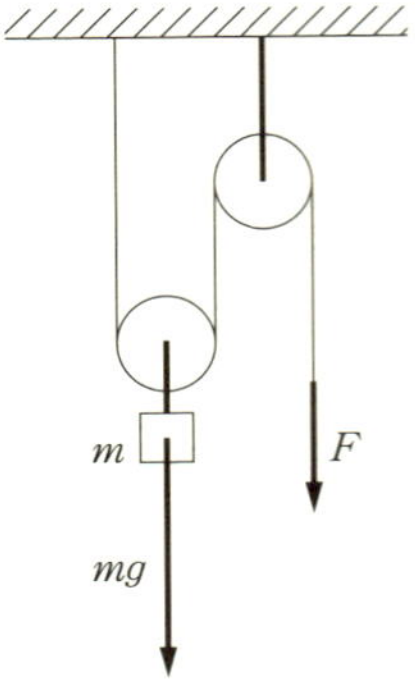

図 4.10　動滑車

【解】　綱の張力の大きさはどこでも一定である．動滑車は2本分の綱で支えられているから，つり合っていれば $2F = mg$ である．さて，物体を h だけ持ち上げるには綱を $2h$ たぐる必要があることに注意する．したがって，必要な仕事は $F \cdot (2h) = (1/2)mg \cdot (2h) = mgh$ である．定滑車のみでは力の向きが変わるだけ，動滑車では必要な力の減った分，綱を長く引かなければならない．ゆえに必要な仕事の絶対量は変わらない．

なお，図4.11に示すように，てこで物を持ち上げる場合も全く同じで，作用点に乗っている物体を上に持ち上げるには，力点に少しの力を与えればよいが，力点の方が支点から遠いため，高く持ち上げるためには大きく押さえなければならない．結局，同じ物体を同じだけ持ち上げるための仕事は，てこの腕の長さによらない．

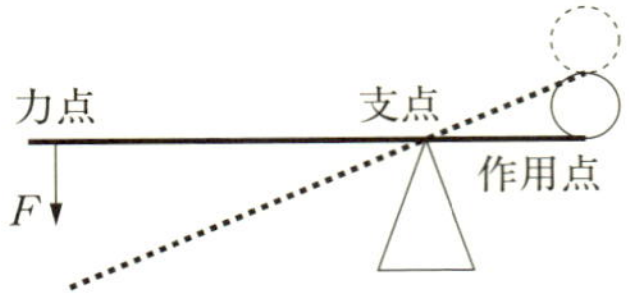

図 4.11　てこ

◆

例題 4.8

原点からの距離を r とするとき，原点から大きさ κ/r^2 の力がはたらくものとする．ただし，κ は正の定数とする．原点からの距離が r_0 の地点から $r_1 (r_0 > r_1)$

の位置まで，この力とつり合う外力を加えて物体を動かす．このとき必要な仕事を求めなさい．

【解】 このときも正の仕事を与えるわけだが，積分で書くときはその符号に注意する．r は小さい値へと変化していくので，数学的に表した r の微小変化分はこの場合，負である．このため，以下のように負号をつけることによって，正しい正の仕事を導く（図 4.12）．

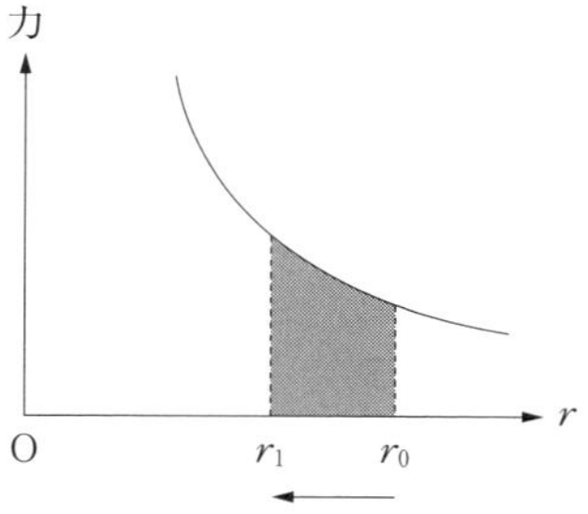

図 4.12 逆 2 乗法則に従う力と仕事

$$\int_{r_0}^{r_1} \frac{\kappa}{r^2}(-dr) = \int_{r_1}^{r_0} \frac{\kappa}{r^2}\,dr = \frac{\kappa}{r_1} - \frac{\kappa}{r_0}\,(>0)$$

$U(r) = \kappa/r$ とすれば，これは $U(r_1) - U(r_0)$ である．なお，引力の場合は κ を負の値と考えればよい．

ちなみに，ここに現れた積分は微小な Δr について

$$\frac{\Delta r}{r^2} = \frac{(r+\Delta r)-r}{r^2} \sim \frac{(r+\Delta r)-r}{r(r+\Delta r)} = \frac{1}{r} - \frac{1}{r+\Delta r} = -\Delta\left(\frac{1}{r}\right)$$

と考えても，理解することができる．◆

4.3 力学的エネルギー保存則

「保存」という言葉には 2 つの意味が含まれている．1 つは，あるものが時間的に変わらないという意味である．もう 1 つは，あるものが集合・離散しても全体としては変わらないという意味である．

つまり，運動しているいくつかの質点（あるいは拡張して物体）おのおのについてある決まったものが定義され，その和が何らかの形で定められ，その総和に当たるものが時間的に一定である，ということが力学における「保存」で

ある．力学におけるさまざまな運動の解析において，いくつかの保存則が重要な役割を演じる．

質量 m の質点に外力 $\boldsymbol{F}$ のみがはたらいているものとする．運動方程式は

$$\boldsymbol{F} = m\boldsymbol{a} = m\frac{d\boldsymbol{v}}{dt} \tag{4.20}$$

である．この両辺に質点の速度 $\boldsymbol{v}$ を内積してみると，

$$\boldsymbol{F}\cdot\boldsymbol{v} = m\frac{d\boldsymbol{v}}{dt}\cdot\boldsymbol{v} = \frac{d}{dt}\left(\frac{1}{2}m\boldsymbol{v}\cdot\boldsymbol{v}\right) = \frac{d}{dt}\left(\frac{1}{2}mv^2\right) \tag{4.21}$$

を得る．ここで，$v = |\boldsymbol{v}|$ である．ここで $\boldsymbol{F}\cdot\boldsymbol{v}$ は外力のする仕事の仕事率である．(4.21) の両辺を時間 t で積分する．ただし，運動の状況は図 4.13 の通りとする．(4.21) の左辺の積分は

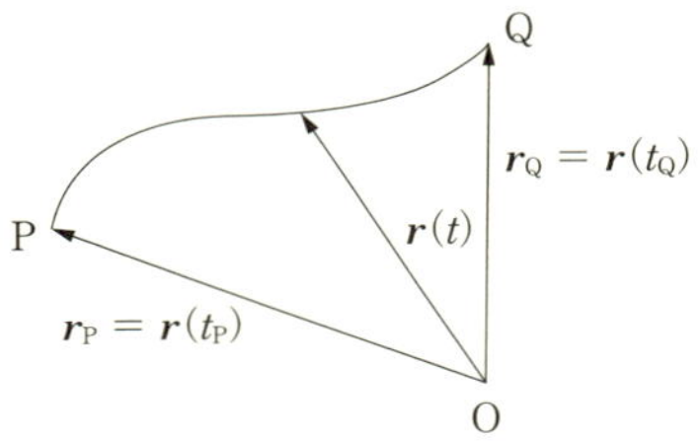

図 4.13　質点の軌跡

$$\int_{t_{\mathrm{P}}}^{t_{\mathrm{Q}}}\boldsymbol{F}\cdot\boldsymbol{v}\,dt = \int_{t_{\mathrm{P}}}^{t_{\mathrm{Q}}}\boldsymbol{F}\cdot\frac{d\boldsymbol{r}}{dt}dt = \int_{\mathrm{P}}^{\mathrm{Q}}\boldsymbol{F}\cdot d\boldsymbol{r} = w \tag{4.22}$$

である．一方，(4.21) の右辺の積分は

$$\int_{t_{\mathrm{P}}}^{t_{\mathrm{Q}}}\frac{d}{dt}\left(\frac{1}{2}mv^2\right)dt = \frac{1}{2}mv^2\Big|_{\mathrm{Q}} - \frac{1}{2}mv^2\Big|_{\mathrm{P}} = \frac{1}{2}m{v_{\mathrm{Q}}}^2 - \frac{1}{2}m{v_{\mathrm{P}}}^2 \tag{4.23}$$

のように書ける．これは，質点が点 Q の位置にあるときの速度を入れた $(1/2)mv^2$ という量と，同じく点 P の位置にあるときの速度を入れた $(1/2)\times mv^2$ という量の差で表される．

したがって，

$$\boxed{\frac{1}{2}m{v_{\mathrm{P}}}^2 + w = \frac{1}{2}m{v_{\mathrm{Q}}}^2} \tag{4.24}$$

となり，$(1/2)mv^2$ で表される量が w だけ増加した，と見なすことができる．ただし，点 P における速さを v_{P}，Q における速さを v_{Q} とした．この

$$\boxed{K = \frac{1}{2}mv^2} \tag{4.25}$$

で表される量を，（質量 m の質点が速さ v をもつときの）**運動エネルギー**とよぶ．(4.24) においては，質点の運動エネルギーが外力のした仕事の分だけ変化したことになっている．ここで，外力のする仕事は正にも負にもなることに注意する．運動エネルギー K はその表式から正またはゼロである．

簡単な場合を考えてみる．質量 m の質点の x 軸上に限られた運動で考えてみよう．等加速度直線運動（1.5 節）のときに導いた式 (1.36)

$$v^2(t_b) - v^2(t_a) = 2a_0\{x(t_b) - x(t_a)\} \tag{4.26}$$

を思い出そう．加速度のところに運動方程式 $F_0 = ma_0$ を使うと，

$$\frac{1}{2}mv^2(t_b) - \frac{1}{2}mv^2(t_a) = F_0\{x(t_b) - x(t_a)\} \tag{4.27}$$

を得る．この関係は，時刻 t_a と時刻 t_b に限らず一般に 2 つの時刻について成り立つ．

次に，保存力がはたらいている質点について考えよう．まず，地上における質点の落下を考える．

図 4.14 質点の落下

鉛直上方に x 軸をとる（図 4.14 参照）．質量 m の質点の運動方程式

$$m\frac{d^2x}{dt^2} = -mg \tag{4.28}$$

に dx/dt を掛けて，

$$m\frac{dx}{dt}\frac{d^2x}{dt^2} = -mg\frac{dx}{dt} \tag{4.29}$$

が得られる．これを積分することにより

$$\frac{1}{2}m{v_\mathrm{B}}^2 - \frac{1}{2}m{v_\mathrm{A}}^2 = -mg(x_\mathrm{B} - x_\mathrm{A}) \tag{4.30}$$

となる．すなわち，

$$\frac{1}{2}m{v_\mathrm{A}}^2 + mgx_\mathrm{A} = \frac{1}{2}m{v_\mathrm{B}}^2 + mgx_\mathrm{B} \tag{4.31}$$

を得る．ここで $v_\mathrm{A}(v_\mathrm{B})$ は質点が $x_\mathrm{A}(x_\mathrm{B})$ の位置にいるときの速さである．この (4.31) 式は，位置エネルギー $U(x) = mgx$ を用いて表した

$$\boxed{E = \frac{1}{2}mv^2 + U(x)} \tag{4.32}$$

という量が一定であることを示している．すなわち，運動エネルギー $K = (1/2)mv^2$ と（重力の）位置エネルギー $U = mgx$ の和は一定であることを表している．運動エネルギーと位置エネルギー（ポテンシャルエネルギー）の和 E を，**力学的エネルギー**とよぶ．考察している保存力以外に外力が加わらないときには，力学的エネルギーは時間によらず一定，すなわち保存する．これを**力学的エネルギー保存則**とよぶ．

一般に，位置エネルギーは不定性をもっている．上記の例では，定数 $U_0 = mgx_0$ を位置エネルギー U から引いても力学的エネルギーが保存することに変わりはない．この場合，位置エネルギーは $mg(x - x_0)$ となるので，これは x 座標の原点を x_0 だけずらしたことになる．位置エネルギーがゼロになる点を基準点とよぶことにすれば，基準点を $x = 0$ にとっても $x = x_0$ にとっても位置エネルギーの定義として問題がない．

例題 4.9

傾きの角 θ の滑らかな斜面を滑る物体（等加速度直線運動）でも，同様に力学的エネルギーが保存することを示しなさい．

【解】　斜面に沿って下方に x 軸をとる．運動方程式は $m(d^2x/dt^2) = mg\sin\theta$ である．力学的エネルギーは $E = (1/2)mv^2 - mgx\sin\theta$ である．原点から x だけ進んだ点の高さは，$x\sin\theta$ だけ低くなっていることに注意する．◆

ばねの復元力が質点にはたらいている場合の，力学的エネルギー保存則を考えよう．フックの法則に従う復元力が質量 m の質点にはたらいている．質点は x 軸上を運動するものとする．平衡の位置を原点とするとき，質点の運動方程式は

$$m\frac{d^2x}{dt^2} = -kx \tag{4.33}$$

である．この両辺に dx/dt を掛け，

$$m\frac{dx}{dt}\frac{d^2x}{dt^2} = -kx\frac{dx}{dt} \tag{4.34}$$

として，これを積分すると

$$\frac{1}{2}m{v_\mathrm{A}}^2 + \frac{1}{2}k{x_\mathrm{A}}^2 = \frac{1}{2}m{v_\mathrm{B}}^2 + \frac{1}{2}k{x_\mathrm{B}}^2 = E = \text{一定} \qquad (4.35)$$

となり，質点の落下の場合と同様に力学的エネルギー E は保存している．ここで $U(x) = (1/2)kx^2$ は，ばねの復元力に関する位置エネルギー（ポテンシャルエネルギー）である．

力学的エネルギーの保存は，運動方程式の解を具体的にその表式に入れてみて確かめられる．単振動の解は

$$x(t) = A\cos(\omega t + \beta) \qquad (4.36)$$

$$v(t) = \frac{dx}{dt} = -\omega A\sin(\omega t + \beta) \qquad (4.37)$$

であるから，

$$E = \frac{1}{2}m\omega^2 A^2\sin^2(\omega t + \beta) + \frac{1}{2}kA^2\cos^2(\omega t + \beta)$$
$$= \frac{1}{2}m\omega^2 A^2 \qquad (4.38)$$

が得られる．ここで，$\omega^2 = k/m$ の関係を用いた．単振動している質点の力学的エネルギーは，振動数（一定値）の 2 乗および振幅（一定値）の 2 乗に比例する．よって，力学的エネルギーが保存されることが確認できる．

なお，前節と本節の議論を合わせて考えると，外部から仕事 w が与えられた場合には，質点の力学的エネルギー E は w だけ増加するということになる．

次に，非保存力がはたらいている場合を考えよう．例えば，摩擦力は保存力ではない．ある地点からある地点までの運動を考えたとき，運動の軌跡（道筋）が異なれば一般に摩擦力が物体にする仕事は異なる．したがって，摩擦力についてのポテンシャルも存在しない．空気抵抗力も空気との摩擦であり，同様に非保存力である．

第 3 章で扱った雨滴の落下運動について考えよう．ただし，今回は垂直上方に x 軸をとる（図 4.15 参照）．

雨滴の質量は m，抵抗の係数 b は前と同じようにする．運動方程式は

図 4.15　雨滴の落下で採用する座標軸

$$m\frac{d^2x}{dt^2} = -mg - b\frac{dx}{dt} \tag{4.39}$$

となる．(4.39) の両辺に dx/dt を掛けたもの

$$m\frac{dx}{dt}\frac{d^2x}{dt^2} = -mg\frac{dx}{dt} - b\left(\frac{dx}{dt}\right)^2 \tag{4.40}$$

は次のように書きかえられる．

$$\frac{d}{dt}\left[\frac{1}{2}m\left(\frac{dx}{dt}\right)^2 + mgx\right] = -b\left(\frac{dx}{dt}\right)^2 \tag{4.41}$$

この式から，$b = 0$ のときは力学的エネルギーは保存することがわかる．$b > 0$ のとき (4.41) の右辺は負である．よって，雨滴のもつ力学的エネルギーは時間と共に減少する．

摩擦や抵抗のある場合は，力学的エネルギーが一般に時間と共に減少する．摩擦によって摩擦熱が生じるが，このような場合は，この発熱の寄与も含めてエネルギーを定義し直すことができると考えてよい．しかし，力学の範囲を越えてしまうので，ここではこれ以上の詳しい考察はしない．

では，逆の問題を考えてみよう．保存力をポテンシャルエネルギーから導くには，どうすればよいだろうか．今まで数々の積分によるポテンシャルエネルギーの導出を見てきた．積分操作の逆であるから，力はポテンシャルエネルギーの変位による微分で求められるはずである．

地上の重力の場合は，$U(x) = mgx$ としたときに

$$-\frac{dU}{dx} = -mg = F\ (= -W) \tag{4.42}$$

を得る．ここで重力に伴う位置エネルギーを特に，**重力ポテンシャル**とよぶことがある．基準点の異なる重力ポテンシャルの定義の場合，例えば定数 x_0 を用いて $U(x) = mg(x - x_0)$ としても，(4.42) が成り立つことに注意しよう．

フックの法則に従う復元力の場合は，$U(x) = (1/2)kx^2$ としたときに

$$-\frac{dU}{dx} = -kx = F \tag{4.43}$$

を得る．なお，一般に U はポテンシャルエネルギーを表す座標の関数であるが，単にポテンシャルとよぶことが多い．

以上のように，1 次元の場合は簡単だが，ポテンシャルは一般に空間座標 x,

y, z の関数であって，関係式

$$\boxed{\boldsymbol{F} = -\nabla U = \left(-\frac{\partial U}{\partial x}, -\frac{\partial U}{\partial y}, -\frac{\partial U}{\partial z}\right)} \tag{4.44}$$

のようにポテンシャルから保存力が求められる．∇ はナブラとよばれる．∇U を U の**勾配**，または U のグラディエント（グラディエント U）とよぶ．

ここで，$\partial U/\partial x$ は U の x に関する**偏微分**を意味している．x に関する偏微分とは，y, z については変化を考えずに，x のみの変化に関する変化率を表すもので

$$\frac{\partial U}{\partial x} = \lim_{\Delta x \to 0} \frac{U(x + \Delta x, y, z) - U(x, y, z)}{\Delta x} \tag{4.45}$$

として定義される．

例題 4.10

3 次元空間を運動する質量 m の質点の力学的エネルギーが，$E = (1/2)m\boldsymbol{v}^2 + U(x, y, z)$ で与えられている．このとき，質点の運動方程式を求めなさい．ただし，ここで $\boldsymbol{v}^2$ は $|\boldsymbol{v}|^2$ のことである．

【解】　力学的エネルギーは時間によらず一定であるので

$$\frac{d}{dt}\left\{\frac{1}{2}m\boldsymbol{v}^2 + U(x, y, z)\right\} = 0$$

である．

$$\frac{d}{dt}\boldsymbol{v}^2 = \frac{d}{dt}({v_x}^2 + {v_y}^2 + {v_z}^2) = 2v_x\frac{d}{dt}v_x + 2v_y\frac{d}{dt}v_y + 2v_z\frac{d}{dt}v_z$$

$$= 2\boldsymbol{v} \cdot \frac{d\boldsymbol{v}}{dt}$$

$$\frac{d}{dt}U(x, y, z) = \frac{\partial U}{\partial x}\frac{dx}{dt} + \frac{\partial U}{\partial y}\frac{dy}{dt} + \frac{\partial U}{\partial z}\frac{dz}{dt} = (\nabla U) \cdot \boldsymbol{v}$$

であるから，エネルギー保存より

$$\boldsymbol{v} \cdot \left(m\frac{d\boldsymbol{v}}{dt} + \nabla U\right) = 0$$

がいえる．運動方程式は

$$m\frac{d\boldsymbol{v}}{dt} = -\nabla U$$

または $\boldsymbol{v} = d\boldsymbol{r}/dt$ なので

$$m\frac{d^2\boldsymbol{r}}{dt^2} = -\nabla U$$

である．なお，ポテンシャルに極小点（または極大点）が存在すれば，その位置では $\nabla U = 0$ であるから力がはたらかない．◆

例題 4.11

ポテンシャル U が $r = \sqrt{x^2+y^2+z^2}$ のみの（1 変数）関数 $U(r)$（**球対称ポテンシャル**とよぶ）であるとき，保存力 $\boldsymbol{F}$ を求めなさい．

【解】

$$\frac{\partial r}{\partial x} = \frac{\partial}{\partial x}\sqrt{x^2+y^2+z^2} = \frac{x}{\sqrt{x^2+y^2+z^2}} = \frac{x}{r}$$

であるから，

$$F_x = -\frac{\partial U}{\partial x} = -\frac{dU}{dr}\frac{\partial r}{\partial x} = -U'(r)\frac{x}{r}$$

である．ただし，$U'(r)$ は $U(r)$ の導関数である．他の成分も同様であるので，

$$\boldsymbol{F} = -U'(r)\frac{\boldsymbol{r}}{r}$$

となる．なお，ベクトル $\boldsymbol{r}/r = (x/r, y/r, z/r)$ は単位ベクトルであることに注意する．

例として，ポテンシャル $U = \kappa/r$ のとき，保存力 $\boldsymbol{F}$ は $\boldsymbol{F} = (\kappa/r^2)(\boldsymbol{r}/r)$ となる．◆

4.4 振動と一般的周期運動

質点が周期的な運動をする場合を考える．力学的エネルギーが

$$E = \frac{1}{2}mv^2 + U(x) \tag{4.46}$$

のように表される質点の運動がある．ただし，ここでは x 軸上の 1 次元運動のみを考える．したがって，$v = dx/dt$ である．一番簡単な場合は，ポテンシャルが

$$U = \frac{1}{2}kx^2 \tag{4.47}$$

で与えられる調和振動子の場合であろう．このときポテンシャル U の最小値はゼロだから，力学的エネルギーの値 E は正でなければならない．このとき

の質点の運動は単振動で，角振動数は $\omega = \sqrt{k/m}$ であり，周期は $T = 2\pi/\omega$ である（3.3 節）.

元に戻って，一般のポテンシャルの場合で考えてみる.（4.46）を速度 v について解くと，

$$v = \pm\sqrt{\frac{2(E-U)}{m}} \tag{4.48}$$

のようになる．この解で，正と負があり得るのは当然で，同じ速さなら右に進んでいる場合も左に進んでいる場合も同様に許されるからである.

周期的運動の場合，左右に往復するので，一番左（x が最小，図では x_1）から一番右（x が最大，図 4.16 では x_2）まで進む時間は，周期の半分である．このとき $v > 0$ である．また，速度 v は $v = dx/dt$ であることを思い出すと，

$$\boxed{\int_{x_1}^{x_2}\sqrt{\frac{m}{2(E-U(x))}}\,dx = \int_0^{T/2}dt = \frac{T}{2}} \tag{4.49}$$

となる．x_1，x_2 は $v = 0$ となる位置，すなわち $U = E$ となる位置である.

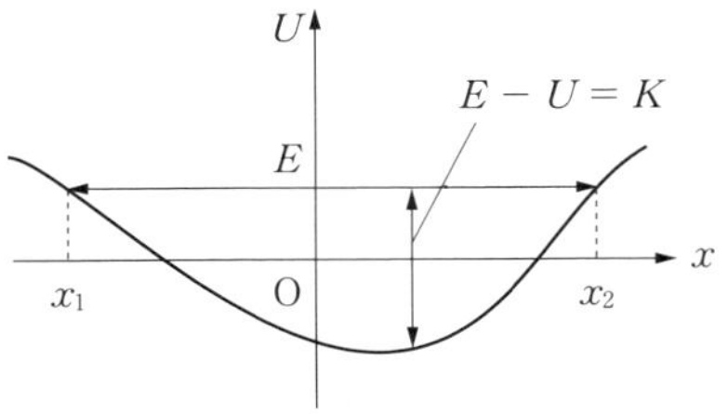

図 4.16 一般のポテンシャル（1 次元運動）

再び調和振動子の場合，（4.47）を（4.49）に入れてみよう．式を変形していくと，

$$\begin{aligned}\int_{x_1}^{x_2}\sqrt{\frac{m}{2E-kx^2}}\,dx &= \sqrt{\frac{m}{k}}\int_{x_1}^{x_2}\frac{dx}{\sqrt{2E/k-x^2}}\\ &= \sqrt{\frac{m}{k}}\int_{-1}^{1}\frac{dy}{\sqrt{1-y^2}} = \pi\sqrt{\frac{m}{k}}\end{aligned} \tag{4.50}$$

のようになり，周期 $T = 2\pi\sqrt{m/k}$ という結果が得られる．周期がエネルギーの値によらないことは，実は調和振動子だけの特殊なことである.

ちなみに，ここで現れる定積分 $\displaystyle\int_{-1}^{1}\frac{dy}{\sqrt{1-y^2}}$ は $y = \sin\theta$ とおくと $\displaystyle\int_{-\pi/2}^{\pi/2}d\theta$

となるので，その値は π である．

例題 4.12

U_0，α は正の定数とする．ポテンシャルが $U(x) = -U_0/\cosh^2 \alpha x$ で与えられる場合について，質量 m，エネルギー $E\,(-U_0 < E < 0)$ の質点の振動運動の周期を求めなさい．

【解】（4.49）を使うと，

$$\frac{T}{2} = \int_{x_1}^{x_2} \frac{\sqrt{m/2}}{\sqrt{-|E|\cosh^2 \alpha x + U_0}} \cosh \alpha x \, dx$$

となるが，$y = \sqrt{|E|/(U_0 - |E|)} \sinh \alpha x$ とおくと，

$$\frac{T}{2} = \sqrt{\frac{m}{2}} \frac{1}{\sqrt{|E|}} \frac{1}{\alpha} \int_{-1}^{1} \frac{1}{\sqrt{1 - y^2}} \, dy$$

と書きかえられる．したがって，周期は $T = 2\pi\sqrt{m/2\alpha^2|E|}$ である．◆

どのような滑らかなポテンシャルであっても，その最小値の付近では

$$U(x) \sim U(x_0) + \frac{1}{2} U''(x_0)(x - x_0)^2 \qquad (4.51)$$

と近似できる．ただし，ここでポテンシャル最低値となる x を x_0，$U(x)$ の 2 次導関数を $U''(x)$ で表した．（4.51）は（関数の）**テーラー展開**の応用である．x_0 においてポテンシャルが最小であるから，$x = x_0$ における微分係数 $U'(x_0)$ はゼロである．すなわち，x_0 は質点に保存力 $F = -U'(x)$ がはたらかない位置である．

力学的エネルギーがポテンシャルの最小値 $U(x_0)$ に近いとき，質点の可動範囲（x_1 から x_2 まで）は狭い範囲となるため，振動の振幅は微小になる．この**微小振動**は調和振動子ポテンシャルで近似できるから，そのおおよその周期を求めることができる．

例題 4.13

例題 4.12 のポテンシャルについて，微小振動の場合におけるポテンシャルに近似しなさい．そして，それによって求められる単振動の周期と，エネルギーが最低値に近い場合の例題 4.12 の答えを比べてみなさい．

【解】 ポテンシャルは，$U(x) \sim -U_0 + U_0\alpha^2x^2$ と近似できる．調和振動子ポテンシャル（4.47）と比べると，$k = 2\alpha^2 U_0$ と考えればよいことがわかるので，微小振動の周期は $T = 2\pi\sqrt{m/2\alpha^2U_0}$ で近似できる．この結果は，確かに $E \sim -U_0$ のときによい近似を与える．◆

軽い棒の先についたおもりの平面運動を考えよう．長さ l の軽い棒の先に質量 m のおもり（質点）をとりつけ，反対の端をピン留めし，鉛直に固定された平面内で振れるようにする．図 4.17 のように棒の鉛直方向との角度を θ とする．質点についての運動方程式を立てることはたやすいが，力学的エネルギー保存則の観点から運動を調べてみよう．

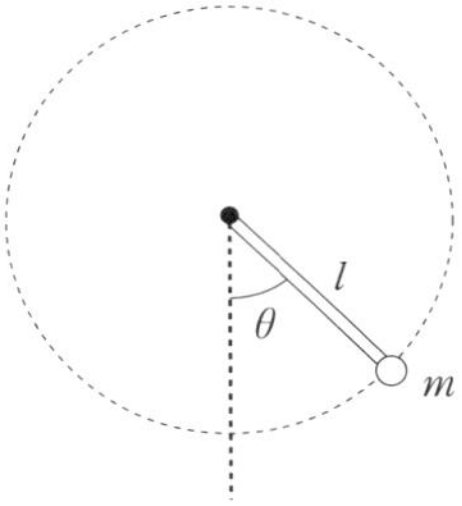

図 4.17 軽い棒の先についたおもりの平面運動

まず，運動エネルギー K は

$$K = \frac{1}{2}mv^2 = \frac{1}{2}ml^2\left(\frac{d\theta}{dt}\right)^2 \qquad (4.52)$$

として，重力ポテンシャルは

$$U = mgl(1 - \cos\theta) \qquad (4.53)$$

でそれぞれ表される．基準は，$\theta = 0$ のところでゼロとなるように選んだ．力学的エネルギー保存則から，

$$\frac{1}{2}l\left(\frac{d\theta}{dt}\right)^2 + g(1 - \cos\theta) = 一定 = \frac{E}{ml} \qquad (4.54)$$

のような式を満たすことがわかる．

例題 4.14

（4.54）から，運動方程式に相当する，θ に関する微分方程式を求めなさい．

【解】 （4.54）の両辺をそれぞれ t で微分する．すると，

$$l\frac{d^2\theta}{dt^2} = -g\sin\theta$$

を得る．◆

例題 4.15

棒の先のおもりが微小振動をするとき，周期をできるだけ正確に求めなさい．

なお，振幅が小さいときは，棒の代わりに糸を用いた通常の振り子と同じ運動となる．

【解】 おもりが一番高く上がるとき（その瞬間おもりは静止）の棒の角度を $\theta = \theta_{\mathrm{m}}$ とする．力学的エネルギー保存則から，

$$\frac{1}{2}l\left(\frac{d\theta}{dt}\right)^2 + g(1-\cos\theta) = g(1-\cos\theta_{\mathrm{m}})$$

が成り立つ．よって，

$$\left(\frac{d\theta}{dt}\right)^2 = 2\frac{g}{l}(\cos\theta - \cos\theta_{\mathrm{m}}) = 4\frac{g}{l}\left(\sin^2\frac{\theta_{\mathrm{m}}}{2} - \sin^2\frac{\theta}{2}\right)$$

である．ここで，$k = \sin\theta_{\mathrm{m}}/2$ とおく．また，$\sin\theta/2 = k\sin\phi$ となるような変数 ϕ を導入すると，

$$\frac{1}{2}\cos\frac{\theta}{2}\frac{d\theta}{dt} = k\cos\phi\frac{d\phi}{dt}$$

となる．一方，

$$\left(\frac{d\theta}{dt}\right)^2 = 4\frac{g}{l}(k^2 - k^2\sin^2\phi) = 4\frac{g}{l}k^2\cos^2\phi$$

であるから，

$$\left(\frac{d\phi}{dt}\right)^2 = \frac{g}{l}\cos^2\frac{\theta}{2} = \frac{g}{l}(1 - k^2\sin\phi)$$

となる．$\theta = 0$ のとき $\phi = 0$，$\theta = \theta_{\mathrm{m}}$ のとき $\phi = \pi/2$ であるので，振動の周期は

$$T = 4\sqrt{\frac{l}{g}}\int_0^{\pi/2}(1-k^2\sin^2\phi)^{-1/2}d\phi = 4\sqrt{\frac{l}{g}}\boldsymbol{K}(k)$$

で与えられる．ここで，$\boldsymbol{K}(k)$ は第1種完全**楕円積分**とよばれているものである．k が小さいと見なし展開して，k^2 のオーダーまでで近似すると，

$$\begin{aligned}T &= 4\sqrt{\frac{l}{g}}\int_0^{\pi/2}(1-k^2\sin^2\phi)^{-1/2}d\phi \sim 4\sqrt{\frac{l}{g}}\int_0^{\pi/2}\left(1+\frac{1}{2}k^2\sin^2\phi\right)d\phi \\ &= 4\sqrt{\frac{l}{g}}\left(\frac{\pi}{2}+\frac{\pi}{8}k^2\right) = 2\pi\sqrt{\frac{l}{g}}\left(1+\frac{1}{4}\sin^2\frac{\theta_{\mathrm{m}}}{2}\right) \sim 2\pi\sqrt{\frac{l}{g}}\left(1+\frac{{\theta_{\mathrm{m}}}^2}{16}\right)\end{aligned}$$

が得られる．◆

例題 4.16

普通の振動以外の運動として，同じ方向に回り続ける運動が考えられる．このとき，θ の値を $-\pi$ から π の間に制限せずに考えてみる．全力学的エネルギー（(4.54) を参照）のいろいろな値の場合についての運動を，横軸に θ および縦軸に v をとったグラフ上に表しなさい．

【解】　(4.54) は，$v^2 + 2gl(1 - \cos\theta) =$ 一定，を意味するので，一定値を選んで曲線を描くと図 4.18 のようになる．図 4.18 で中心が原点以外の閉じた曲線（$\theta = -2\pi$，2π を中心とした閉曲線）は，角 θ と $\theta + 2\pi$ が同等であることから数学的な意味で描かれたものである．力学的エネルギーが非常に高くなると，v～一定の直線に近づく．なぜなら，このときはポテンシャルエネルギーよりも運動エネルギーがはるかに大きいからである．

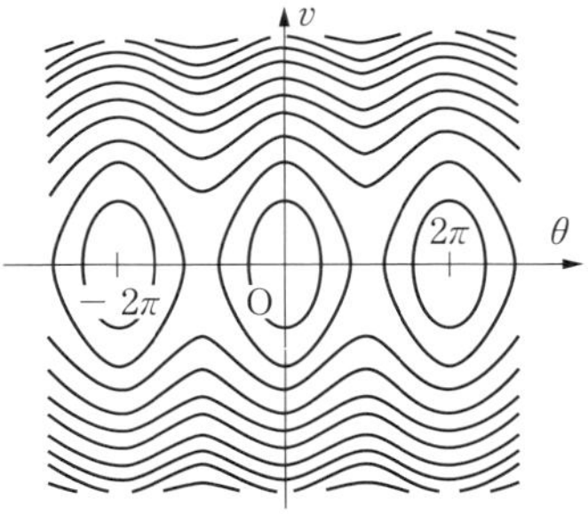

図 4.18　棒の先のおもりの運動を表すグラフ

◆

章 末 問 題

【1】　物体を 10 N の力で引っ張り続け，その方向に 2 m 移動させた．このときにした仕事 w はいくらか答えなさい．**4.1 節**　**A**

【2】　重量 1000 kg 重のエレベーターを上方に速さ 10 m/s で動かすときの仕事率 P を求めなさい．ただし，重力加速度の大きさを 9.8 m/s^2 とする．**4.1 節**　**A**

【3】　重量 3 kg の物体が高さ 2.5 m の位置にある．（地面を基準としたときの）位置エネルギーを求めなさい．ただし，重力加速度の大きさを 9.8 m/s^2 とする．**4.2 節**　**A**

【4】　動摩擦力は保存力か，非保存力か．理由と共に答えなさい．**4.2 節**　**A**

【5】　ばね定数 100 N/m のばねを自然長から 0.1 m 伸ばしたとき，ばねに蓄えられる位置エネルギー（弾性エネルギー）を求めなさい．**4.2 節**　**A**

【6】　重量 3 kg の物体が速さ 7 m/s で運動している．このときの運動エネルギーを求めなさい．**4.3 節**　**A**

【7】　動摩擦係数が μ' の水平な面上で，質量 m の物体を初速 v_0 で x 軸方向に動かし

た．出発点を x_0，重力加速度の大きさを g として以下の問いに答えなさい．
4.1節 **B**

(a) この物体に対する運動方程式を書きなさい．

(b) 運動方程式を積分し，初期条件を用いて，$v(t)$ と $x(t)$ を求めなさい．

(c) この物体が静止するまでに動く距離 s を求めなさい．

(d) 物体が静止するまでに摩擦力がした仕事を，v_0 を用いて表しなさい．

【8】 第3章で取り扱った斜方投射の場合で，放物体の任意の時刻における力学的エネルギー保存を示しなさい． 4.3節 **B**

【9】 保存力 $\boldsymbol{F}$ は $\nabla \times \boldsymbol{F} = \boldsymbol{0}$ を満たすことを示しなさい．ただし，ここで

$$\nabla \times \boldsymbol{F} = \left(\frac{\partial F_z}{\partial y} - \frac{\partial F_y}{\partial z}, \frac{\partial F_x}{\partial z} - \frac{\partial F_z}{\partial x}, \frac{\partial F_y}{\partial x} - \frac{\partial F_x}{\partial y} \right)$$

を表す． 4.3節 **B**

【10】 U_0 は正の定数とする．ポテンシャルが

$$U(x) = U_0 \exp(-2x) - 2U_0 \exp(-x)$$

で与えられる場合について，質量 m，エネルギー $E(-U_0 < E < 0)$ の質点の振動運動の周期を求めなさい．ちなみに，この形のポテンシャルはモース・ポテンシャルとよばれる． 4.4節 **C**

5 中心力と角運動量保存則

【学習目標】

・円運動の表し方，円運動における加速度を理解する．
・ベクトルの外積を理解する．
・角運動量の変化と力のモーメントの関係について理解する．
・角運動量が保存する場合，中心力とその具体例を知る．
・角運動量保存則とケプラーの第２法則の関係を理解する．
・極座標系で運動方程式，角運動量，力学的エネルギーを表すことができるようになる．
・逆２乗の法則に従う中心力がはたらく質点の運動の特徴を理解する．

【キーワード】

極座標（系），ベクトルの外積，（等速）円運動，向心加速度，角運動量，力のモーメント，中心力，ケプラーの法則，軌道の方程式

5.1 円運動と極座標系

x - y 平面上に限った質点の運動を議論する．点Pの（2次元）**極座標**を（r, ϕ）と書く．ここでの r は**動径座標**とよばれ，OPの長さをとる．ϕ は角度座標あるいは方位角とよばれ，x 軸とOPのなす角（$0 \leqq \phi < 2\pi$）をとる．

点Pの位置をデカルト座標系で表したときに（x, y）であるとすると，同じ点Pを表す２つの座標の関係は，

$$x = r\cos\phi, \qquad y = r\sin\phi \tag{5.1}$$

また，

$$r = \sqrt{x^2 + y^2}, \qquad \tan\phi = \frac{y}{x} \tag{5.2}$$

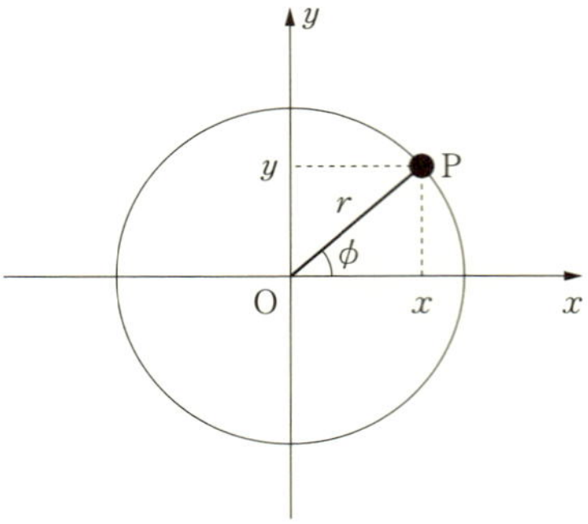

図 5.1　極座標系

のようになる．極座標を用いて，点の位置を表す形式を極座標系とよぶ（図 5.1）．

原点 O を中心とした**円運動**をしている質点の動径座標 r は一定である．すなわち，質点は常に原点から一定の距離 r だけ離れている．

原点を中心とする半径 r の円周上における質点の円運動について，質点のデカルト座標は

$$x(t) = r\cos\phi(t), \qquad y(t) = r\sin\phi(t) \tag{5.3}$$

のようになる．ここでの ϕ は時間の関数である．成分それぞれの時間微分により，速度ベクトルの成分は

$$v_x(t) = \frac{dx}{dt} = -r\sin\phi(t)\frac{d\phi}{dt} = -r\,\omega(t)\sin\phi(t) \tag{5.4}$$

$$v_y(t) = \frac{dy}{dt} = r\cos\phi(t)\frac{d\phi}{dt} = r\,\omega(t)\cos\phi(t) \tag{5.5}$$

のように求められる．

ここで $\omega(t) = d\phi/dt$ は単位時間当りの角度座標の変化率で，これを**角速度**とよぶ．角速度の単位は rad/s（または rad を省略して 1/s）である．この速度ベクトルの大きさ，つまり円運動の速さは

$$v(t) = |\boldsymbol{v}| = \sqrt{{v_x}^2 + {v_y}^2} = r\,|\omega(t)| \tag{5.6}$$

となる．

円運動の場合は，図 5.2 のように，ある瞬間の質点の位置における円の接線と半径は垂直なので，速度ベクトル $\boldsymbol{v}$ は質点の位置ベクトル $\boldsymbol{r}$ と直交する．

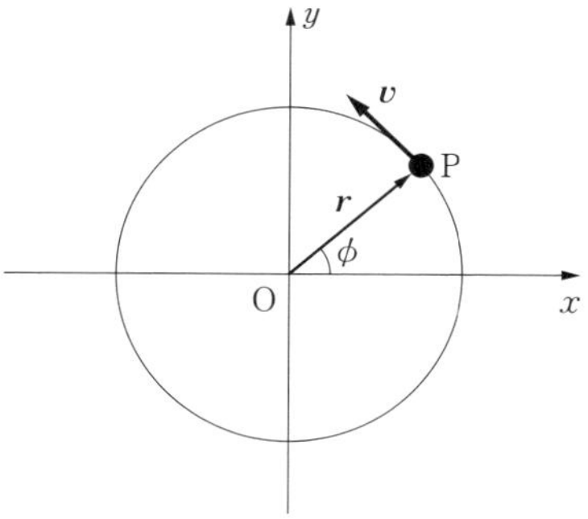

図 5.2 質点の円運動における位置ベクトルと速度ベクトル

これは成分からも理解できる．すなわち

$$\boldsymbol{r}(t) = (r\cos\phi(t), r\sin\phi(t)) \tag{5.7}$$

$$\boldsymbol{v}(t) = (-r\omega(t)\sin\phi(t), r\omega(t)\cos\phi(t)) \tag{5.8}$$

から，2つのベクトルの内積は

$$\boldsymbol{r}\cdot\boldsymbol{v} = -r^2\omega(t)\sin\phi(t)\cos\phi(t) + r^2\omega(t)\sin\phi(t)\cos\phi(t) = 0 \tag{5.9}$$

となり，$\boldsymbol{r}$ と $\boldsymbol{v}$ は直交することがわかる．

成分をあらわにせずにベクトルの記号のままで考察すると，簡単に以下の事実を説明できる．まず，

$$r^2 = \boldsymbol{r}\cdot\boldsymbol{r} \tag{5.10}$$

であり，この両辺を t で微分すると，

$$\frac{d}{dt}r^2 = \frac{d}{dt}(\boldsymbol{r}\cdot\boldsymbol{r}) = \frac{d\boldsymbol{r}}{dt}\cdot\boldsymbol{r} + \boldsymbol{r}\cdot\frac{d\boldsymbol{r}}{dt} = 2\boldsymbol{r}\cdot\frac{d\boldsymbol{r}}{dt} \tag{5.11}$$

となる．ただし，

$$\frac{d}{dt}(\boldsymbol{A}\cdot\boldsymbol{B}) = \frac{d\boldsymbol{A}}{dt}\cdot\boldsymbol{B} + \boldsymbol{A}\cdot\frac{d\boldsymbol{B}}{dt} \tag{5.12}$$

のような内積の微分の公式を用いた．

さて，円運動では $r = |\boldsymbol{r}| =$ 一定，また $d\boldsymbol{r}/dt$ は質点の速度 $\boldsymbol{v}$ を表すので，(5.11) より，$\boldsymbol{r}\cdot\boldsymbol{v} = 0$ が導かれる．結局ここでは，$r =$ 一定であることから，$\boldsymbol{r}\cdot\boldsymbol{v} = 0$，すなわち位置ベクトルと速度ベクトルが直交することがわかる．

例題 5.1

(5.12) の成立を成分を使って示しなさい．

【解】 左辺は

$$\frac{d}{dt}(\boldsymbol{A}\cdot\boldsymbol{B}) = \frac{d}{dt}(A_xB_x + A_yB_y + A_zB_z)$$
$$= \dot{A}_xB_x + A_x\dot{B}_x + \dot{A}_yB_y + A_y\dot{B}_y + \dot{A}_zB_z + A_z\dot{B}_z$$

そして右辺は

$$\frac{d\boldsymbol{A}}{dt}\cdot\boldsymbol{B} + \boldsymbol{A}\cdot\frac{d\boldsymbol{B}}{dt} = \dot{A}_xB_x + A_x\dot{B}_x + \dot{A}_yB_y + A_y\dot{B}_y + \dot{A}_zB_z + A_z\dot{B}_z$$

である．したがって，(5.12) の成立が示せた．◆

質点の**等速円運動**では，質点の速さは一定である．したがって，

$$\frac{dr}{dt} = \omega \quad (\text{一定}) \qquad \text{あるいは} \quad \phi(t) = \omega t + \beta \quad (\beta\text{は定数}) \tag{5.13}$$

となっている場合が等速円運動である．このとき，速度 $\boldsymbol{v}$ はその x 成分，y 成分によって $\boldsymbol{v} = (v_x, v_y)$ と表され，

$$v_x(t) = \frac{dx}{dt} = -r\omega\sin\phi(t) = -\omega y(t) \tag{5.14}$$

$$v_y(t) = \frac{dy}{dt} = r\omega\cos\phi(t) = \omega x(t) \tag{5.15}$$

である．等速円運動では，その一定の速さは

$$v = |\boldsymbol{v}| = r|\omega| \quad (= \text{一定}) \tag{5.16}$$

と表される．

等速円運動をしている質点の加速度は，デカルト座標系では位置ベクトルの各成分を時間で 2 階微分，また，それと同等であるが，速度ベクトルの各成分を時間で 1 階微分することで得られる．すなわち

$$x = r\cos(\omega t + \beta), \quad y = r\sin(\omega t + \beta) \tag{5.17}$$

から，成分表示 $\boldsymbol{a} = (a_x, a_y)$ において，

$$a_x = \frac{d^2x}{dt^2} = \frac{dv_x}{dt} = -r\omega^2\cos(\omega t + \beta) = -\omega^2 x(t) \tag{5.18}$$

$$a_y = \frac{d^2y}{dt^2} = \frac{dv_y}{dt} = -r\omega^2\sin(\omega t + \beta) = -\omega^2 y(t) \tag{5.19}$$

のように求めることができる．

等速円運動における加速度ベクトルは，位置ベクトルに角速度の 2 乗を掛けたものと逆向きのベクトルである（図 5.3）．すなわち，

$$\boxed{\text{等速円運動の加速度：} \boldsymbol{a} = -\omega^2 \boldsymbol{r}} \tag{5.20}$$

である．加速度ベクトルが質点から見て常に円の中心を向いているため，**向心加速度**とよばれる．

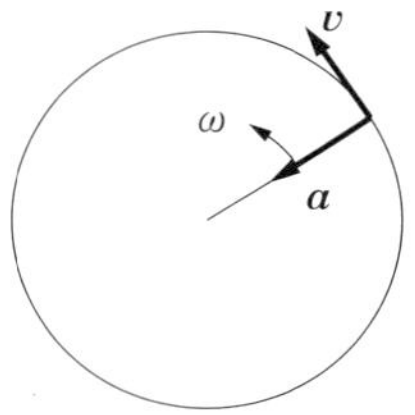

図 5.3 等速円運動における速度ベクトルと加速度ベクトル

図 5.2 で考えてみよう．まず，位置ベクトルと速度ベクトルの関係を見てみる．速度ベクトルは大きさが一定で，位置ベクトルに直交しており，位置ベクトルが円軌道を 1 周すると共に，向きを 1 回りさせる．

速度ベクトルのみを取り出して描いてみよう．ただし，始点（矢の根本）を固定して描く（図 5.4）．このような速度ベクトルの図を**ホドグラフ**とよぶ．

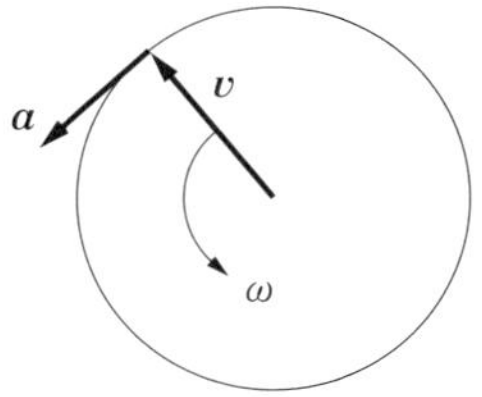

図 5.4 等速円運動のホドグラフ

図 5.2 と図 5.4 からわかるように，等速円運動の場合は，速度ベクトルの終点（矢の先端）が，「等速」円運動をする．ここでの「等速」は，等角速度（＝ 角速度一定）と解釈しよう．また，図 5.4 における円の「半径」は速さ（＝ 一定）なので，速度の時間変化率（＝ 加速度）の大きさは速さと角速度の積となる．図 5.2 と図 5.4 を見比べることにより，加速度の向きは，位置ベク

トルの逆向き（動径方向（動径座標の増加する方向）の逆向き）である．このことから（5.20）が理解できる．等速円運動における加速度の大きさは，質点の速さで表すと，

$$\boxed{a = |\boldsymbol{a}| = r\omega^2 = \frac{v^2}{r}} \tag{5.21}$$

となることに注意する．

なお，等速円運動では $v = |\boldsymbol{v}| =$ 一定なので，円運動において速度ベクトルと位置ベクトルが直交することを示したのと同様に，

$$0 = \frac{d}{dt}v^2 = \frac{d}{dt}(\boldsymbol{v}\cdot\boldsymbol{v}) = \frac{d\boldsymbol{v}}{dt}\cdot\boldsymbol{v} + \boldsymbol{v}\cdot\frac{d\boldsymbol{v}}{dt} = 2\boldsymbol{v}\cdot\frac{d\boldsymbol{v}}{dt} = 2\boldsymbol{v}\cdot\boldsymbol{a} \tag{5.22}$$

のようにして，$\boldsymbol{v}\cdot\boldsymbol{a} = 0$ が示される．すなわち，$v =$ 一定であることから，速度ベクトルと加速度ベクトルは直交することがわかる．

例題 5.2

中心が原点 O で半径が r の円周上を，速さ v で等速円運動している質点がある．ある時刻 $t = t_0$ に突然加速度がゼロになったとすると，その後は速さ v で等速直線運動を始める．時刻 $t = t_0 + \Delta t$ では質点と原点の距離 $r + h$ はどれだけかを答えなさい．また，$v\Delta t$ が r に比べて非常に小さいとき，h はどのように表されるか答えなさい．

【解】　図 5.5 で，三平方の定理により $r + h = \sqrt{r^2 + v^2\Delta t^2}$ である．

$v\Delta t$ が r に比べて非常に小さいとき，すなわち短い時間の間では，h は

$$h = \sqrt{r^2 + v^2(\Delta t)^2} - r = r\sqrt{1 + \frac{v^2(\Delta t)^2}{r^2}} - r$$
$$\sim r\left(1 + \frac{v^2(\Delta t)^2}{2r^2} - 1\right) = \frac{1}{2}\frac{v^2}{r}(\Delta t)^2$$

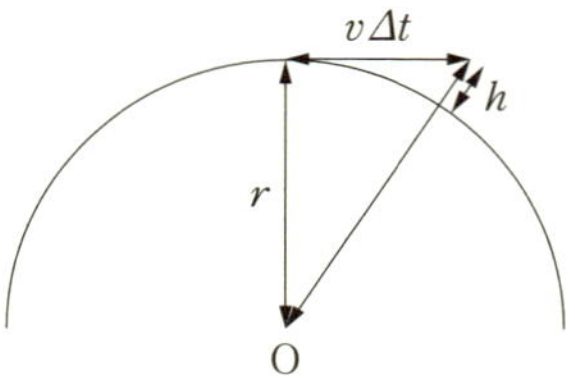

図 5.5　短い時間の間の等速円運動

で，時間の 2 乗に比例する．Δt の間に h の変位が起こることを等加速度運動と見なすと，その加速度は v^2/r となり，先に見た等速円運動の向心加速度の大きさと一致する．◆

例題 5.3

月の公転周期は 27.3 日である．月は等速円運動をしていると仮定し，その軌道半径を 3.84×10^8 m とするとき，月の軌道運動の速さを求めなさい．

【解】 (軌道運動の速さ) = (軌道距離) ÷ (公転周期) = $2\pi \times (3.84 \times 10^8) \div (27.3 \times 24 \times 60 \times 60) = 1.02 \times 10^3$ であるから，月の速さは 1.02×10^3 m/s である．◆

例題 5.4

等速円運動をしている月の速さを 1.02×10^3 m/s とするとき，1 秒間に月は地球に向かってどの程度「落下」していることになるか．ここでいう「落下」は，例題 5.2 と同様に等速直線運動からの変位と考える．月の軌道半径を 3.84×10^8 m とする．なお，地球の公転などは無視する．

【解】 例題 5.2 より (1 秒間における等速直線運動からの変位) = (月の速さ)^2 ÷ (月の軌道半径) ÷ 2 = $(1.02 \times 10^3)^2 \div (3.84 \times 10^8) \div 2 = 1.35 \times 10^{-3}$ であるから，月は 1 秒間に 1.35×10^{-3} m 落下している．◆

例題 5.5

質点が等速円運動しているのときの加速度の x 成分を表す (5.18) と，質点の単振動の場合の運動方程式 (3.3 節) を比較することによって，ばね定数を k，質点の質量を m とするときの単振動の解を求めなさい．

【解】 等速円運動の角速度 ω が $\sqrt{k/m}$ に対応し，角度 ϕ は単振動の位相に対応し，等速円運動の軌道円の半径が単振動の振幅に対応している．したがって，$x(t) = A\cos(\omega t + \beta)$，ただし A と β は定数である．◆

例題 5.6

半径 r の円周上の等速でない円運動の加速度を求めなさい．

【解】 ここでは，ドット（˙）で時間による微分を表す，ニュートンの表記を用いる（今後も1階および2階微分が頻繁に現れるときに使用する）．$x(t) = r\cos\phi(t)$，$y(t) = r\sin\phi(t)$ の微分より $v_x = \dot{x} = -r\dot{\phi}\sin\phi = -r\omega\sin\phi$，$v_y = \dot{y} = r\omega\cos\phi$ を得る．もう1度微分すると $a_x = \ddot{x} = -r\ddot{\phi}\sin\phi - r\dot{\phi}^2\cos\phi = -r\dot{\omega}\sin\phi - r\omega^2\cos\phi$，$a_y = \ddot{y} = r\ddot{\phi}\cos\phi - r\dot{\phi}^2\sin\phi = r\dot{\omega}\cos\phi - r\omega^2\sin\phi$ を得る．ちなみに $\boldsymbol{e}_r = \cos\phi\,\boldsymbol{e}_x + \sin\phi\,\boldsymbol{e}_y$，$\boldsymbol{e}_\phi = -\sin\phi\,\boldsymbol{e}_x + \cos\phi\,\boldsymbol{e}_y$，とおくと，$\boldsymbol{r} = r\boldsymbol{e}_r$，$\boldsymbol{v} = r\omega\boldsymbol{e}_\phi$，$\boldsymbol{a} = r\dot{\omega}\boldsymbol{e}_\phi - r\omega^2\boldsymbol{e}_r$ と表すことができる．$\dot{\omega}$ を**角加速度**とよび，しばしば α で表す．

したがって，一般の半径 r の円軌道上の運動による加速度は，大きさ $r\omega^2$ で円の中心を向く向心加速度と，運動の接線方向に $r\alpha$ の加速度の（ベクトルとしての）和で与えられる．◆

意欲のある読者のために，以下に3次元極座標系を紹介する．

図5.6に示すような，3次元空間における点Pの（3次元）極座標を (r, θ, ϕ) と書く．ここで r は動径座標とよばれ，OPの長さをとる．θ は極角で，z 軸とOPのなす角（$0 \leqq \theta \leqq \pi$）とする．ϕ は方位角とよばれ，x 軸とOQのなす角（$0 \leqq \phi < 2\pi$）をとる．点Qは点Pから x-y 平面に下ろした垂線の足である．

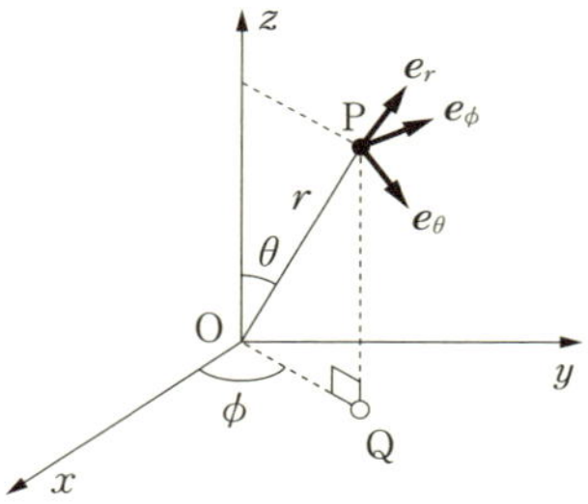

図5.6　3次元極座標系

デカルト座標 (x, y, z) との関係は

$$x = r\sin\theta\cos\phi, \qquad y = r\sin\theta\sin\phi, \qquad z = r\cos\theta$$

で与えられる．さらに，極座標系における基底ベクトル $\boldsymbol{e}_r$，$\boldsymbol{e}_\theta$，$\boldsymbol{e}_\phi$ を

$$\boldsymbol{e}_r = \sin\theta\cos\phi\,\boldsymbol{e}_x + \sin\theta\sin\phi\,\boldsymbol{e}_y + \cos\theta\,\boldsymbol{e}_z$$
$$\boldsymbol{e}_\theta = \cos\theta\cos\phi\,\boldsymbol{e}_x + \cos\theta\sin\phi\,\boldsymbol{e}_y - \sin\theta\,\boldsymbol{e}_z$$
$$\boldsymbol{e}_\phi = -\sin\phi\,\boldsymbol{e}_x + \cos\phi\,\boldsymbol{e}_y$$

で定義する．これらはそれぞれ，点Pにおいて r，θ，ϕ の増加する向きをもつ単位ベクトルである（図5.6参照）．極座標系における基底ベクトルの時間微分は（簡単のためニュートンの記法を用いる）

$$\dot{\boldsymbol{e}}_r = \dot{\theta}\boldsymbol{e}_\theta + \dot{\phi}\sin\theta\,\boldsymbol{e}_\phi$$
$$\dot{\boldsymbol{e}}_\theta = -\dot{\theta}\boldsymbol{e}_r + \dot{\phi}\cos\theta\,\boldsymbol{e}_\phi$$
$$\dot{\boldsymbol{e}}_\phi = -\dot{\phi}\sin\theta\,\boldsymbol{e}_r - \dot{\phi}\cos\theta\,\boldsymbol{e}_\theta$$

である．点Pの位置ベクトルは $\boldsymbol{r} = r\boldsymbol{e}_r$ で与えられるので，点Pの速度ベクトル，加速度ベクトルは，極座標系における基底ベクトルを用いると以下のように表される。

$$\begin{aligned}\boldsymbol{v} &= \dot{\boldsymbol{r}}\\ &= \dot{r}\boldsymbol{e}_r + r\dot{\boldsymbol{e}}_r = \dot{r}\boldsymbol{e}_r + r\dot{\theta}\boldsymbol{e}_\theta + r\dot{\phi}\sin\theta\,\boldsymbol{e}_\phi\\ \boldsymbol{a} &= \dot{\boldsymbol{v}}\\ &= (\ddot{r} - r\dot{\theta}^2 - r\dot{\phi}^2\sin^2\theta)\boldsymbol{e}_r + (r\ddot{\theta} + 2\dot{r}\dot{\theta} - r\dot{\phi}^2\sin\theta\cos\theta)\boldsymbol{e}_\theta\\ &\qquad + (r\ddot{\phi}\sin\theta + 2\dot{r}\dot{\phi}\sin\theta + 2r\dot{\theta}\dot{\phi}\cos\theta)\boldsymbol{e}_\phi\end{aligned}$$

5.2 円運動と角速度ベクトル

ベクトルの演算の1つとして**外積**がある．これは力学に限らず，電磁気学や流体力学など物理学の広範囲で有用な数学的操作である．ベクトルの外積は**ベクトル積**ともいう．ベクトルの内積は2つのベクトルから1つの（スカラー）量を作る演算操作であったが，それに対して，外積は2つのベクトルから1つのベクトルを作る演算操作である．

ベクトル $\boldsymbol{A} = (A_x, A_y, A_z)$ とベクトル $\boldsymbol{B} = (B_x, B_y, B_z)$ の外積 $\boldsymbol{A}\times\boldsymbol{B}$ は成分で定義すると，

$$\boldsymbol{A}\times\boldsymbol{B} = (A_yB_z - A_zB_y, A_zB_x - A_xB_z, A_xB_y - A_yB_x) \tag{5.23}$$

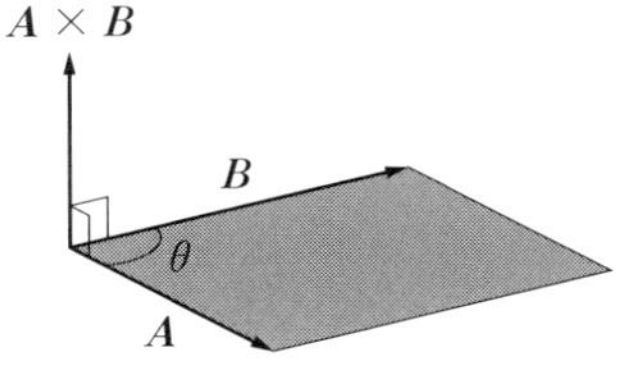

図5.7 ベクトルの外積

となる．外積 $\boldsymbol{A}\times\boldsymbol{B}$ は，ベクトル $\boldsymbol{A}$ がベク

トル $\boldsymbol{B}$ の向きに（$\boldsymbol{A}$ の始点の周りを回ると見て）変わろうとする仮想的過程で，その回転によって右ねじ（普通のねじ）の進む向きを向いており，その大きさは $|\boldsymbol{A}||\boldsymbol{B}||\sin\theta|$ である．ここで θ は $\boldsymbol{A}$，$\boldsymbol{B}$ のなす角である（図 5.7 参照）．

以上のことから，すぐに見てとれる外積の性質として，

$$\boldsymbol{A}\times\boldsymbol{B} = -\boldsymbol{B}\times\boldsymbol{A} \tag{5.24}$$

が挙げられる．特に $\boldsymbol{A}\times\boldsymbol{A} = \boldsymbol{0}$ である．また，

$$\left.\begin{aligned}\boldsymbol{A}\cdot(\boldsymbol{A}\times\boldsymbol{B}) &= 0\\ \boldsymbol{B}\cdot(\boldsymbol{A}\times\boldsymbol{B}) &= 0\end{aligned}\right\} \tag{5.25}$$

となる．これは，$\boldsymbol{A}$ と $\boldsymbol{B}$ の外積 $\boldsymbol{A}\times\boldsymbol{B}$ は，$\boldsymbol{A}$ にも $\boldsymbol{B}$ にも垂直なベクトルであることを表している．

デカルト座標系における基底ベクトル，すなわち座標軸方向の単位ベクトル間の外積は

$$\left.\begin{aligned}\boldsymbol{e}_x\times\boldsymbol{e}_y &= -\boldsymbol{e}_y\times\boldsymbol{e}_x = \boldsymbol{e}_z\\ \boldsymbol{e}_y\times\boldsymbol{e}_z &= -\boldsymbol{e}_z\times\boldsymbol{e}_y = \boldsymbol{e}_x\\ \boldsymbol{e}_z\times\boldsymbol{e}_x &= -\boldsymbol{e}_x\times\boldsymbol{e}_z = \boldsymbol{e}_y\end{aligned}\right\} \tag{5.26}$$

のようになる．ベクトルをその成分と基底ベクトルで表すことにより，(5.26) から (5.23) が導かれる．

後の便利のために，ベクトルの外積を含むいくつかの公式を見ておこう．まず，任意の 3 つのベクトル $\boldsymbol{A}$，$\boldsymbol{B}$，$\boldsymbol{C}$ について

$$\boxed{\boldsymbol{A}\cdot(\boldsymbol{B}\times\boldsymbol{C}) = \boldsymbol{C}\cdot(\boldsymbol{A}\times\boldsymbol{B}) = \boldsymbol{B}\cdot(\boldsymbol{C}\times\boldsymbol{A})} \tag{5.27}$$

が成り立つ．これは，$\boldsymbol{A}$，$\boldsymbol{B}$，$\boldsymbol{C}$ を 3 つの辺にもつ平行六面体の体積である（図 5.8 参照）．(5.27) の各辺はスカラー 3 重積ともよばれる量である．

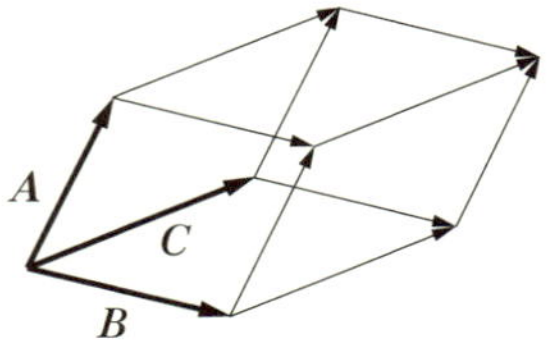

図 5.8　スカラー 3 重積の表す体積

例題 5.7

(5.27) を成分で表して確かめなさい．

【解】 それぞれ $\boldsymbol{A}, \boldsymbol{B}, \boldsymbol{C}$ を $\boldsymbol{A} = (A_x, A_y, A_z), \boldsymbol{B} = (B_x, B_y, B_z), \boldsymbol{C} = (C_x, C_y, C_z)$ とすると $\boldsymbol{A}\cdot(\boldsymbol{B}\times\boldsymbol{C}) = \boldsymbol{C}\cdot(\boldsymbol{A}\times\boldsymbol{B}) = \boldsymbol{B}\cdot(\boldsymbol{C}\times\boldsymbol{A}) = A_xB_yC_z + A_yB_zC_x + A_zB_xC_y - A_xB_zC_y - A_yB_xC_z - A_zB_yC_x$ である．これは**行列式**を用いて

$$\begin{vmatrix} A_x & A_y & A_z \\ B_x & B_y & B_z \\ C_x & C_y & C_z \end{vmatrix}$$

と表される．◆

また次のような，外積 2 つを使ったものに関する恒等式

$$\boxed{\boldsymbol{A}\times(\boldsymbol{B}\times\boldsymbol{C}) = (\boldsymbol{A}\cdot\boldsymbol{C})\boldsymbol{B} - (\boldsymbol{A}\cdot\boldsymbol{B})\boldsymbol{C}} \tag{5.28}$$

もある．この左辺をベクトル 3 重積とよぶことがある．

例題 5.8

(5.28) が成立することを示しなさい．

【解】 $\boldsymbol{B}\times\boldsymbol{C}$ は $\boldsymbol{B}$ にも $\boldsymbol{C}$ にも垂直なベクトルである．したがって，$\boldsymbol{A}\times(\boldsymbol{B}\times\boldsymbol{C})$ は $\boldsymbol{B}\times\boldsymbol{C}$ に垂直であるから，$\alpha\boldsymbol{B} + \beta\boldsymbol{C}$（$\alpha, \beta$ は定数）のようにベクトル $\boldsymbol{B}$ とベクトル $\boldsymbol{C}$ の線形結合で表される．また，$\boldsymbol{A}\times(\boldsymbol{B}\times\boldsymbol{C})$ は $\boldsymbol{A}$ にも垂直であることから，$\boldsymbol{A}\cdot(\boldsymbol{A}\times(\boldsymbol{B}\times\boldsymbol{C})) = 0$ となるはずなので，$\boldsymbol{A}\times(\boldsymbol{B}\times\boldsymbol{C}) = \gamma[(\boldsymbol{A}\cdot\boldsymbol{C})\boldsymbol{B} - (\boldsymbol{A}\cdot\boldsymbol{B})\boldsymbol{C}]$（$\gamma$ は定数）という形をしていることがわかる．γ を決めるためには，$\boldsymbol{A} = \boldsymbol{e}_y$，$\boldsymbol{B} = \boldsymbol{e}_x$，$\boldsymbol{C} = \boldsymbol{e}_y$ などを代入してみれば $\gamma = 1$ であることがわかる．

なお，(5.28) は，各ベクトルを成分で表すことによっても確かめられる．

例題 5.9

任意の単位ベクトルを $\boldsymbol{n}$ とするとき，$\boldsymbol{A} = (\boldsymbol{A}\cdot\boldsymbol{n})\boldsymbol{n} + (\boldsymbol{n}\times\boldsymbol{A})\times\boldsymbol{n}$ が任意のベクトル $\boldsymbol{A}$ について成り立つことを示しなさい．

【解】 ベクトル 3 重積の公式 (5.28) において，$\boldsymbol{A}\to\boldsymbol{n}$，$\boldsymbol{B}\to\boldsymbol{A}$，$\boldsymbol{C}\to\boldsymbol{n}$ とすれば，$\boldsymbol{n}\times(\boldsymbol{A}\times\boldsymbol{n}) = (\boldsymbol{n}\cdot\boldsymbol{n})\boldsymbol{A} - (\boldsymbol{n}\cdot\boldsymbol{A})\boldsymbol{n} = \boldsymbol{A} - (\boldsymbol{A}\cdot\boldsymbol{n})\boldsymbol{n}$ となるので，成立することがわかる．◆

これらの公式を使って，外積の大きさについて確かめてみよう．公式(5.27)，(5.28) の両方を用いると，ベクトル $\boldsymbol{A}$ とベクトル $\boldsymbol{B}$ の外積の大きさの2乗 $|\boldsymbol{A}\times\boldsymbol{B}|^2$ は

$$|\boldsymbol{A}\times\boldsymbol{B}|^2=(\boldsymbol{A}\times\boldsymbol{B})\cdot(\boldsymbol{A}\times\boldsymbol{B})=\boldsymbol{B}\cdot((\boldsymbol{A}\times\boldsymbol{B})\times\boldsymbol{A})$$
$$=-\boldsymbol{B}\cdot(\boldsymbol{A}\times(\boldsymbol{A}\times\boldsymbol{B}))=-\boldsymbol{B}\cdot[(\boldsymbol{A}\cdot\boldsymbol{B})\boldsymbol{A}-(\boldsymbol{A}\cdot\boldsymbol{A})\boldsymbol{B}]$$
$$=(\boldsymbol{A}\cdot\boldsymbol{A})(\boldsymbol{B}\cdot\boldsymbol{B})-(\boldsymbol{A}\cdot\boldsymbol{B})^2 \tag{5.29}$$

と表される．内積の大きさを2つのベクトルのなす角 θ を用いて表したものを使うと，

$$|\boldsymbol{A}\times\boldsymbol{B}|^2=|\boldsymbol{A}|^2|\boldsymbol{B}|^2-|\boldsymbol{A}|^2|\boldsymbol{B}|^2\cos^2\theta=|\boldsymbol{A}|^2|\boldsymbol{B}|^2\sin^2\theta \tag{5.30}$$

を得るので，2つのベクトルの外積の大きさは

$$|\boldsymbol{A}\times\boldsymbol{B}|=|\boldsymbol{A}||\boldsymbol{B}||\sin\theta| \tag{5.31}$$

であることがわかる．

回転軸を基にした，円運動のベクトルによる記述を考えてみる．まず，大きさが角速度 ω に等しく，回転軸を向いた角速度ベクトル $\boldsymbol{\omega}$ を考える．ベクトル $\boldsymbol{\omega}$ の向きは質点の回転運動について，右ねじの進む向きと定める．

角速度 ω で回転軸の周りを円運動している質点の位置ベクトルが $\boldsymbol{r}$ で与えられるとき，その質点の速度ベクトル $\boldsymbol{v}$ は

$$\boxed{\boldsymbol{v}=\boldsymbol{\omega}\times\boldsymbol{r}} \tag{5.32}$$

のように表すことができる（図5.9）．等速円運動の場合，$\boldsymbol{\omega}$ は大きさも向きも一定な定ベクトルである．(5.32) は一般の角速度ベクトル $\boldsymbol{\omega}$ で使える式であるが，ここでは最も簡単な円運動である等速円運動に話を限る．

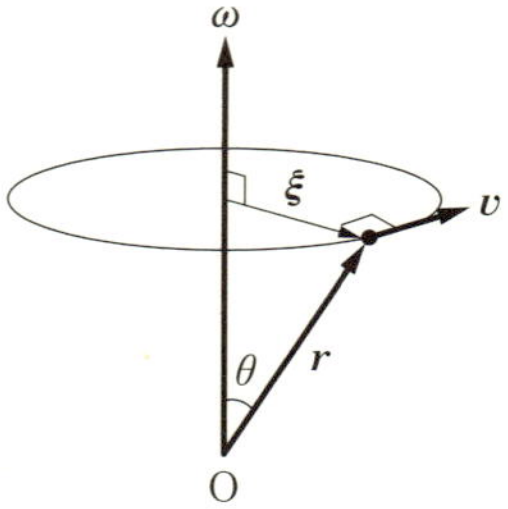

図5.9　角速度ベクトルと他のベクトル

まず，位置ベクトル $\boldsymbol{r}$ と速度ベクトル $\boldsymbol{v}$ は垂直であることに注意しよう．なぜならば (5.27) により

$$\boldsymbol{r}\cdot\boldsymbol{v}=\boldsymbol{r}\cdot(\boldsymbol{\omega}\times\boldsymbol{r})=\boldsymbol{\omega}\cdot(\boldsymbol{r}\times\boldsymbol{r})=0 \tag{5.33}$$

が成り立つからである．等速円運動をしている質点の加速度ベクトル $\boldsymbol{a}$ は次のようになる．

$$\boldsymbol{a} = \frac{d\boldsymbol{v}}{dt} = \boldsymbol{\omega} \times \frac{d\boldsymbol{r}}{dt} = \boldsymbol{\omega}\times\boldsymbol{v} = \boldsymbol{\omega} \times (\boldsymbol{\omega} \times \boldsymbol{r}) = (\boldsymbol{r} \cdot \boldsymbol{\omega})\boldsymbol{\omega} - \omega^2\boldsymbol{r} \tag{5.34}$$

ここで，ベクトルの微分について，

$$\frac{d}{dt}(\boldsymbol{A} \times \boldsymbol{B}) = \frac{d\boldsymbol{A}}{dt} \times \boldsymbol{B} + \boldsymbol{A} \times \frac{d\boldsymbol{B}}{dt} \tag{5.35}$$

を使い，最後の等号は公式（5.28）による．（5.35）の成立は，各ベクトルを成分表示することによって確かめることができる．

以下のベクトル $\boldsymbol{\xi}$ を

$$\boldsymbol{\xi} = \boldsymbol{r} - (\boldsymbol{r} \cdot \boldsymbol{\omega})\frac{\boldsymbol{\omega}}{\omega^2} \tag{5.36}$$

のように定義する．位置ベクトル $\boldsymbol{r}$ と角速度ベクトル $\boldsymbol{\omega}$ のなす角を θ とすると，$(\boldsymbol{r} \cdot \boldsymbol{\omega})\boldsymbol{\omega}/\omega^2$ は大きさ $r\cos\theta$ で $\boldsymbol{\omega}$ の向きをもったベクトルである．したがって，$\boldsymbol{\xi}$ は図 5.9 のように $\boldsymbol{\omega}$ で表される回転軸に垂直なベクトルとなる．

このベクトル $\boldsymbol{\xi}$ を使うと，等速円運動をしている質点の加速度（5.34）は，

$$\boldsymbol{a} = -\omega^2\boldsymbol{\xi} \tag{5.37}$$

のように書ける．加速度ベクトルは等速円運動の回転中心を向き，大きさは回転半径と角速度の 2 乗の積となることがわかる．

質点が原点を含み回転軸に垂直な平面上での等速円運動をしている場合，質点の位置ベクトルと角速度ベクトル $\boldsymbol{\omega}$ は常に直交している．この場合は

$$\boldsymbol{a} = -\omega^2\boldsymbol{r} \tag{5.38}$$

となるが，これは（5.20）の向心加速度と一致する．

例題 5.10

$\boldsymbol{\omega} = \omega\boldsymbol{e}_z$, $\boldsymbol{r} = x\boldsymbol{e}_x + y\boldsymbol{e}_y + z\boldsymbol{e}_z$ のとき，$\boldsymbol{\xi}$ を基底ベクトルを用いて表しなさい．

【解】 $\boldsymbol{\xi} = \boldsymbol{r} - (\boldsymbol{r} \cdot \boldsymbol{\omega})\dfrac{\boldsymbol{\omega}}{\omega^2} = \boldsymbol{r} - z\boldsymbol{e}_z = x\boldsymbol{e}_x + y\boldsymbol{e}_y$ である．◆

例題 5.11

等速でない質点の円運動の加速度について考える．ただし角速度ベクトルの向きは一定で，その大きさが時間に依存する場合を考えてみよう．このとき，(5.34) から質点の加速度ベクトル $\boldsymbol{a}$ を求めなさい．

【解】 角速度ベクトルの向きが一定であることから，$\boldsymbol{\omega}/\omega$ は定ベクトルであるので

$$\frac{d\boldsymbol{\omega}}{dt} = \frac{d\omega}{dt}\frac{\boldsymbol{\omega}}{\omega}$$

である．これを用いて，

$$\boldsymbol{a} = \frac{d\boldsymbol{v}}{dt} = \frac{d\boldsymbol{\omega}}{dt} \times \boldsymbol{r} + \boldsymbol{\omega} \times \frac{d\boldsymbol{r}}{dt} = \frac{1}{\omega}\frac{d\omega}{dt}\boldsymbol{v} - \omega^2\boldsymbol{\xi}$$

となる．加速度の接線方向成分は $r(d\omega/dt) = r\alpha$，ここで α は角加速度である．◆

5.3 向心力

等速円運動をしている質点には，どのような力がはたらいているのだろうか．例えば，糸の先におもりをつけ振り回し，おもりに等速円運動をさせることができる．糸が物体に力を及ぼしているために円運動しているので，糸が切れたときには，おもりがその瞬間の運動の接線方向に直線的に飛んでいく．つまり，物体を円の中心の向きに引っ張る力によって質点の等速円運動をもたらしている．物体の慣性によって直線運動しようとするところに，中心向きの力がはたらき続けることで物体の軌道は円を描く，という考え方といってもよい．

平面上で原点 O を中心とした円軌道上を，等速円運動している質量 m の質点がある．簡単のため，質点の位置ベクトル $\boldsymbol{r}$ が常に原点 O と同一平面にある場合を考える．つまり，前節最後の記法では $\boldsymbol{\xi} = \boldsymbol{r}$ である．質点にはたらいている力と加速度の関係は，ニュートンの運動の第 2 法則

$$\boldsymbol{F} = m\boldsymbol{a} \tag{5.39}$$

である．前節で導出した等速円運動している質点の加速度 $\boldsymbol{a} = -\omega^2\boldsymbol{r}$ を，この (5.39) に代入すると

$$\boldsymbol{F} = -m\omega^2\boldsymbol{r} \tag{5.40}$$

となる．力の大きさは

$$\boxed{F = |\boldsymbol{F}| = mr\omega^2 = \frac{mv^2}{r}} \tag{5.41}$$

である．質点の等速円運動をもたらすこのような力を**向心力**とよぶ．

向心力の方向は質点の速度ベクトル（円周の接線方向）と常に直交しているから，向心力は質点に対して仕事をしない．このため，等速円運動をしている質点の運動エネルギーは一定である．これは質点が等速で運動し，その運動エネルギーが一定であることと整合している．

天井に，丈夫で質量の無視できる，長さ l の糸の一端を固定する．糸の他端に質量 m の質点をくくりつける．図 5.10 のように，この質点がある決まった水平面内で等速円運動を行う．これを**円錐振り子**という．

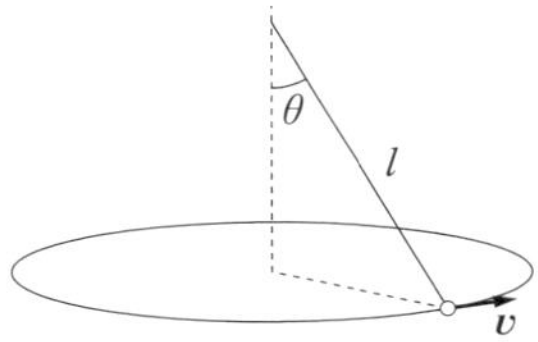

図 5.10 円錐振り子

図 5.11 のように，天井の糸の固定点を通る鉛直線と糸のなす角度は一定で，それを θ とする．このとき円軌道の半径は

$$r = l\sin\theta \tag{5.42}$$

で与えられる．また，向心力は質点にはたらく重力と糸の張力の合力であるから，その大きさは

$$F = mg\tan\theta \tag{5.43}$$

である．

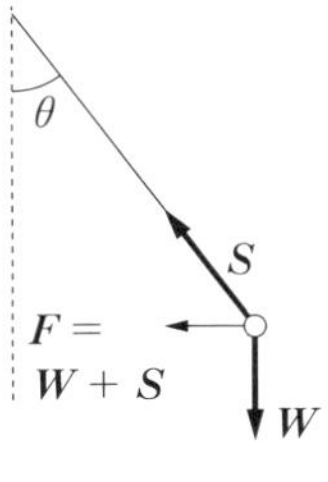

図 5.11 円錐振り子の質点にはたらく力

したがって運動の法則から，角速度を ω としたとき

$$m(l\sin\theta)\omega^2 = mg\tan\theta \tag{5.44}$$

という関係式が導かれるので，等速円運動の角速度（の大きさ）は

$$\omega = \sqrt{\frac{g}{l\cos\theta}} \tag{5.45}$$

であることがわかる．よって，角度 2π 進むと 1 周したことになるから，1 周に要する時間，つまり，周期 T は

$$\boxed{T = \frac{2\pi}{\omega} = 2\pi\sqrt{\frac{l\cos\theta}{g}}} \tag{5.46}$$

である．θ が小さいときは，糸の長さ l の単振り子と同じ周期に近づくことがわかる．

地球の周りの円軌道を人工衛星が回っている．ただし，ここでは地球の自転・公転の効果は無視する．地表すれすれを回る**人工衛星**について調べよう．空気抵抗は無視する．地球を半径 $R_\oplus$ の球体で近似し，地球すれすれを回るので人工衛星の軌道半径も $R_\oplus$ と見なすことができる．質量 m の人工衛星にはたらく重力（大きさ mg）は，地球の中心方向を向く．この向心力のはたらきで，人工衛星は半径 $R_\oplus$ の円軌道を一定の速さ v で等速円運動をする（図 5.12 参照）．

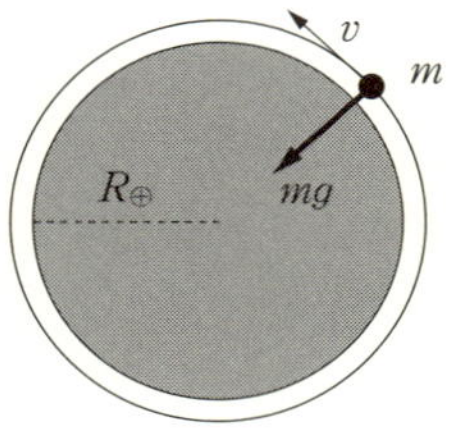

図 5.12　地球すれすれを回る人工衛星

運動方程式から等式

$$\frac{mv^2}{R_\oplus} = mg \tag{5.47}$$

が導かれる．この人工衛星の軌道運動の速さ，すなわち (5.47) を満たす v を v_1 とすると，

$$v_1 = \sqrt{gR_\oplus} \tag{5.48}$$

となる．地球の半径を 6.37×10^6 m とし，重力加速度の大きさ $g = 9.80$ m/s^2 を代入すると，この速さは 7.90 km/s である．

ちなみに地球 1 周にかかる時間，すなわち周期は角速度

$$\omega = \frac{v_1}{R_\oplus} = \sqrt{\frac{g}{R_\oplus}} \tag{5.49}$$

を用いて，

$$T_1 = \frac{2\pi}{\omega} = 2\pi\sqrt{\frac{R_\oplus}{g}} \tag{5.50}$$

で得られる．

ここで計算した速さ 7.90 km/s は，人工衛星を地表から打ち出すのに必要な最小のスピードであり，**第 1 宇宙速度**とよばれる．

例題 5.12

(5.50) の数値を概算して確かめなさい．地球の半径は 6.37×10^6 m とする．

【解】 $T_1 = 2\pi \times (6.37 \times 10^6 \div 9.8)^{1/2} = 5.065 \times 10^3$ であるので，約 5065 秒，または 84.4 分．◆

人工衛星にはたらく引力の大きさは，地球中心からの距離の 2 乗に反比例することが知られている（**逆 2 乗の法則**）．したがって，半径 R ($R > R_\oplus$) の円軌道の場合，運動方程式は

$$\frac{mv^2}{R} = mg\left(\frac{R_\oplus}{R}\right)^2 \tag{5.51}$$

となる．この等速円運動の速さは

$$v = \sqrt{\frac{gR_\oplus{}^2}{R}} \tag{5.52}$$

となり，角速度は

$$\omega = \frac{v}{R} = \sqrt{\frac{gR_\oplus{}^2}{R^3}} \tag{5.53}$$

と求められる．また，運動の周期 T は

$$T = 2\pi\sqrt{\frac{R^3}{gR_\oplus{}^2}} \tag{5.54}$$

である．

例題 5.13

静止衛星は，地上からおおよそ 3.60×10^7 m 上空にあるという．円軌道を仮定し，何時間で 1 周するか周期を求めなさい．地球の半径は 6.37×10^6 m とする．

【解】 (5.54) から，24.1 時間と求められる．◆

例題 5.14

月の軌道半径は 3.84×10^8 m である．円軌道を仮定し，何日で 1 周するか周期を求めなさい．

【解】 (5.54) から，27.4 日と求められる．◆

例題 5.15

滑らかな半径 R の半球が水平面に置かれ，その最上部に質量 m の質点を置く．この質点がある方向に初速度ゼロで滑り落ちるとき，どこの位置で半球から離れて落下し始めるか答えなさい．

【解】 質点が半球から離れていないときを考える．半球の中心から見て最上部の点と質点との角度を θ とする．力学的エネルギー保存則から $(1/2)m(Rd\theta/dt)^2 + mgR\cos\theta = mgR$ である．向心力は，質点がある位置での垂直抗力 N と重力の半球中心方向の成分で決まり，$mg\cos\theta - N$ である．したがって，中心方向の運動方程式は $mR(d\theta/dt)^2 = mg\cos\theta - N$ である．

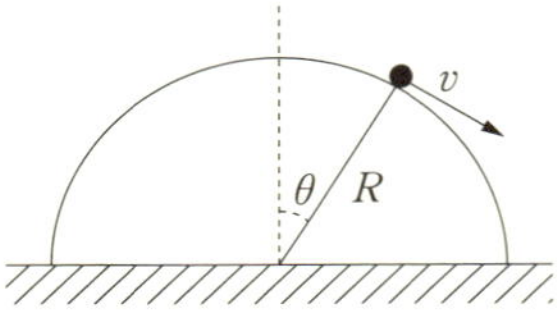

図 5.13　半球を滑り落ちる質点

質点の運動は等速運動ではないが，ある瞬間では，質量と向心加速度の積が向心力であるという関係は成り立っている．垂直抗力 N は正の値しかとりえないから，$mg\cos\theta - mR(d\theta/dt)^2 = 0$ となったところで質点は半球から離れる．力学的エネルギー保存の式を使うと，$mg\cos\theta = mR(d\theta/dt)^2 = 2mg - 2mg\cos\theta$ であるから，$\cos\theta = 2/3$ を満たす点で質点は半球面を離れる．半球の中心から上方に $(2/3)R$ の高さである（図 5.13 参照）．◆

5.4　角運動量と力のモーメント

力のはたらいていない質点が一定の速度 $\boldsymbol{v}$ で運動している．質量 m の質点の位置ベクトル $\boldsymbol{r}$ と速度ベクトル $\boldsymbol{v}$ の外積を作ってみよう．ここで，運動は原点 O を含む x-y 平面内に限られるものとする．質点の速度を

$$\boldsymbol{v} = (v_x, v_y, 0) \tag{5.55}$$

として，質点の位置を

$$\boldsymbol{r} = (x, y, 0) \tag{5.56}$$

とおく．

外積は 2 つのベクトルに垂直だから，図 5.14 からこの紙面に垂直であり，

すなわちデカルト座標系で z 成分のみをもつことになる．$\boldsymbol{r} \times \boldsymbol{v}$ の z 成分は

$$(\boldsymbol{r} \times \boldsymbol{v})_z = xv_y - yv_x = rv \sin\theta \tag{5.57}$$

のようになる．この値は一定である．なぜならば，(5.57) は

$$rv \sin\theta = lv, \quad l = r\sin\theta \tag{5.58}$$

のように書き直すことができ，また l は，v を延長した直線に原点から下ろした垂線の長さである．ここで，一定時間内に質点と原点を結ぶ線分が通過して描かれる三角形の面積（「掃過する面積」，図 5.14 の灰色部分）は，いつでも等しいことに注意しよう．微小時間 Δt の間に質点と原点を結ぶ線分が通過して描かれる三角形の面積は，一般にベクトル $(1/2)\boldsymbol{r} \times \boldsymbol{v}\Delta t$ の大きさとなることから，$(1/2)\boldsymbol{r} \times \boldsymbol{v}$，またはその大きさを**面積速度**とよぶ．さらに，

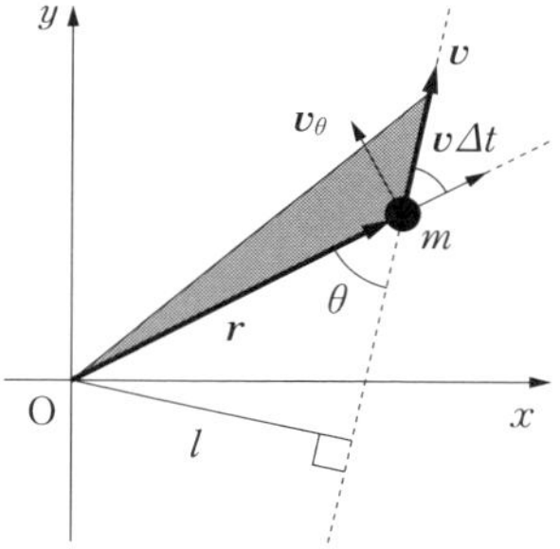

図 5.14　質点の位置ベクトルと速度ベクトル

$$rv\sin\theta = rv_\phi, \qquad v_\phi = v\sin\theta \tag{5.59}$$

のようにも書ける．この面積速度は，原点からの距離（位置ベクトルの大きさ）と速度の位置ベクトルに垂直な成分の積である．今考えている条件では速度ベクトルは一定であるが，位置ベクトルは時間変化しているのにも関わらず，一定の量が得られたことを強調しておく．

このような量が一定であるのは，等速度運動のときだけだろうか．原点を含む平面上の半径 r の円周上における等速円運動の場合，$\boldsymbol{r} \times \boldsymbol{v}$ の大きさを計算してみると（$\boldsymbol{r}$ と $\boldsymbol{v}$ は直交しているので），

$$rv = r^2\omega = 一定 \tag{5.60}$$

となる．この場合，図 5.15 を見れば明らかだろう．原点が円軌道の中心にあ

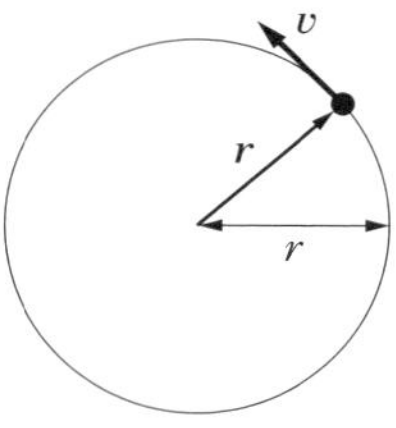

図 5.15　等速円運動

るとき，$\boldsymbol{r} \times \boldsymbol{v}$ の大きさは一定であることがわかる．

例題 5.16

ベクトル $\boldsymbol{\xi}$ を

$$\boldsymbol{\xi} = \boldsymbol{r} - (\boldsymbol{r} \cdot \boldsymbol{\omega}) \frac{\boldsymbol{\omega}}{\omega^2}$$

としたとき，$\boldsymbol{v} = \boldsymbol{\omega} \times \boldsymbol{\xi}$，$\boldsymbol{\xi} \times \boldsymbol{v}$ を求めなさい．

【解】

$$\boldsymbol{v} = \boldsymbol{\omega} \times \boldsymbol{\xi} = \boldsymbol{\omega} \times \left\{ \boldsymbol{r} - (\boldsymbol{r} \cdot \boldsymbol{\omega}) \frac{\boldsymbol{\omega}}{\omega^2} \right\} = \boldsymbol{\omega} \times \boldsymbol{r}$$

となる．また，

$$\begin{aligned} \boldsymbol{\xi} \times \boldsymbol{v} &= \boldsymbol{\xi} \times (\boldsymbol{\omega} \times \boldsymbol{r}) \\ &= (\boldsymbol{\xi} \cdot \boldsymbol{r})\boldsymbol{\omega} - (\boldsymbol{\xi} \cdot \boldsymbol{\omega})\boldsymbol{r} \\ &= \xi^2 \boldsymbol{\omega} \end{aligned}$$

である．なお，$\boldsymbol{\xi} \cdot \boldsymbol{\omega} = 0$ および $\boldsymbol{\xi} \cdot \boldsymbol{r} = \xi^2$ に注意する．$(\boldsymbol{r} \cdot \boldsymbol{\omega})\boldsymbol{\omega}/\omega^2$ は，位置ベクトル $\boldsymbol{r}$ で表される点の回転中心の位置ベクトルである．◆

質量 m の質点の場合に，

$$\boxed{\boldsymbol{L} = m(\boldsymbol{r} \times \boldsymbol{v})} \tag{5.61}$$

を，この質点における原点の周りの**角運動量**（ベクトル）とよぶことにしよう．ここまで見たように，等速度運動や等速円運動の場合に面積速度は一定，すなわち保存している．では，より一般には角運動量についてどのようなことがいえるのであろうか．

等速円運動の場合には，向心力がはたらいている．質点に力のはたらいている場合を考えよう．まずは外積を使って，質点の運動方程式 $\boldsymbol{F} = m\boldsymbol{a}$ の両辺に，左から位置ベクトル $\boldsymbol{r}$ を外積として作用させると，

$$\boldsymbol{r} \times m\boldsymbol{a} = \boldsymbol{r} \times \boldsymbol{F} \tag{5.62}$$

のようになる．ここで

$$\frac{d}{dt}(\boldsymbol{r} \times \boldsymbol{v}) = \frac{d\boldsymbol{r}}{dt} \times \boldsymbol{v} + \boldsymbol{r} \times \frac{d\boldsymbol{v}}{dt} = \boldsymbol{v} \times \boldsymbol{v} + \boldsymbol{r} \times \frac{d\boldsymbol{v}}{dt} = \boldsymbol{r} \times \frac{d\boldsymbol{v}}{dt} \tag{5.63}$$

が常に成り立つ（$d\boldsymbol{r}/dt = \boldsymbol{v}$ を用いた）．$\boldsymbol{a} = d\boldsymbol{v}/dt$ なので，(5.62) の左辺は，

角運動量ベクトルを用いて表すと，$d\boldsymbol{L}/dt$ のようになる．(5.62) の右辺に現れる量を

$$\boxed{\boldsymbol{N} = \boldsymbol{r} \times \boldsymbol{F}} \tag{5.64}$$

で表し，これを**力のモーメント**と名づける．例として，

$$\boldsymbol{F} = (F_x, F_y, 0) \tag{5.65}$$

の場合，力のモーメントの z 成分は

$$N_z = xF_y - yF_x \tag{5.66}$$

である．

このように角運動量および力のモーメントを使うと，(5.62) は

$$\boxed{\frac{d\boldsymbol{L}}{dt} = \boldsymbol{N}} \tag{5.67}$$

と表される．力がはたらかない場合は，もちろん力のモーメントもゼロで，このとき前述の等速度運動の場合に，質点の位置ベクトルと速度ベクトルの外積の値が一定であることがわかる．

例題 5.17

円錐振り子で，糸がつけてある天井の 1 点を原点と考えるときでも，角運動量の時間変化と力のモーメントの関係を表す式 (5.67) は成り立っていることを示しなさい．

【解】 おもりの位置ベクトルを $\boldsymbol{r}$ とする．角速度ベクトルを $\boldsymbol{\omega}$ とする（角速度一定なので，$\boldsymbol{\omega}$ は鉛直上向きを z 軸として $\omega\boldsymbol{e}_z$ で表される定ベクトルである）．

よって，$\boldsymbol{L} = m\boldsymbol{r} \times \boldsymbol{v} = m\boldsymbol{r} \times (\boldsymbol{\omega} \times \boldsymbol{r}) = m[r^2\boldsymbol{\omega} - (\boldsymbol{r} \cdot \boldsymbol{\omega})\boldsymbol{r}]$ である．ここで，位置ベクトルの大きさ r は糸の長さ l，糸の鉛直線となす角度 θ は一定であるので，$\boldsymbol{r} \cdot \boldsymbol{\omega} = -l\omega\cos\theta$，$r^2 = l^2$ である．したがって，$d\boldsymbol{L}/dt = ml\omega\cos\theta\,(d\boldsymbol{r}/dt) = ml\omega\cos\theta\boldsymbol{\omega} \times \boldsymbol{r} = ml\omega^2\cos\theta\boldsymbol{e}_z \times \boldsymbol{r}$ である．

一方，力のモーメントは（糸の張力が$-\boldsymbol{r}$ の向きであるため）重力のみが効いてきて，$\boldsymbol{N} = \boldsymbol{r} \times \boldsymbol{W} = m\boldsymbol{r} \times (-g\boldsymbol{e}_z) = mg\boldsymbol{e}_z \times \boldsymbol{r}$ である．(5.45) により (5.67) が成り立っていることがわかる．◆

力の方向が位置ベクトルと同じ，すなわち常に原点から質点の方向かその逆の場合を考えよう．円錐振り子においては，原点をおもりの描く円軌道の中心

に選べば，糸の張力と重力の合力は中心を向いている．また，人工衛星の例では，質点にはたらく地球中心向きの万有引力が当てはまる．このような力は中心方向，またはその逆向きを向いているので，**中心力**とよばれる．

このとき，力の大きさがゼロでなくても，質点にはたらく力のモーメントはゼロになる．では，原点 O を中心とした中心力を考えてみよう．力 $\boldsymbol{F}$ が $\boldsymbol{r}$ と向きが同じ（または逆向きの）とき，$\boldsymbol{F}$ は中心力である．式で表せば，中心力は

$$\boldsymbol{F} = f\boldsymbol{r} \tag{5.68}$$

のように表される．ただし，f は適当な座標の関数である．よって，

$$\boldsymbol{N} = \boldsymbol{r} \times \boldsymbol{F} = f\boldsymbol{r} \times \boldsymbol{r} = \boldsymbol{0} \tag{5.69}$$

と計算できるので，質点にはたらく力のモーメントはゼロである．ここで，2 つの同じベクトルの外積がゼロであることを用いた．

結局，質点にはたらく力 $\boldsymbol{F}$ が中心力のとき，$\boldsymbol{F}$ による力のモーメント $\boldsymbol{N}$ はゼロであり，それゆえ (5.67) から角運動量 $\boldsymbol{L}$ は一定となることがわかった．中心力のみはらたく質点の角運動量は一定である（**角運動量保存則**）．

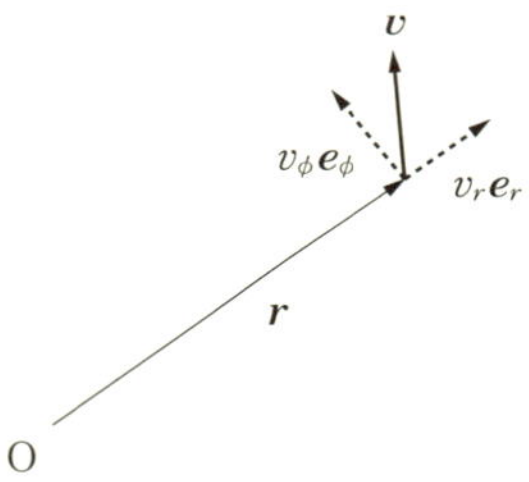

図 5.16　速度ベクトルの分解 (1)

中心力により変化しうるのは，速度の動径方向（あるいは原点方向）成分のみであり，角運動量の大きさは原点からの距離 r と接線方向の速度成分 v_ϕ との積に比例するので（図 5.16），角運動量自体は変化しないことがわかる．

質量 m の質点の運動が x - y 平面上に限られている場合，極座標系で表すと $x(t) = r(t)\cos\phi(t)$，$y(t) = r(t)\sin\phi(t)$ であるので，これらを時間微分することにより

$$v_x = \dot{x} = \dot{r}\cos\phi - r\dot{\phi}\sin\phi \tag{5.70}$$

$$v_y = \dot{y} = \dot{r}\sin\phi + r\dot{\phi}\cos\phi \tag{5.71}$$

を得る．したがって，

$$\boxed{L_z = m(xv_y - yv_x) = mr^2\dot{\phi}} \tag{5.72}$$

となっていることがわかる．これは $v_\phi = r\dot{\phi}$ とすると

$$\boxed{L_z = mrv_\phi} \tag{5.73}$$

を表している．

例題 5.18

$\boldsymbol{e}_r = \cos\phi\,\boldsymbol{e}_x + \sin\phi\,\boldsymbol{e}_y$，$\boldsymbol{e}_\phi = -\sin\phi\,\boldsymbol{e}_x + \cos\phi\,\boldsymbol{e}_y$ で定義される $\boldsymbol{e}_r$，$\boldsymbol{e}_\phi$ を用いて，x-y 平面上の速度ベクトル $\boldsymbol{v}$ を表しなさい．

【解】（5.70）（5.71）より，$\boldsymbol{v} = (\dot{r}\cos\phi - r\dot{\phi}\sin\phi)\boldsymbol{e}_x + (\dot{r}\sin\phi + r\dot{\phi}\cos\phi)\boldsymbol{e}_y = \dot{r}\boldsymbol{e}_r + r\dot{\phi}\boldsymbol{e}_\phi$ である（図 5.17）．これを $\boldsymbol{v} = v_r\boldsymbol{e}_r + v_\phi\boldsymbol{e}_\phi$ と表すことにすれば，$v_r = \dot{r}$，$v_\phi = r\dot{\phi}$ となる．（$\boldsymbol{e}_r$ は $\boldsymbol{r}$ と同じ向きの単位ベクトルで，$\boldsymbol{e}_\phi$ はそれと直交する単位ベクトルである．）ちなみに，速度の大きさの 2 乗は ${v_x}^2 + {v_y}^2 = {v_r}^2 + {v_\phi}^2 = \dot{r}^2 + r^2\dot{\phi}^2$ と表される．

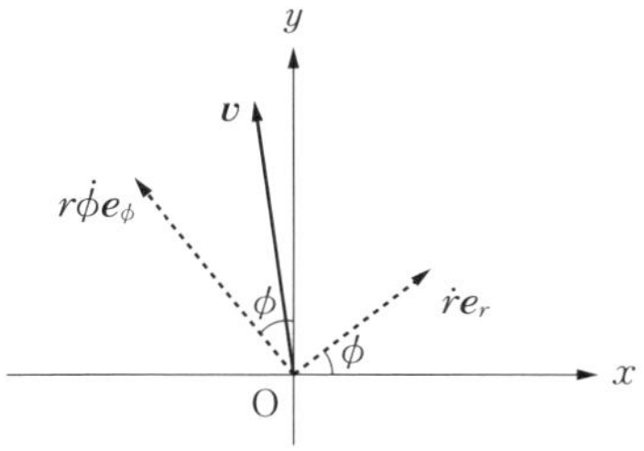

図 5.17　速度ベクトルの分解（2）

◆

ある回転中心の周りの力のモーメントの大きさは，中心と力の作用線の距離に，力の大きさを掛けたものである．したがって，作用線を固定しておけば，力のベクトルを作用線上で動かしても力のモーメントは変わらないことがわかる．

角運動量および力のモーメントは，原点の選び方に依存することに注意する．しかし，原点の選び方によらず（5.67）は成り立つ．

5.5　万有引力とケプラーの法則

角運動量が保存するのは等速円運動の場合に限らない．これからは質点に中心力のみがはたらき，中心の周りの角運動量が保存するような一般の運動につ

いて見ていこう．

中心力として考察される最も有名で歴史的なものは，惑星に対する太陽の**万有引力**であろう．**惑星の運動**の解析を基にして，ニュートンは彼の壮大な力学大系を展開してみせた．

質量をもつ物体同士の間にはたらく万有引力の大きさは，互いの質量に比例し，互いの距離の2乗に反比例する．したがって，太陽を引力源とし，惑星にはたらく万有引力は次の**逆2乗の法則**に従う．

$$F_r = -\frac{GM_{\odot}m}{r^2} \tag{5.74}$$

ここで，$M_{\odot}$ は太陽の質量（1.99×10^{30} kg），m は惑星の質量，r は太陽と惑星の距離である．G は**ニュートンの重力定数**（ニュートンの万有引力定数）とよばれる定数である（6.672×10^{-11} N·m^2/kg^2）．ここでは，太陽がある惑星に及ぼす力の動径方向成分として書き表した（中心から外向きが正とするので，引力の場合 F_r は負である）．

ニュートン以前の天文学者**ケプラー**（Johannes Kepler, 1572 - 1630）は，観測データにより惑星の公転運動に対する3つの法則をまとめた．

ケプラーの法則

（1）**惑星の軌道は，太陽を1つの焦点とする楕円である**（ケプラーの第1法則）．

（2）**太陽とある惑星を結ぶ線分は，一定時間に同じ面積を掃過する**（面積速度一定の法則，ケプラーの第2法則）．

（3）**惑星の公転周期の2乗と太陽からの平均距離の3乗との比は，惑星によらず一定である**（ケプラーの第3法則）．

これより，ニュートンの力学を用いて，ケプラーの法則を導いてみよう．以下の議論では，惑星を質量 m の質点，太陽を質量 $M_{\odot}$ の質点と見なす．太陽は惑星に比べてその質量がはるかに大きいので，太陽は座標原点にあり動かないものとする．また，惑星相互の引力は無視している．

ケプラーの第2法則については，以下のように議論を進めることができる．太陽による万有引力は惑星にとって中心力なので，惑星の角運動量は保存する．角運動量の大きさは，原点からの距離 r と速度の動径に垂直な成分 v_ϕ の積に比例する．したがって，ある短い時間間隔において，その前後の位置と原点とで作られる三角形の面積は，**面積速度** $(1/2)rv_\phi$ と時間間隔 Δt の積，すなわち時間間隔と角運動量の積に比例する（図 5.18 左図）．

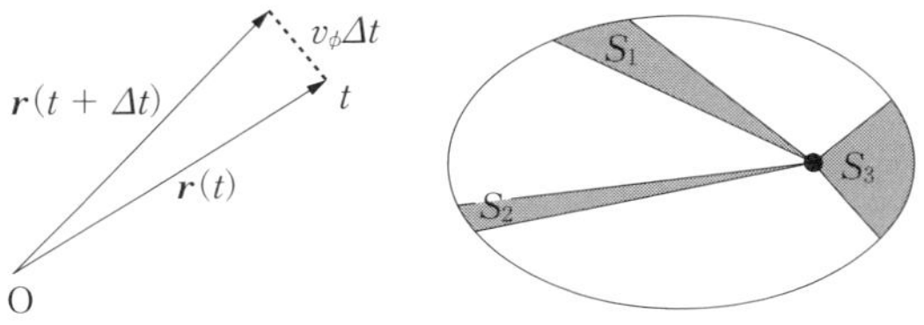

図 5.18 角運動量保存則と面積速度一定の法則

このような細い三角形の面積の和から，次のことがいえる．つまり，ある時刻の惑星の位置，それから一定時間経過した惑星の位置のそれぞれと，太陽の位置（原点）を結んだ 2 つの線分に囲まれた扇状の面積は，時間間隔が同じならばすべて同じ値となる．これがケプラーの第 2 法則である．

図 5.18 の右図では，ある惑星が同一時間内に掃過する面積はすべて等しい $(S_1 = S_2 = S_3)$ ことを表している．

惑星は太陽を含む平面上を軌道運動すると仮定する．このとき，x - y 平面上の極座標系で惑星の運動を考えてみよう．動径方向（今は太陽と惑星を結ぶ線分の方向）に垂直な，すなわち方位角方向の惑星の速度成分は $v_\phi = r\dot{\phi}$ であり，(5.72) で求められたように，惑星の角運動量の大きさは $L_z = mr^2\dot{\phi}$ である．これが一定値であるというのが角運動量保存則である．

運動方程式の動径方向成分はどうなるであろうか．加速度は動径座標 r の 2 階時間微分のみならず，向心加速度も含まれる．5.1 節，5.2 節で向心加速度を考察した．等速運動でないときも，ある瞬間においては向心加速度は等速円運動と同じ形，今の場合，$-r\dot{\phi}^2$ $(= -r(d\phi/dt)^2) = -r\omega^2$，$\omega$ は角速度）をもつ（詳しくは例題 5.19 参照）．これらを考慮すると，惑星の運動方程式の動径成分は

$$m(\ddot{r} - r\dot{\phi}^2) = -\frac{GM_\odot m}{r^2} \tag{5.75}$$

である．ここで $\ddot{r} - r\dot{\phi}^2$ は，動径座標の時間による2階微分と向心加速度の和と解釈できる．デカルト座標系で表してから，位置ベクトル方向成分を取り出してもよい．

例題 5.19

加速度ベクトルの動径成分，およびそれに垂直な方位角成分（それぞれ r 成分，ϕ 成分ともよぶ）を計算で求めなさい．

【解】　デカルト座標と極座標の関係は $x = r\cos\phi$，$y = r\sin\phi$ である．これより速度の x 成分，y 成分は $\dot{x} = \dot{r}\cos\phi - r\dot{\phi}\sin\phi$，$\dot{y} = \dot{r}\sin\phi + r\dot{\phi}\cos\phi$ である．また，加速度の x 成分，y 成分は $\ddot{x} = \ddot{r}\cos\phi - 2\dot{r}\dot{\phi}\sin\phi - r\ddot{\phi}\sin\phi - r\dot{\phi}^2\cos\phi$，$\ddot{y} = \ddot{r}\sin\phi + 2\dot{r}\dot{\phi}\cos\phi + r\ddot{\phi}\cos\phi - r\dot{\phi}^2\sin\phi$ である．

ここで，動径方向の単位ベクトル $\boldsymbol{e}_r = \cos\phi\boldsymbol{e}_x + \sin\phi\boldsymbol{e}_y$，それに垂直な単位ベクトル $\boldsymbol{e}_\phi = -\sin\phi\boldsymbol{e}_x + \cos\phi\boldsymbol{e}_y$ を導入すると，加速度ベクトル $\boldsymbol{a} = \ddot{x}\boldsymbol{e}_x + \ddot{y}\boldsymbol{e}_y = a_r\boldsymbol{e}_r + a_\phi\boldsymbol{e}_\phi$ と表すことができ，ここで $a_r = \ddot{r} - r\dot{\phi}^2$，$a_\phi = r\ddot{\phi} + 2\dot{r}\dot{\phi}$ である．ちなみに，$(d/dt)(r^2\dot{\phi}) = ra_\phi$ である．◆

さて，保存される角運動量の大きさを使うと (5.75) は

$$m\left(\ddot{r} - \frac{h^2}{r^3}\right) = -GM_\odot m\frac{1}{r^2} \tag{5.76}$$

と書きかえられることがわかる．ただし，ここで $h = L_z/m$ とおいた．これに動径座標の1階微分 $\dot{r}$ を掛けて移項すると

$$m\left(\dot{r}\ddot{r} - \dot{r}\frac{h^2}{r^3}\right) + GM_\odot m\frac{\dot{r}}{r^2} = 0 \tag{5.77}$$

となり，これを t で積分すると，

$$\boxed{\frac{1}{2}m\dot{r}^2 + \frac{1}{2}m\frac{h^2}{r^2} - \frac{GM_\odot m}{r} = E} \tag{5.78}$$

を得る．ここで E は定数で，力学的エネルギーを表している．すなわち，左辺第2項までが惑星の運動エネルギーを表している．

実は，運動方程式を経ずにこの式を書き下すこともできた．速度の2乗は，動径方向の成分 v_r の2乗とそれに垂直な v_ϕ の2乗の和であるから，それに角運動量の一定値を代入するだけである．また，万有引力を導くポテンシャルを

求め加えればよい．万有引力のポテンシャル $-GM_{\odot}m/r$ を**ニュートン・ポテンシャル**とよぶ．

例題 5.20

惑星の力学的エネルギー E を極座標系で書き表しなさい．

【解】 力学的エネルギーは運動エネルギー＋ポテンシャルエネルギーである．まず，運動エネルギーを考察すると，$v_x = \dot{x} = \dot{r}\cos\phi - r\dot{\phi}\sin\phi$，$v_y = y = \dot{r}\sin\phi + r\dot{\phi}\cos\phi$ であるので，$K = (1/2)mv^2 = (m/2)(\dot{r}^2 + r^2\dot{\phi}^2)$ である．次にポテンシャルエネルギーを考察すると，万有引力 $\boldsymbol{F}$ は $(d/dr)(-GM_{\odot}m/r) = GM_{\odot}m/r^2$ であることから，$\boldsymbol{F} = -\nabla(-GM_{\odot}m/r)$ と書ける．これらと $h = r^2\dot{\phi}$ であることから (5.78) となる．◆

今や動径座標とその時間微分のみで力学的エネルギー保存が表されているので，(5.78) の第 2，第 3 項をまとめて，以下のように変数 r のみの関数で表されるポテンシャルと見なすことができる．

$$U_{\mathrm{eff}}(r) = \frac{1}{2}m\frac{h^2}{r^2} - \frac{GM_{\odot}m}{r} \tag{5.79}$$

すなわち，

$$\frac{1}{2}m\dot{r}^2 + U_{\mathrm{eff}}(r) = E \tag{5.80}$$

であり，これを動径方向の運動のエネルギーと動径座標についてのポテンシャルと見ることができる．このような $U_{\mathrm{eff}}(r)$ は**有効ポテンシャル**とよばれる（図 5.19 参照）．動径座標 r についての有効ポテンシャル $U_{\mathrm{eff}}(r)$ は，ニュートン・ポテンシャルと，方位角方向の運動エネルギーを角運動量保存則を用いて r

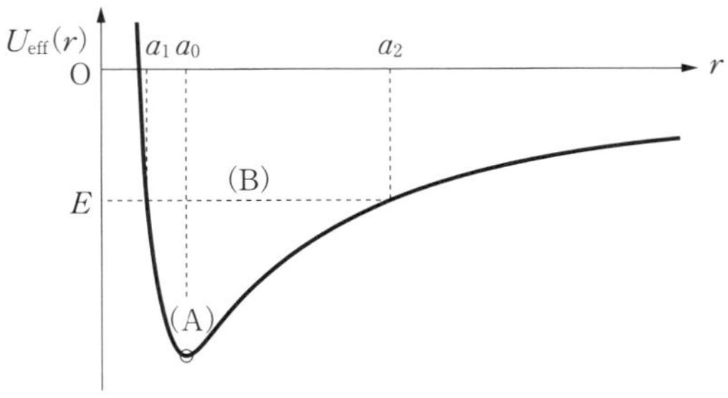

図 5.19 万有引力が作用する質点の有効ポテンシャル

の関数で表したもの，の和となっている．

(5.78) から $E - U_{\mathrm{eff}}(r) \geqq 0$ であるので，運動方程式を解かなくても惑星の動径座標 r の可動範囲がわかる．図 5.19 で（A）は $r = a_0$ が一定値であることから円軌道，(B) は 1 つの楕円軌道を表している．軌道の形については次節で解くが，(5.78) および図 5.19 から，(B)では惑星の中心からの距離に最小値 a_1 と最大値 a_2 があることがわかる．$r = a_1$ は，惑星が最も太陽に近くなる**近日点**の太陽からの距離，$r = a_2$ は，惑星が最も太陽から遠くなる**遠日点**の太陽からの距離を表している．(A), (B)どちらの場合でも，全力学的エネルギー E は負である．ちなみに，力学的エネルギー E が正のときは，無限遠方から来て無限遠方に帰る，ある種の彗星のような双曲線を描く運動になる．

軌道運動を解く前に，まず，惑星軌道が太陽を 1 つの焦点とする楕円であること（ケプラーの第 1 法則）を前提として，ケプラーの第 3 法則を導くことができる．それには有効ポテンシャルを活用すればよい．

惑星が太陽に最も近い点（近日点）と遠い点（遠日点）は，軌道が楕円になることを先に認めてしまう限りは，太陽（原点）を含む 1 直線上に並ぶことになる．すなわち，近日点と遠日点の距離は，楕円の長軸の半径の 2 倍（長軸の直径）である．

太陽と近日点の距離を a_1，太陽と遠日点の距離を a_2 とする．楕円の長軸の半径を**平均半径**と名づけ，a で表すとすると

$$a_1 + a_2 = 2a \tag{5.81}$$

である（図 5.20 参照）．

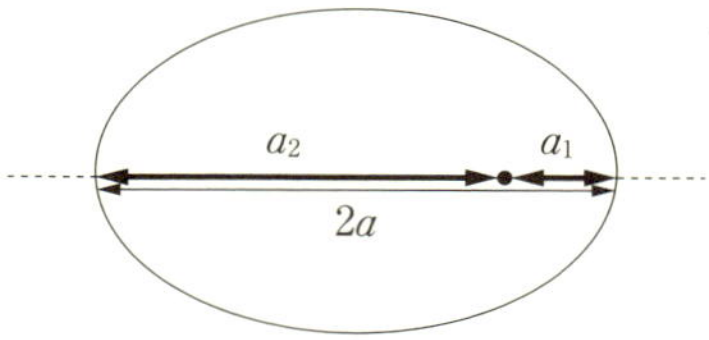

図 5.20　楕円軌道

動径座標 $r(t)$ の方程式 (5.78) において，近日点と遠日点で r は極値となるから導関数 $\dot{r}$ はゼロ，すなわち動径方向速度はゼロである．この場合，(5.78) を書き直すと，

$$|E|\,r^2 - GM_{\odot}mr + \frac{1}{2}mh^2 = 0 \tag{5.82}$$

のような 2 次方程式である（$E < 0$ に注意）．この解が a_1 と a_2 であるから，2 次方程式の解と係数の関係から，

$$a_1 + a_2 = 2a = \frac{GM_{\odot}m}{|E|} \tag{5.83}$$

$$a_1 \cdot a_2 = \frac{mh^2}{2|E|} \tag{5.84}$$

が成り立つ．ここまででは楕円の性質をまだ全部使ってはいない．それは，楕円上の任意の点から2つの焦点への距離をそれぞれ求め，それらを足したものは一定である，という極めて重要な性質である．これを利用して，2つの焦点に端を固定した糸を，鉛筆でピンと張りながら楕円を描くことができる（図5.21参照）．

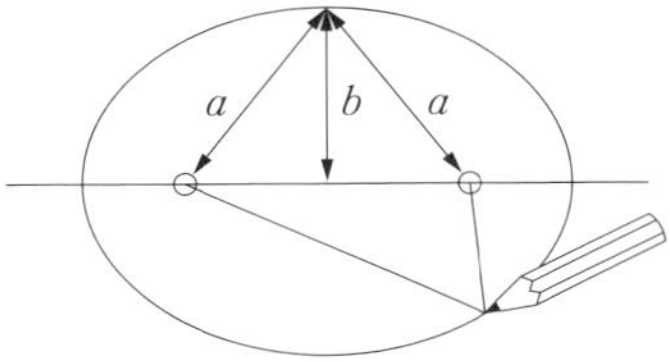

図5.21　楕円の性質

短軸の半径を b とすると，この性質から，

$$b^2 + (a - a_1)^2 = a^2 \tag{5.85}$$

が得られ，結局

$$b^2 = \left(\frac{a_1 + a_2}{2}\right)^2 - \left(\frac{a_2 - a_1}{2}\right)^2 = a_1 \cdot a_2 \tag{5.86}$$

が求められる．

これで軌道の形を仮定し，その特徴的な長さを得ることができた．では，公転周期について考えよう．まず，ケプラーの第2法則から，短い時間間隔 Δt の間に動いた軌道と，太陽を結ぶ2つの動径で囲まれた面積（図5.18参照）は

$$\frac{1}{2}h\Delta t \quad (h = 一定) \tag{5.87}$$

である（Δt の間に惑星が掃過した面積ともいう）．楕円全体の面積は πab で h は定数であることから，1周にかかる時間，すなわち公転周期 T は

$$T = \frac{\pi ab}{(1/2)h} = \frac{2\pi ab}{h} \tag{5.88}$$

で与えられる．

では，公転周期と楕円軌道の大きさの関係式を組み立ててみよう．まず，個々の惑星で異なる m と $|E|$ を消去する．(5.83)，(5.84)，(5.86) から，

$$\frac{a}{b^2} = \frac{GM_\odot}{h^2} \tag{5.89}$$

が導出される．次に，これも各惑星で異なる h を消去しよう．(5.88) と (5.89) から

$$\frac{a^3}{T^2} = \frac{GM_\odot}{4\pi^2} \tag{5.90}$$

を得る．ここで b も消えてしまっているので，各惑星の平均半径の 3 乗と周期の 2 乗が比例していることがわかった．これが，ケプラーの第 3 法則である．

例題 5.21

惑星軌道が円であるとき，ケプラーの第 3 法則を簡潔に導きなさい．なお，実際の太陽系の惑星の軌道は皆，円に近い楕円である．

【解】 円軌道では万有引力のはたらく太陽と惑星の距離は一定なので，惑星にはたらく力の大きさは一定である．すなわち，惑星は一定の大きさの向心加速度を受け，等速円運動をする．質量 m の惑星が一定の軌道半径 a_0 で等速円運動をするとした場合，動径方向の運動方程式は $ma_0\omega^2 = GM_\odot m/a_0{}^2$ である．ただし，ω は公転運動の角速度で一定である．

したがって，$a_0{}^3\omega^2 = GM_\odot$ である．また，周期 $T = 2\pi/\omega$ を用いて書きかえれば $a^3/T^2 = GM_\odot/4\pi^2$ となる．この右辺は惑星の質量 m によらず一定であるから，これはまさにケプラーの第 3 法則を表している．◆

例題 5.22

力学的エネルギー保存を表す式 (5.78) において，$E = 0$，$h = 0$ のときを考える．この場合はどのような運動を表すか答えなさい．ただし，太陽の代わりに質量 M，半径 R の一般の天体を仮定しなさい．

【解】 $h = 0$ であるから，天体中心軸周りの角運動量はゼロ，すなわち天体から鉛直方向に進む質量 m の物体（人工天体）の運動である．また，$E < 0$ であれば可動範囲は有限であるから，天体から彼方遠くまで離れていく運動のうち，最低の力学的エネルギーをもつ場合である．

天体表面でのポテンシャルエネルギーは $U_{\mathrm{eff}}(R) = -GMm/R$ なので，天体表面では $(1/2)mv_2{}^2 = GMm/R$ となるような速さ v_2 をもっている．これを解くと $v_2 =$

$\sqrt{2GM/R} = \sqrt{2gR}$ であり，この初速度の大きさを，この天体からの**脱出速度**とよぶ．特に，天体が地球である場合，この速度を**第 2 宇宙速度**とよぶ．

地球表面からの脱出速度は，重力加速度の大きさ $g = 9.8\,\mathrm{m/s^2}$，$R_\oplus = 6370\,\mathrm{km}$ とすると，約 11.2 km/s である．月面上では $g = 1.62\,\mathrm{m/s^2}$，$R_\mathrm{M} = 1740\,\mathrm{km}$ なので，脱出速度は約 2.37 km/s である．◆

5.6 惑星の軌道

ケプラーの第 1 法則について確かめよう．前に導いた (5.78) を再掲すると

$$\frac{1}{2}m\left(\frac{dr}{dt}\right)^2 + \frac{1}{2}m\frac{h^2}{r^2} - \frac{GM_\odot m}{r} = E \qquad (5.91)$$

であるが，軌道の形について考えるならば，r を時間の関数 $r(t)$ として考えずに角度座標 ϕ の関数 $r(\phi)$ として考えることができれば，軌道の形が求められる．なぜなら，軌道は平面上の座標の関係式として与えられるからである．

まず，

$$\frac{dr}{d\phi} = \frac{dr/dt}{d\phi/dt} = \frac{r^2}{h}\frac{dr}{dt} \qquad (5.92)$$

という関係式に注目する．さらに，変数を r から

$$u = \frac{1}{r} \qquad (5.93)$$

で定める u にかえることを考える．このとき，

$$\frac{du}{d\phi} = \frac{1}{r^2}\frac{dr}{d\phi} = -\frac{1}{h}\frac{dr}{dt} \qquad (5.94)$$

となることに気づけば，(5.91) を

$$\frac{1}{2}m\left(\frac{du}{d\phi}\right)^2 + \frac{1}{2}mu^2 - \frac{GM_\odot m}{h^2}u = \frac{E}{h^2} \qquad (5.95)$$

のように変形できる．さらに，

$$\frac{1}{2}m\left(\frac{du}{d\phi}\right)^2 + \frac{1}{2}m\left(u - \frac{GM_\odot}{h^2}\right)^2 = \frac{E}{h^2} + \frac{G^2{M_\odot}^2 m}{2h^4} \qquad (5.96)$$

というふうに変形すると，この方程式は，単振動のエネルギー (4.3 節 (4.35)) と同じ形になる．ただし今は，u は角度 ϕ の関数である．このとき，解は単振

動の時間変数を角度変数にとりかえた形となる．したがって，(5.96) を満たす解として

$$u - \frac{GM_{\odot}}{h^2} = \sqrt{\frac{2E}{mh^2} + \frac{G^2 {M_{\odot}}^2}{h^4}} \cos\phi \tag{5.97}$$

すなわち

$$\boxed{r = \frac{l}{1 + \varepsilon \cos\phi}} \tag{5.98}$$

の解の形を得る（図 5.22 参照）．ここで，l，ε はそれぞれ

$$l = \frac{h^2}{GM_{\odot}} \tag{5.99}$$

$$\varepsilon = \sqrt{1 + \frac{2Eh^2}{G^2 {M_{\odot}}^2 m}} \tag{5.100}$$

で表される．ε は**離心率**とよばれる無次元量で，この値が楕円のひしゃげ具合を決定する（真円では $\varepsilon = 0$）．

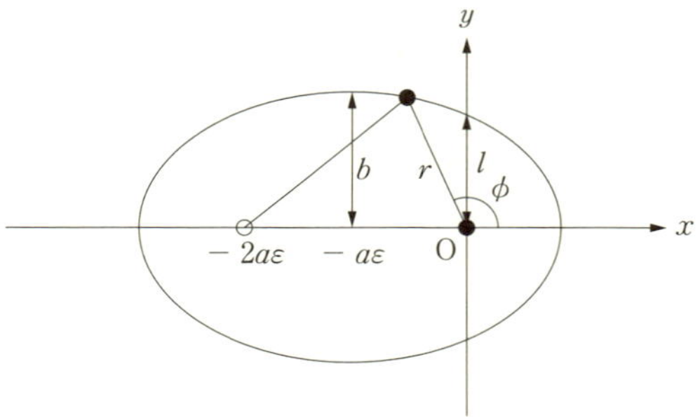

図 5.22　惑星の軌道

また，(5.98) の形は E が正の場合にも適用でき，双曲線などを表すことができる．(5.98) で表される曲線はまとめて**円錐曲線**とよばれる．円錐を平面で切ったところ（すなわち円錐と平面の交わり）に現れる曲線と同じであるため，このようによばれている（図 5.23 参照）．

軌道の形は離心率によって，以下のように異なる．

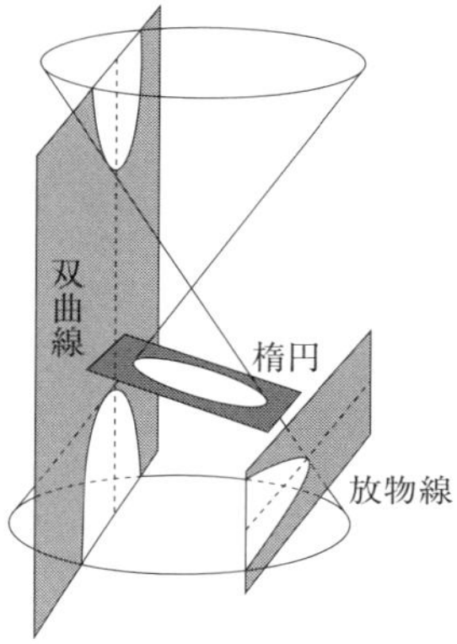

図 5.23 円錐の切断と円錐曲線

$$\left.\begin{array}{lll}\text{円軌道} & : \varepsilon = 0 & \cdots\cdots \quad E = -\dfrac{G^2 M_\odot{}^2 m}{2h^2} \text{の場合} \\ \text{楕円軌道} & : 0 < \varepsilon < 1 & \cdots\cdots \quad E < 0 \text{の場合} \\ \text{放物線軌道} & : \varepsilon = 1 & \cdots\cdots \quad E = 0 \text{の場合} \\ \text{双曲線軌道} & : \varepsilon > 1 & \cdots\cdots \quad E > 0 \text{の場合}\end{array}\right\} \tag{5.101}$$

楕円軌道の場合，離心率を他の長さの次元の量で表すと

$$\varepsilon = \frac{\sqrt{a^2 - b^2}}{a} \tag{5.102}$$

となる．ここで，a は楕円軌道の平均半径または長径（長軸半径），b は短径（短軸半径）である．また，

$$l = a(1 - \varepsilon^2) = b\sqrt{1 - \varepsilon^2} \tag{5.103}$$

である．

例題 5.23

軌道を表す（5.98）を用いて，5.5 節で使った楕円の性質，楕円軌道上の点から各焦点までの距離の和は一定であることを示しなさい．

【解】（5.98）で表される惑星の位置は，デカルト座標系では

$$x = \frac{l\cos\phi}{1 + \varepsilon\cos\phi}, \quad y = \frac{l\sin\phi}{1 + \varepsilon\cos\phi}$$

である．原点（太陽の位置）が楕円軌道の1つの焦点である．もう1つの焦点は図5.22と楕円の対称性から，$x_0 = -2a\varepsilon$，$y_0 = 0$の位置にある．したがって，

$$r + \sqrt{(x - x_0)^2 + y^2} = \frac{l}{1 + \varepsilon\cos\phi} + \left[\left(\frac{l\cos\phi}{1 + \varepsilon\cos\phi} + 2a\varepsilon\right)^2 + \left(\frac{l\sin\phi}{1 + \varepsilon\cos\phi}\right)^2\right]^{1/2}$$
$$= 2a$$

となる．ここで，$l = a(1 - \varepsilon^2)$を用いた．◆

例題 5.24

軌道を表す（5.98）を，原点を太陽の位置としたときのデカルト座標x，yの満たす方程式として表しなさい．

【解】　図5.22からわかるように，楕円の中心は（$-a\varepsilon, 0$）にあるので，方程式は

$$\frac{(x + a\varepsilon)^2}{a^2} + \frac{y^2}{b^2} = 1$$

となる．なお，x，yの2次方程式であることから，円錐曲線は2次曲線ともよばれる．◆

章　末　問　題

【1】　地球は24時間で1回自転するとしたとき，自転の角速度$\omega_\oplus$を求めなさい．**5.1節**　**A**

【2】　木星の公転周期Tを12年とすると，木星の軌道の平均半径a_0はいくらか答えなさい．ただし，地球の軌道の平均半径を1**天文単位**とする．**5.5節**　**A**

【3】　地球を出発した人工天体が，出発時の際に地球から見えた太陽とは反対側の位置で火星に接近し，すぐさま帰ってくる．その運動は太陽の引力のみがはたらく軌道運動とすると，往復何年かかるかを答えなさい．惑星の軌道は円軌道と見なし，

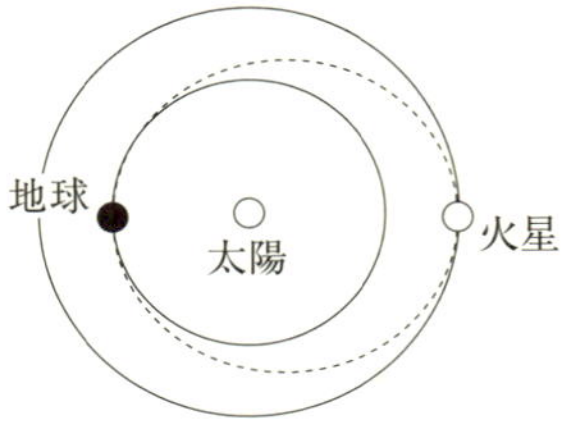

図 5.24　人工天体の軌道（点線）

火星の軌道半径は地球の軌道半径の 1.52 倍とする（図 5.24 参照）. **5.5 節**　**A**

【4】 楕円軌道をもつ彗星があり，太陽と遠日点の距離 a_2 は太陽と近日点の距離 a_1 の 60 倍であるという．近日点における彗星の速さ v_1 と，遠日点における彗星の速さ v_2 の比（v_1/v_2）を求めなさい． **5.5 節**　**A**

【5】 鉛直面内に，半径 R の円軌道部分をもつローラーコースターがある．この円軌道部分へは，同じ面内の長い坂からつながっている．乗り物が初速ゼロで坂を降りて円軌道部分に進入するとき，円軌道部分の最高点を超えるために必要な出発点の最小の高さ h はどれだけか求めなさい． **5.3 節**　**B**

【6】 ガリレイが示した振り子と釘の装置を考える（2.1 節）．糸の長さを l，釘が糸の固定点から真下に d の距離にあるとする．振り子は固定点と同じ高さから放される．d がある長さを超えると，釘に糸がかかった後，釘の周りに円運動する．このようなことが起こる最小の長さを求めなさい． **5.3 節**　**B**

【7】 滑らかな水平面の上で，質量 m の物体が等速円運動している．物体は軽い糸でつながれていて，糸は小さな穴を通り真下に伸びている．以下の問いに答えなさい． **5.4 節**　**B**

(a)　円軌道の半径が r，円運動の角速度が ω のとき，糸の張力の大きさ S，角運動量の大きさ L を求めなさい．

(b)　糸をゆっくりと下へ引っ張り，円軌道の半径を R から R' まで変化させる．糸を引く仕事は質点の運動エネルギーの増加に等しいことを示しなさい．ただし，角運動量はこの過程で保存するものとする（図 5.25 参照）．

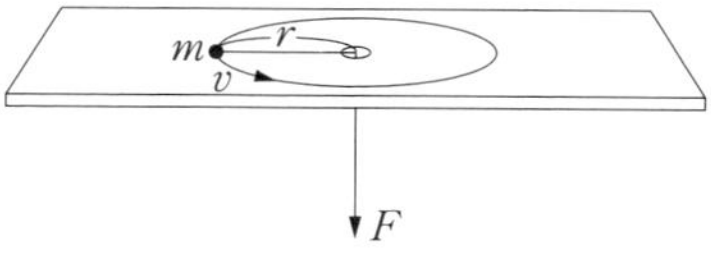

図 5.25　糸でつながれた質点の等速円運動（1）

(c)　糸の先に質量 M のおもりをつけたら，円軌道半径 r_0 でつり合った（図 5.26）．この状態から，おもりを微小量引き下げてから手を放すと微小振動を始める．この振動の周期を求めなさい．

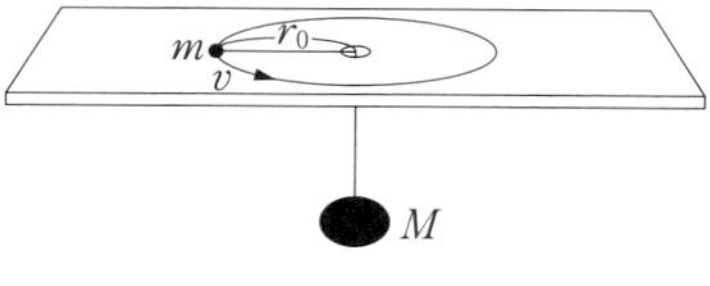

図 5.26　糸でつながれた質点の等速円運動（2）

【8】 以下の問いに答えなさい．ただし，地球の質量 $M_{\oplus} = 5.97 \times 10^{24}$ kg，地球の半径 $R_{\oplus} = 6.37 \times 10^{6}$ m，ニュートンの重力定数 $G = 6.672 \times 10^{-11}$ N・m^2/kg^2 である．簡単にするため，地球の自転は無視してよい．**5.5 節**　**B**

(a)　地球の赤道上空に静止衛星がある．地表からこの衛星までの距離を求めなさい．

(b)　地上から静止衛星を打ち上げるときに必要な初速を求めなさい．

(c)　地上から静止衛星軌道に機材を打ち上げるときに必要な初速を求めなさい．

【9】 質量 M の太陽の周りを質量 m の惑星が運動している（ただし，$m \ll M$ とする）．このとき，**レンツ・ベクトル**（ラプラス－ルンゲ－レンツベクトル）$\boldsymbol{\varepsilon} = \boldsymbol{v} \times \boldsymbol{L}/GMm - \boldsymbol{r}/r$ は時間によらない定ベクトルであることを示しなさい．また，その大きさと向きは何を表しているか答えなさい．**5.6 節**　**C**

【10】 原点を中心としたときに，中心力のはたらく粒子が x－y 平面上の軌道 $x^2/a^2 + y^2/b^2 = 1$（a，b は定数）の上を軌道運動している．この場合に，中心力をもたらすポテンシャルの関数形を求めなさい．**5.6 節**　**C**

6

非慣性系と相対的な運動

【学習目標】

・慣性系と非慣性系の違いを理解する．

・慣性力の性質と非慣性系における力学問題を解けるようになる．

・回転座標系における遠心力とコリオリの力を理解する．

【キーワード】

非慣性系，慣性力，回転座標系，遠心力，コリオリの力

6.1 非慣性系と慣性力

運動の法則は慣性系において成り立つ．運動の第１法則は，「力の作用を受けていない物体が，静止の状態を続けるか等速直線運動を行う」（慣性の法則が成立する）座標系が存在すると主張する．このような慣性の法則，および力学法則が成り立つ座標系が慣性系であり，成り立たない系は**非慣性系**である．ある慣性系に対して等速で運動する系も慣性系である．すなわち，非慣性系とは，慣性系から見て（ゼロでない加速度で）加速度運動をしている運動座標系である．

非慣性系では，力学法則はただ成り立たないということではない．非慣性系においては，慣性力という見かけの力を導入すれば，力学法則が成り立っていると解釈することができる．まずは，簡単な例で見てみよう．

地上で水平に一定の加速度 $\boldsymbol{a}$ で等加速度運動をしている箱の中に，質量 m の質点が軽い丈夫なひもで天井から吊ってある．

箱の外の静止した観測者から見ると，質量 m の質点の運動方程式は

$$m\boldsymbol{a} = \boldsymbol{S} + \boldsymbol{W} \tag{6.1}$$

である．ここで $\boldsymbol{S}$ はひもの張力，$\boldsymbol{W}$ は重力である．質点は箱と同じ等加速度運動をする．図6.1のように，ひもは傾いたままの位置を保つ．等加速度運動をもたらすのは，重力とひもの張力の合力である．

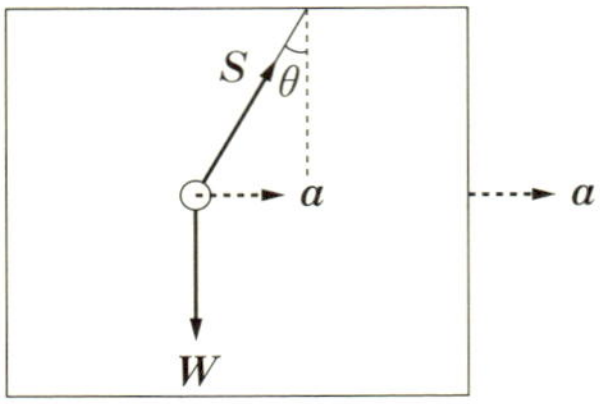

図 6.1　等加速度運動する箱の中に吊されたおもり

しかし箱の中の観測者にとっては，質点は静止している．もちろん，ひもが傾いたままの位置にあるのは誰が見ても同じである．箱の中の観測者が，ニュートンの力学法則を適用できるとすると，この状態を「力のつり合い」と解釈する．箱の中の観測者は自分が慣性系にいると思いこむのである．ひもは傾いているから，当然鉛直下方の重力とひもの張力のみでは，つり合わないことを知っている．そこで，箱の中の観測者は「水平方向に何かの力がはたらいている」と考える．すなわち，図6.2のような解釈である．

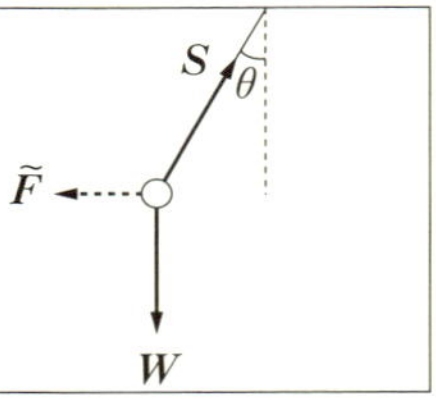

図 6.2　等加速度運動する箱の中（非慣性系）から眺めた図

つまり，

$$\tilde{\boldsymbol{F}} + \boldsymbol{S} + \boldsymbol{W} = \boldsymbol{0} \tag{6.2}$$

となるようなつり合いを作る力 $\tilde{\boldsymbol{F}}$ が質点にはたらいているように考える．

箱の中の観測者と外の観測者の意見をつき合わせれば，この**慣性力**（見かけの力）は，

$$\boxed{\tilde{\boldsymbol{F}} = -m\boldsymbol{a}} \tag{6.3}$$

で表されることがわかる．最も特徴的なことは，慣性力の大きさは必ず物体の質量に比例するということである．

例題 6.1

水平方向に等加速度直線運動している電車内で，物体を吊り下げた糸が鉛直線と角度 θ をなしている．電車の加速度の大きさ a を，重力加速度の大きさ g と θ

を用いて表しなさい．

【解】 $a = g \tan\theta$ ◆

非慣性系における慣性力を活用して，物体の運動を解いてみよう．

傾きの角 θ の滑らかな斜面をもつ質量 M の台が，滑らかで水平な床面上に置かれている．質量 m の物体を斜面上に静かに置く．物体の運動を，台と共に動く観測者によって記述される様子を見てみよう．ただし，物体が台の斜面から浮くことはないと仮定する．

台は図 6.3 のように，斜面となっている面と反対方向に動き出すとしよう．水平方向の加速度の大きさを a とする．図 6.3 では，台にはたらく力のみ描いた．水平にのみ動くから，台にはたらく力の水平成分のみが加速に寄与する．その力の大きさは，斜面の抗力の大きさを N とすると

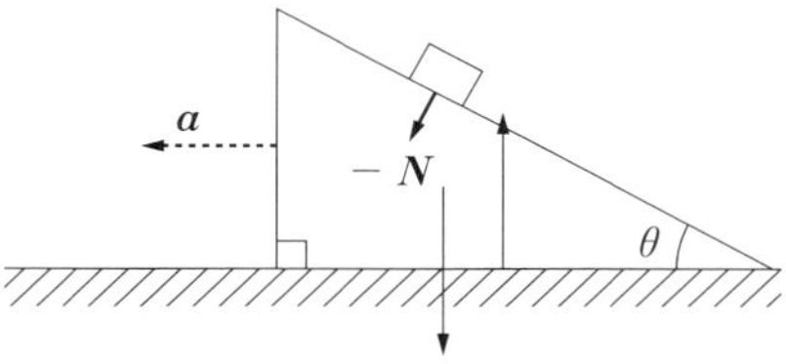

図 6.3 動く台と斜面上の物体

$$N \sin\theta = Ma \tag{6.4}$$

のようになる．

さて，台と共に動く観測者にとって，物体には慣性力がはたらく．その大きさは前の例と同様，

$$\tilde{F} = |\tilde{\boldsymbol{F}}| = m\,|\boldsymbol{a}| = ma \tag{6.5}$$

で与えられる．物体の運動は，台と共に動く観測者から見れば，斜面からの垂直抗力，重力，そしてこの慣性力の合力によって決まる．この 3 つの力の斜面に垂直な成分の和はゼロとなる．したがって，図 6.4 から

$$N + \tilde{F}\sin\theta - W\cos\theta = N + ma\sin\theta - mg\cos\theta = 0 \tag{6.6}$$

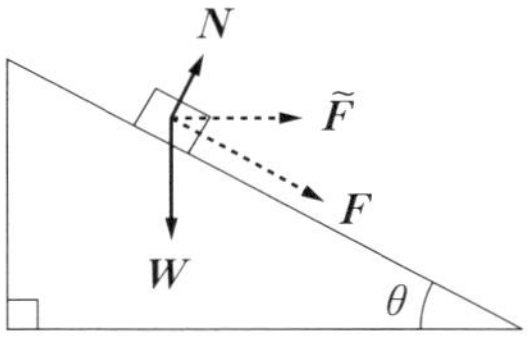

図 6.4 台と共に動く観測者から見た物体にはたらく力

が成り立つことがわかる．このとき台の加速度の大きさ a は，(6.4) と (6.6) から解くことができて

$$a = \frac{g\cos\theta}{\sin\theta + (M/m\sin\theta)} \tag{6.7}$$

となることがわかる．斜面の傾きの角 θ がゼロに近づいても，直角に近づいても，台の加速度の大きさはゼロに近づくことに注意しよう．

例題 6.2

台の加速度の大きさが最大となるのは，斜面の傾きの角 θ がいくらのときか求めなさい．

【解】 (6.7) の右辺を θ で微分すると

$$-g\left(\sin\theta + \frac{M}{m\sin\theta}\right)^{-2}\left(1 + \frac{M}{m} - \frac{M\cos^2\theta}{m\sin^2\theta}\right)$$

である．ゆえに，加速度が最大になるのは

$$\tan^2\theta = \frac{M}{M+m}$$

のときである．◆

台と共に動く非慣性系の観測者から見て，物体にはたらく合力（慣性力を含む）の大きさ F はどうなるであろうか．今度は斜面の方向の成分を取り出すと，結局，

$$\begin{aligned} F &= \tilde{F}\cos\theta + W\sin\theta = ma\cos\theta + mg\sin\theta \\ &= \frac{mg\cos^2\theta}{\sin\theta + (M/m\sin\theta)} + mg\sin\theta = \frac{mg(1+M/m)}{\sin\theta + (M/m\sin\theta)} \end{aligned} \tag{6.8}$$

のようになることがわかる．台と共に動く観測者から見た物体の加速度の大きさは，これを質量 m で割れば求められる．斜面の傾きの角 θ がゼロに近づくと，この非慣性系における物体の加速度はゼロに近づく．また，傾きの角が直角 ($\theta = \pi/2$) に近づくと，この非慣性系における物体の加速度の大きさは，重力加速度の大きさに近づくことがわかる．

6.2 並進の相対運動と座標変換

観測者はそれぞれ座標系を考える．それらの座標は座標変換によって結びつく．慣性系Sにおける点Pの座標を (x, y, z)，座標系S′では点Pの座標が (X, Y, Z) であったとする．

まず例として，S′系がS系から見て x 軸方向に速さ V で等速直線運動している場合を考える．これは，2.3節ですでに見たように，S′系も慣性系となる例である．このとき，座標変換は

$$X = x - Vt, \qquad Y = y, \qquad Z = z \tag{6.9}$$

で与えられる．

このような，ある慣性系に対して，原点と軸が時間の経過と共に平行移動していく場合を，座標系の並進または並進運動とよぶ．(6.9) で表されるような例は並進の特殊な場合である．では，次のような例を考えてみよう．S′系の原点が慣性座標系Sから見て $x = \xi(t)$ のように時間変化する場合である．そのとき，点Pの両座標系における座標の関係，すなわち座標変換は

$$X = x - \xi(t), \qquad Y = y, \qquad Z = z \tag{6.10}$$

で表される．このとき，運動方程式はどのように変換されるだろうか．ここで，点Pが質点の位置を表すとする．このとき質量 m の質点の運動方程式は，慣性系Sでは

$$F_x = m\frac{d^2x}{dt^2}, \qquad F_y = m\frac{d^2y}{dt^2}, \qquad F_z = m\frac{d^2z}{dt^2} \tag{6.11}$$

で表される．ここで，F_x，F_y，F_z は質点にはたらく外力の x，y，z 成分である．(6.10) を用いて，S′系の座標で運動方程式を書き直すと

$$F_x = m\frac{d^2X}{dt^2} + m\frac{d^2\xi}{dt^2}, \qquad F_y = m\frac{d^2Y}{dt^2}, \qquad F_z = m\frac{d^2Z}{dt^2} \tag{6.12}$$

となる．ただし，力の各成分は変換の下で不変であると仮定した．(6.12) の第1式を変形すると

$$F_x - m\frac{d^2\xi}{dt^2} = m\frac{d^2X}{dt^2} \tag{6.13}$$

となる．右辺は，S′系の観測者にとっての質点の加速度に，質点の質量を掛けたものである．S′系の観測者が運動法則の成立を主張するとき，(6.13)の左辺は質点にはたらく外力である．ここでは，つけ加わる $-m(d^2\xi/dt^2)$ が慣性力である．慣性力は質点の質量に比例し，観測者の慣性系Sに対する加速度の大きさにも比例するが，向きは逆向きである．

例題 6.3

一般の座標系の並進について考えよう．ある質量 m の質点の位置は，慣性系Sにおいては $\boldsymbol{r}=(x,y,z)$，並進座標系S′においては $\boldsymbol{R}=(X,Y,Z)$ であったとする．S′系の原点がS系ではベクトル $\xi(t)$ となるような並進運動であるとき，座標変換およびS′系で質点にはたらく慣性力を求めなさい．

【解】 座標変換は $\boldsymbol{R}=\boldsymbol{r}-\xi(t)$ である．慣性系Sにおける運動方程式は $\boldsymbol{F}=m\times d^2\boldsymbol{r}/dt^2$ であるから，S′系では

$$\boldsymbol{F}-m\frac{d^2\xi}{dt^2}=m\frac{d^2\boldsymbol{R}}{dt^2}$$

である．ただし外力 $\boldsymbol{F}$ は座標変換の下で不変であると仮定した．したがって，慣性力は

$$-m\frac{d^2\xi}{dt^2}$$

で表される．◆

6.3 重力と等加速度座標系

慣性力は，そのはたらく物体の質量に比例する．地球上の重力も物体の質量に比例する．この類似性を利用して，重力を見かけ上打ち消すことができる．

通常，鉛直下方向にはたらいている重力を打ち消す慣性力を上向きに生み出すには，鉛直下方に正の加速度をもった運動が必要である．重力を打ち消すためには，その加速度の大きさをちょうど重力加速度の大きさと同じにすればよい．すなわち，自由落下していればよい．

自由落下している箱の中では，リンゴのような物体も同様に自由落下する(図6.5)．箱の中のリンゴが宙に浮いていれば，そのままの状態でいる．重力

を慣性力が打ち消す（重力と慣性力がつり合う）ことになるが，箱の外が見えない観測者にとっては，箱の中では**無重力状態**（無重量状態）という認識になる．人工衛星なども，向心加速度をもち，つまりは地球に向かって落下し続けているわけで，そのためその内部では無重力状態となっている．

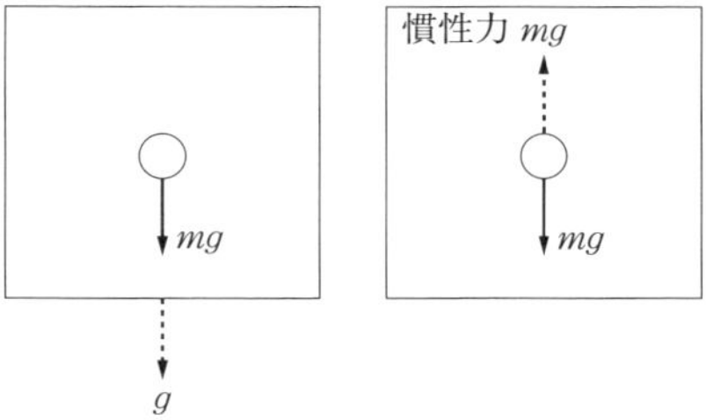

図 6.5　自由落下する箱：箱の外からの観測（左図）と箱の中の観測者の解釈（右図）

樹になっているリンゴにめがけて（すなわち，発射点から見たリンゴの位置の方向と初速度の方向を一致させて）ライフルから銃弾を発射する．発射と同時にリンゴは枝から離れて自由落下したとする．このとき，銃弾はリンゴに当たるだろうか？（図 6.6）

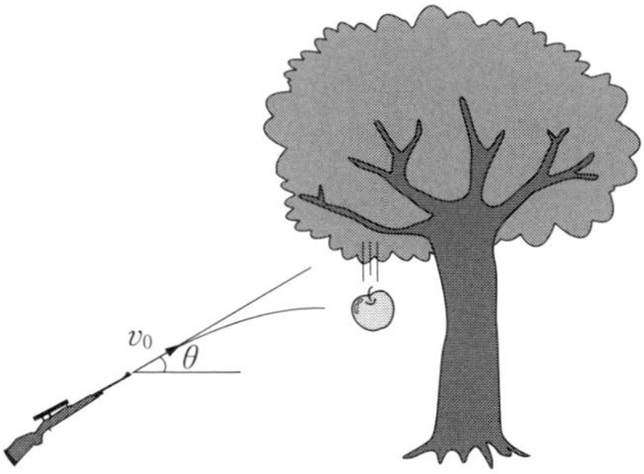

図 6.6　リンゴの射的

リンゴと同じように自由落下する観測者を仮定する．つまり，この観測者はリンゴと同じ非慣性系にいる．この観測者にとっては，リンゴも銃弾も無重力状態にいるのと同じである．したがって発射された銃弾は最初のねらい通り，等速直線運動をしリンゴは静止したままに見える．これは命中する．

もちろん，普通にリンゴの自由落下運動と銃弾の放物運動を，共に式で表して解いてもたいして難しくはない．

例題 6.4

広い水平な地面の1点を銃弾の発射点とし，そこから見たリンゴの位置の方向と初速度の方向を一致させる．銃弾の初速を v_0 とする．時刻 $t=0$ でリンゴは発射点から水平距離 l，高さ h の位置にある．$t=0$ で銃弾は発射されて，同時にリンゴは自由落下を始めたとする．いかなる条件で，リンゴに銃弾が当たらないか答えなさい．

【解】　発射角を θ とすると，$\tan\theta = h/l$ である．時刻 t における銃弾の位置は $x = v_0\cos\theta t$，$y = v_0\sin\theta t - (1/2)\,gt^2$ である．時刻 t におけるリンゴの位置は，$x = l$，$y = h - (1/2)\,gt^2$ である．ただし，地面が平坦なので，$0 < t < \sqrt{2h/g}$ でなければならない．

ここで，$(v_0\cos\theta)t = l$，$(v_0\sin\theta)t - (1/2)\,gt^2 = h - (1/2)\,gt^2$ を解くと，時刻

$$t_1 = \frac{l}{v_0\cos\theta} = \frac{h}{v_0\sin\theta}$$

でリンゴと銃弾はぶつかるが，$t_1 > \sqrt{(2h/g)}$ のときは，銃弾はすでに地面に落下していてリンゴにぶつからないことになる．銃弾に当たらない条件は，

$$\frac{l}{v_0\cos\theta} > \sqrt{\frac{2h}{g}}$$

すなわち

$$v_0{}^2 < \frac{gl^2}{2h\cos^2\theta} = \frac{g\,(l^2+h^2)}{2h}$$

である．つまり，リンゴは $t=0$ のとき円

$$x^2 + \left(y - \frac{v_0{}^2}{g}\right)^2 = \left(\frac{v_0{}^2}{g}\right)^2$$

より外側にあれば当たらない．◆

6.4　回転している系における遠心力

遠心力という言葉は日常でもよく聞く単語の1つで，最もなじみのある慣性力であろう．一定の角速度 ω で回転する水平な円板を考えよう．回転軸から r の距離の点Pに，質量 m の質点が円板に対して静止しているとする．

この回転円板を外から眺める，慣性系にいる観測者は「半径 r の円周上を，質量 m の質点が角速度 ω で等速円運動をしている」と見る（図 6.7）．質点と

共に回る円板上の観測者は加速度運動をしているから，非慣性系にあることになる．

さて，質点と共に回る観測者は，どんな慣性力を観測するであろうか．慣性系から見れば，質点は向心力のはたらきで等速円運動をしている．その向心力の大きさは

$$F = mr\omega^2 \tag{6.14}$$

である．これは，円板から質点が受けている力（接着力あるいは摩擦力）である．円板上の観測者から見ると，質点は円板表面から(6.14)の向心力を受けているにもかかわらず，「円板上で静止している」と捉えるであろう．円板上の観測者が，自分が慣性系にいないと気がついてしまえばよいのだが，自らの系では慣性系と同様に力学法則が成り立つと思っているとすれば，中心と逆方向に向心力と同じ大きさ

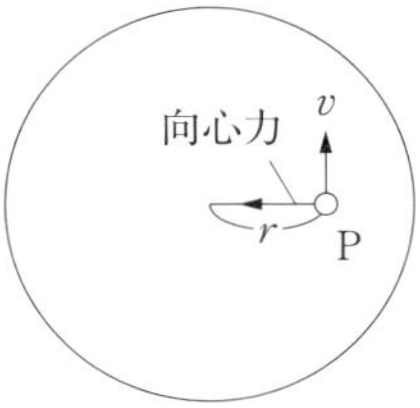

図 6.7 回転テーブルの外から見た質点の運動

$$\boxed{\tilde{F} = mr\omega^2} \tag{6.15}$$

の力が追加されていると思わなければならない（図 6.8）．これが，見かけの力の１つである**遠心力**の正体である．

以前に5.3節で見た円錐振り子の場合も，振り子と同じ周期で回っている観測者から見れば，おもりは静止している．このとき，糸の張力，重力，そして遠心力のつり合い状態と見なすことになる．

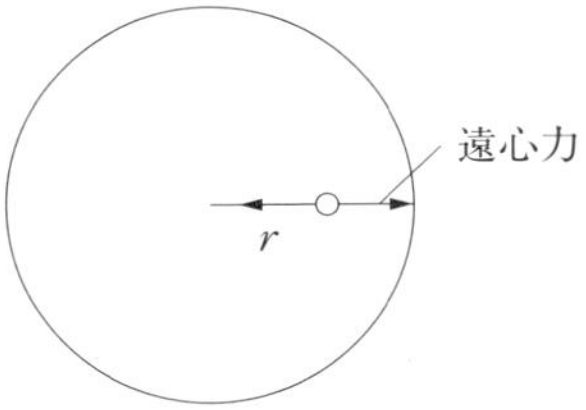

図 6.8 回転円板に乗っている観測者から見た質点

例題 6.5

上記の角速度 ω で回転している円板上の質点は，静止摩擦力によって板上の点に止まっているとする．その静止摩擦係数を μ とするとき，質点の回転中心からの距離 r の最大値を求めなさい．

【解】 遠心力（大きさ $\tilde{F}$）と静止摩擦力（大きさ f）がつり合っているので，$\tilde{F} = mr\omega^2 = f$ が成り立つ．$f \leqq \mu mg$ であるから，$r \leqq \mu g/\omega^2$ である．◆

例題 6.6

円錐振り子（5.3 節）の場合に，振り子と同じ周期で回っている観測者の視点で図を書いてみなさい．

【解】 図 6.9 のようになる．

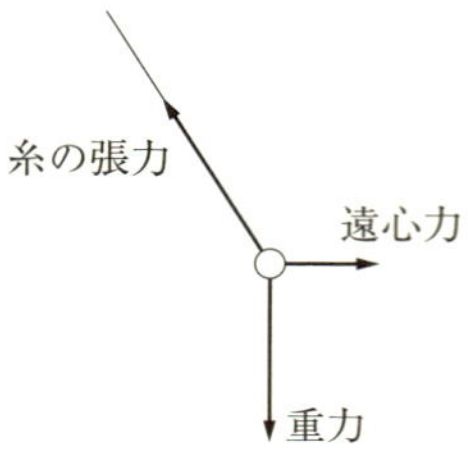

図 6.9　円錐振り子

◆

例題 6.7

半径 a の円輪の上に，質量 m の小さいビーズが滑らかに束縛されている．円輪の 1 つの直径を鉛直に固定した軸とし，その周りに円輪を一定の角速度 ω で回転させる．ビーズが円輪に対して静止しているとき，ビーズの位置を求めなさい．

【解】 最下点からの角度を θ とすると，ビーズの軸からの距離は $r = a\sin\theta$ である．ビーズはこれを半径とした等速円運動をする．

輪と一緒に回転している観測者にとって，ビーズは遠心力 $\tilde{F} = m(a\sin\theta)\omega^2$ を水平方向に受けている．また，鉛直下方に重力 $W = mg$ を受けている．摩擦がないので，輪から受ける力は輪の中心を向いた方向の抗力 N のみである．この 3 つの力がつり合っている場合は，$\tilde{F} = m(a\sin\theta)\ \omega^2 = mg\tan\theta$（および $N = mg / \cos\theta$）の関係が成り立つ（図 6.10 参照）．したがって平衡の位置にあるとき，つまりビーズが輪の同じ位置にとどまっているときは，$\cos\theta_0 = g/a\omega^2$ を満たす角度 θ_0 で与えられる位置にある．ただし，これは $0 \leqq \cos\theta_0 \leqq 1$ より $a\omega^2 > g$ の場合にのみ実現する．◆

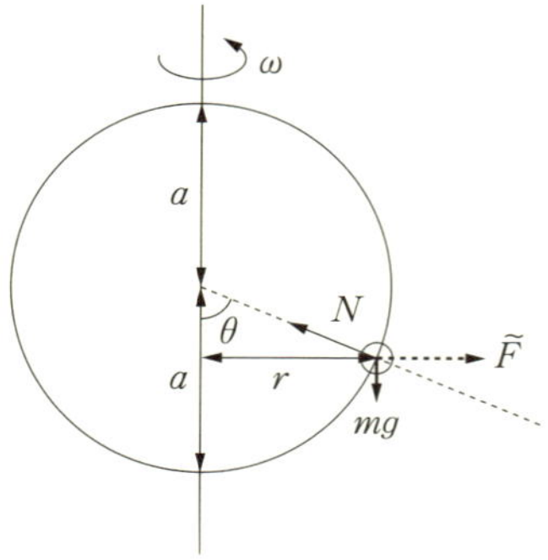

図 6.10　回転する輪に沿って運動できるビーズ

6.5 回転している系におけるコリオリの力

慣性系Sにおいて角速度 ω で回転している円板がある．その上に質量 m の質点が止まっている．その位置が $\boldsymbol{r}'$ で表されるとすると，慣性系Sから見た速度 $\boldsymbol{V}$ は

$$\boldsymbol{V} = \boldsymbol{\omega} \times \boldsymbol{r}' \tag{6.16}$$

である．ただし，$\boldsymbol{\omega}$ は板の回転の角速度ベクトルである．次に，板の上で速度 $\boldsymbol{v}'$ で粒子が動くとする．つまり，これは板上の観測者の非慣性座標系S′で見た速度である．慣性系Sから見れば，粒子の速度は

$$\boldsymbol{v} = \frac{d\boldsymbol{r}'}{dt} = \boldsymbol{v}' + \boldsymbol{V} = \left(\frac{d\boldsymbol{r}'}{dt}\right)' + \boldsymbol{\omega} \times \boldsymbol{r}' \tag{6.17}$$

となる．ここで，$(d/dt)'$ はS′系における成分を時間微分していることに注意しよう．このことから非慣性系S′から見た量については，その時間微分を

$$\frac{d}{dt} \ \rightarrow \ \left(\frac{d}{dt}\right)' + \boldsymbol{\omega} \times \tag{6.18}$$

でおきかえればよいことがわかる．以上のことの詳細な説明は次節で行う．

慣性系から見た質点の加速度は，このルールにより，

$$\begin{aligned}
\boldsymbol{a} &= \frac{d\boldsymbol{v}}{dt} = \frac{d}{dt}(\boldsymbol{v}' + \boldsymbol{\omega} \times \boldsymbol{r}') \\
&= \left[\left(\frac{d\boldsymbol{v}'}{dt}\right)' + \boldsymbol{\omega} \times \boldsymbol{v}'\right] + \frac{d\boldsymbol{\omega}}{dt} \times \boldsymbol{r}' + \boldsymbol{\omega} \times \left[\left(\frac{d\boldsymbol{r}'}{dt}\right)' + \boldsymbol{\omega} \times \boldsymbol{r}'\right] \\
&= \boldsymbol{a}' + \boldsymbol{\omega} \times \boldsymbol{v}' + \frac{d\boldsymbol{\omega}}{dt} \times \boldsymbol{r}' + \boldsymbol{\omega} \times \boldsymbol{v}' + \boldsymbol{\omega} \times (\boldsymbol{\omega} \times \boldsymbol{r}') \\
&= \boldsymbol{a}' + \frac{d\boldsymbol{\omega}}{dt} \times \boldsymbol{r}' + 2\boldsymbol{\omega} \times \boldsymbol{v}' + \boldsymbol{\omega} \times (\boldsymbol{\omega} \times \boldsymbol{r}')
\end{aligned} \tag{6.19}$$

となる．ただし，ここでS′系における速度は $\boldsymbol{v}' = (d\boldsymbol{r}'/dt)'$，S′系における加速度は $\boldsymbol{a}' = (d\boldsymbol{v}'/dt)'$ である．さらに，公式

$$\boldsymbol{\omega} \times (\boldsymbol{\omega} \times \boldsymbol{r}') = -\omega^2 \boldsymbol{\xi} \tag{6.20}$$

を使うと（図6.11に示すように，ξ は円板上の回転中心を原点とした質点の位置ベクトル），

$$\boldsymbol{a} = \boldsymbol{a}' + \frac{d\boldsymbol{\omega}}{dt} \times \boldsymbol{r}' + 2\boldsymbol{\omega} \times \boldsymbol{v}' - \omega^2 \boldsymbol{\xi} \tag{6.21}$$

を得る．運動方程式

$$\boldsymbol{F} = m\boldsymbol{a} = m\boldsymbol{a}' + m\frac{d\boldsymbol{\omega}}{dt} \times \boldsymbol{r}' + 2m\boldsymbol{\omega} \times \boldsymbol{v}' - m\omega^2\boldsymbol{\xi} \qquad (6.22)$$

は，回転板の外の慣性系 S において成り立っている．板の上での質点の加速度 $\boldsymbol{a}'$ を取り出して書き直してみると，

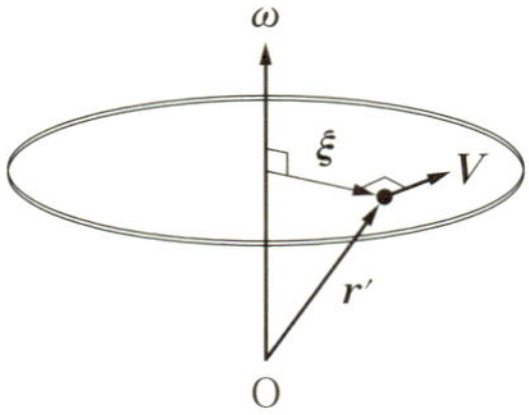

図 6.11　回転する円板の上の質点

$$m\boldsymbol{a}' = \boldsymbol{F} - m\frac{d\boldsymbol{\omega}}{dt} \times \boldsymbol{r}' - 2m\boldsymbol{\omega} \times \boldsymbol{v}' + m\omega^2\boldsymbol{\xi} \qquad (6.23)$$

となる．これは板の上の S′ 系における質点の運動方程式である．これを，運動の法則が成り立っていると解釈するならば，右辺にあるものは力であるということになる．そのため，(6.23) 右辺にある外力 $\boldsymbol{F}$ 以外の追加された項は慣性力（または見かけの力）を表すということになる．慣性力の大きさは必ず物体の質量に比例する．

$\boldsymbol{v}' \neq 0$ のとき，非慣性系における速度 $\boldsymbol{v}'$ に依存する慣性力

$$\boxed{\tilde{\boldsymbol{F}} = -2m\boldsymbol{\omega} \times \boldsymbol{v}'} \qquad (6.24)$$

はコリオリ（G. G. Coriolis, 1792 - 1843）によって提唱されたため，**コリオリの力**とよばれる．地球回転によるコリオリの力は，北半球では粒子の進行方向

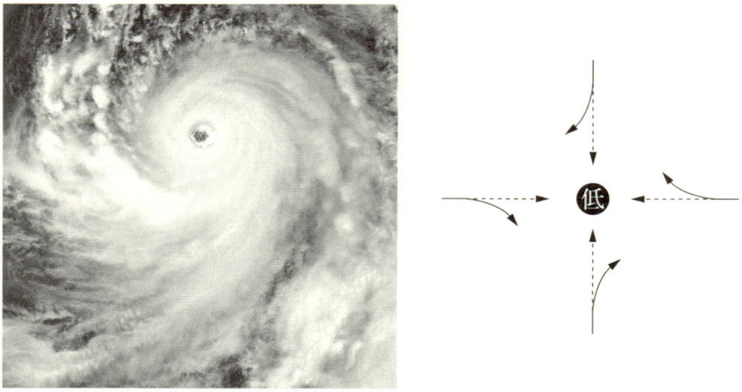

図 6.12　低気圧に流れ込む空気のかたまりの運動（北半球）（Wikipedia より）

の右向きにはたらく．北半球では，低気圧中心に向かう空気のかたまりはコリオリの力のため右方にそれる．そのため，左巻きの雲の渦ができる（図 6.12）．

コリオリの力の直観的説明を試みる．角速度 ω で，上から見て反時計回りに回っている円板の上，中心から r の距離の位置に物体がある．この物体が中心に向かって運動するものとし，ある瞬間に中心向きの速度 v' をもつとしよう（図 6.13 参照）．

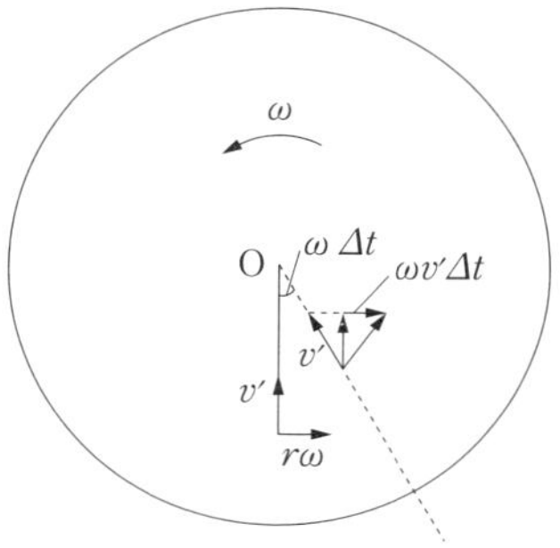

図 6.13 コリオリの力の直観的説明

静止している慣性系の観測者から見ると，最初に物体は回転方向（動径方向と垂直）に $r\omega$ の速さをもっている．Δt の時間経過の後，中心から $r - v'\Delta t$ まで近づくが，ここでの円板上の点は $(r - v'\Delta t)\omega$ の速さをもっている．物体の慣性により物体は最初の回転方向の速さをもったままなので，物体と円板との相対的な回転方向の速さは $\omega v'\Delta t$ となる．さらに，中心方向を向いたベクトルは Δt の時間経過の後，角度で $\omega\,\Delta t$ 回転した位置から見ると相対的に $v'\omega\,\Delta t$ だけ動径方向からずれる．これは，円板が回転したためである．以上の 2 つの効果から，円板上の物体には，進行方向右側のほうに，見かけの加速度 $2\omega v'$ が生じる．

逆に，中心から外向きに動くときも進行方向右側のほうに見かけの加速度が現れる．どちらの方向に進んでも同じように進行方向から右方向にはたらく慣性力が現れる．これがコリオリの力の起源である．円板が時計回りに回るときは，逆に進行方向左向きに生じる．

例題 6.8

角速度 ω で，上から見て反時計回りに回っている円板上の中心から r の距離の位置に質量 m の物体がある．この物体が回転方向と逆向き，半径に垂直方向に，円板に対して速さ $v' = r\omega$ で運動する．どのような慣性力がはたらいているか答えなさい．

【解】 静止している慣性系の観測者から見ると，物体は静止している．すなわち，物体にはたらく外力はゼロである．円板上の非慣性系の観測者から見ると，物体は速さ v' で時計回りに等速円運動している．円板上の非慣性系では，中心から外向きの遠心力 $mr\omega^2$ と進行方向右向き，すなわち，この場合中心方向にコリオリの力 $2m\omega v' = 2mr\omega^2$ がはたらいている．この合力が向心力 $mr\omega^2$ となり，半径 r，角速度 ω の等速円運動をもたらしていることになる．◆

フーコー（J. B. L. Foucault, 1819 - 1868）は，地球の自転の証拠となる振り子を使った実験を行ったことで知られる．この**フーコー振り子**として知られる振り子では，地球の回転と共におもりの振れる面（振動面）が回転する（図 6.14）．北極や南極に置いた場合には，振り子の振動面が慣性系に対して不変で地球が回転しているだけである，と思えば理解できる．

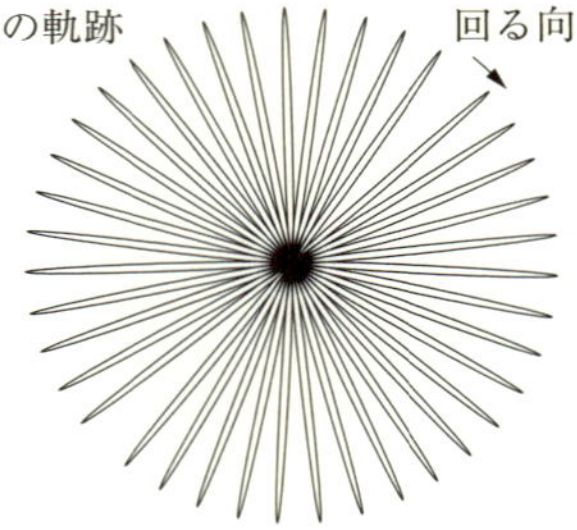

図 6.14　フーコー振り子の振動面の回転（北半球）

例題 6.9

フーコー振り子の振舞をコリオリの力を使って説明しなさい．

【解】 近似的に地球を球体と見なす．また，重力は遠心力を含んでいると考えるが，球の中心を向くものと近似する．ここで，北緯 α の地点を考える．地面に x - y 平面をとる．ただし，x 軸が南を指す方向にとる．鉛直上方に z 軸をとる．したがって，y 軸は東の方向を向く．この系（非慣性系）で，角速度ベクトル $\boldsymbol{\omega}$ は $(-\omega\cos\alpha, 0, \omega\sin\alpha)$ である．$(0, 0, l)$ の位置に長さ l の糸の一端を固定し，糸の反対側に質量 m のおもりをつけて振り子とする．糸の張力を S とする．質量 m のおもりの運動方程式は，

$$m\frac{d^2x}{dt^2} = -S\frac{x}{l} + 2m\omega\frac{dy}{dt}\sin\alpha$$

$$m\frac{d^2y}{dt^2} = -S\frac{y}{l} - 2m\omega\left(\frac{dx}{dt}\sin\alpha + \frac{dz}{dt}\cos\alpha\right)$$

$$m\frac{d^2z}{dt^2} = -S\frac{z-l}{l} - mg + 2m\omega\frac{dy}{dt}\cos\alpha$$

となる．z とその変化は小さいので近似的に $S = mg$，したがって，連立微分方程式

$$\frac{d^2x}{dt^2} = -g\frac{x}{l} + 2\omega\frac{dy}{dt}\sin\alpha, \qquad \frac{d^2y}{dt^2} = -g\frac{y}{l} - 2\omega\frac{dx}{dt}\sin\alpha$$

が得られる．ω の効果は小さいので，次のように考える．コリオリの力がなければ

$$x = A\cos\sqrt{\frac{g}{l}}\,t,\ \ y = B\cos\sqrt{\frac{g}{l}}\,t$$

のように，単一平面内で運動する．なお，A，B は定数である．ここで，

$$x = A(t)\cos\sqrt{\frac{g}{l}}\,t,\ \ y = B(t)\cos\sqrt{\frac{g}{l}}\,t$$

と仮定し，連立微分方程式に入れてみる．A，B の時間的変化は振り子の振動よりもずっと遅いとすると，

$$\frac{dA}{dt} = (\omega\sin\alpha)B,\ \ \frac{dB}{dt} = -(\omega\sin\alpha)A$$

が導かれる．$C = A + iB$ とすると $dC/dt = -i(\omega\sin\alpha)C$，これより

$$C = C(0)\exp[-i(\omega\sin\alpha)t]$$

となる．よって，振動面は（北半球では）上から見て時計回りに変化していく．

コリオリの力の性質を使って説明するならば，北半球ならば進行方向右側に力を受けるので，上から見て時計回りに振動面が変わっていくということである．◆

6.6 回転の相対運動と座標変換

慣性系に対して回転する**回転座標系**の，固定座標系への変換を時間微分操作で考えてみよう．慣性系に x - y 座標が固定されている．この原点 O を回転の中心とした回転板があるとする．この板の上に，回転座標系（非慣性系）の X - Y 座標軸をとる．原点は両座標で共通である（図 6.15）．

図 6.15 において，時刻 $t = 0$ で x 軸と X 軸，y 軸と Y 軸は一致しているとし，回転板は反時計回りに，一定の角速度 ω で回転するものとする．このとき，回転板上の座標系 S′ で (X, Y) にある点の座標が，固定された慣性系 S の座標では (x, y) で表されるとすれば，2 つの座標の間の関係は，

$$x = X\cos\omega t - Y\sin\omega t \tag{6.25}$$

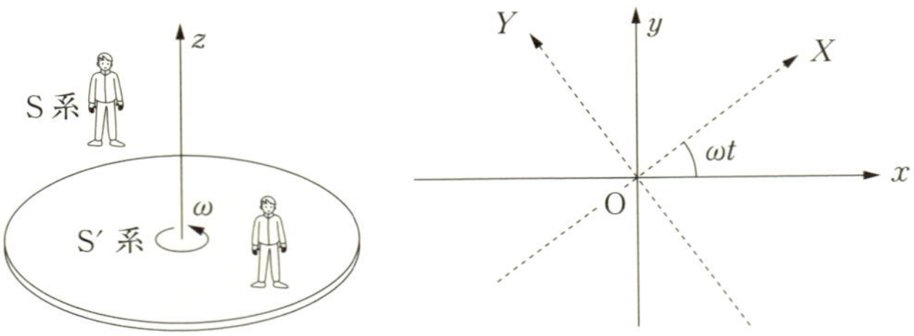

図 6.15　回転座標系

$$y = X\sin\omega t + Y\cos\omega t \tag{6.26}$$

となる．t で微分すると（ここでは，時間微分についてニュートンの記法を用いる）

$$\dot{x} = (\dot{X} - \omega Y)\cos\omega t - (\dot{Y} + \omega X)\sin\omega t \tag{6.27}$$

$$\dot{y} = (\dot{X} - \omega Y)\sin\omega t + (\dot{Y} + \omega X)\cos\omega t \tag{6.28}$$

となる．さらに，もう 1 回微分すると

$$\ddot{x} = (\ddot{X} - \omega^2 X - 2\omega\dot{Y})\cos\omega t - (\ddot{Y} - \omega^2 Y + 2\omega\dot{X})\sin\omega t \tag{6.29}$$

$$\ddot{y} = (\ddot{X} - \omega^2 X - 2\omega\dot{Y})\sin\omega t + (\ddot{Y} - \omega^2 Y + 2\omega\dot{X})\cos\omega t \tag{6.30}$$

を得る．

簡単のため，ここからは外力のはたらいていない場合で話を進める．固定座標系 S は慣性系を表しているので，質点の運動方程式は，

$$\ddot{x} = 0 \tag{6.31}$$

$$\ddot{y} = 0 \tag{6.32}$$

である．ところが，(6.29)（6.30）により，回転座標系 S′ では

$$\ddot{X} - \omega^2 X - 2\omega\dot{Y} = 0 \tag{6.33}$$

$$\ddot{Y} - \omega^2 Y + 2\omega\dot{X} = 0 \tag{6.34}$$

であることがわかる．

これを

$$m\ddot{X} = m\omega^2 X + 2m\omega\dot{Y} \tag{6.35}$$

$$m\ddot{Y} = m\omega^2 Y - 2m\omega\dot{X} \tag{6.36}$$

のように書きかえる．この座標系でも運動方程式が成り立つと思えば，右辺は質点にはたらく力の X，Y 成分と見なすことになる．ただし，質点の質量を m とした．右辺第1項は遠心力，第2項はコリオリの力を表している．回転板上の座標系は慣性系でないから，運動方程式はその非慣性系では成り立たない．あくまでその非慣性系における観測者が，慣性系と同様な運動方程式が成り立つことを主張する結果として，慣性力がはたらくと解釈する．

例題 6.10

回転板上の基底ベクトル $\boldsymbol{e}_X$，$\boldsymbol{e}_Y$ は，

$$\boldsymbol{e}_X = \cos\phi\,\boldsymbol{e}_x + \sin\phi\,\boldsymbol{e}_y \quad \text{および} \quad \boldsymbol{e}_Y = -\sin\phi\,\boldsymbol{e}_x + \cos\phi\,\boldsymbol{e}_y$$

で表される．(6.25)，(6.26) では $\phi = \omega t$ が対応する．点 P の位置ベクトル $\boldsymbol{r}$ は，$\boldsymbol{r} = x\boldsymbol{e}_x + y\boldsymbol{e}_y = X\boldsymbol{e}_X + Y\boldsymbol{e}_Y$ のように表される．これらのことから，(6.29)，(6.30) の座標変換を導きなさい．

【解】 $\dot{\boldsymbol{e}}_X = -\dot{\phi}\sin\phi\,\boldsymbol{e}_x + \dot{\phi}\cos\phi\,\boldsymbol{e}_y = \dot{\phi}\boldsymbol{e}_Y$, $\dot{\boldsymbol{e}}_Y = -\dot{\phi}\cos\phi\,\boldsymbol{e}_x - \dot{\phi}\sin\phi\,\boldsymbol{e}_y = -\dot{\phi}\boldsymbol{e}_X$, $\ddot{\boldsymbol{e}}_X = \ddot{\phi}\boldsymbol{e}_Y + \dot{\phi}\dot{\boldsymbol{e}}_Y = \ddot{\phi}\boldsymbol{e}_Y - \dot{\phi}^2\boldsymbol{e}_X$，$\ddot{\boldsymbol{e}}_Y = -\ddot{\phi}\boldsymbol{e}_X - \dot{\phi}\dot{\boldsymbol{e}}_X = -\ddot{\phi}\boldsymbol{e}_X - \dot{\phi}^2\boldsymbol{e}_Y$ を用いると，$\ddot{\boldsymbol{r}} = \ddot{x}\boldsymbol{e}_x + \ddot{y}\boldsymbol{e}_y = \ddot{X}\boldsymbol{e}_X + \ddot{Y}\boldsymbol{e}_Y + 2\dot{X}\dot{\boldsymbol{e}}_X + 2\dot{Y}\dot{\boldsymbol{e}}_Y + X\ddot{\boldsymbol{e}}_X + Y\ddot{\boldsymbol{e}}_Y = \ddot{X}\boldsymbol{e}_X + \ddot{Y}\boldsymbol{e}_Y + 2\dot{X}\dot{\phi}\boldsymbol{e}_Y + 2\dot{Y}(-\dot{\phi})\boldsymbol{e}_X + X(\ddot{\phi}\boldsymbol{e}_Y - \dot{\phi}^2\boldsymbol{e}_X) + Y(-\ddot{\phi}\boldsymbol{e}_X - \dot{\phi}^2\boldsymbol{e}_Y) = (\ddot{X} - 2\dot{\phi}\dot{Y} - \dot{\phi}^2X - \ddot{\phi}Y) \times \boldsymbol{e}_X + (\ddot{Y} + 2\dot{\phi}\dot{X} + \dot{\phi}^2Y + \ddot{\phi}X)\boldsymbol{e}_Y$ が得られる．$\phi = \omega t$ とおけば (6.29)，(6.30) の結果を再現できる．また，$\ddot{\boldsymbol{r}} = \ddot{X}\boldsymbol{e}_X + \ddot{Y}\boldsymbol{e}_Y + \ddot{\phi}(X\boldsymbol{e}_Y - Y\boldsymbol{e}_X) + 2\dot{\phi}(\dot{X}\boldsymbol{e}_Y - \dot{Y}\boldsymbol{e}_X) - \dot{\phi}^2(X\boldsymbol{e}_X + Y\boldsymbol{e}_Y)$ と書き直すと，(6.21) において角運動量ベクトル $\boldsymbol{\omega}$ が z 軸方向，$\boldsymbol{\xi} = \boldsymbol{r}$ の場合と一致することも確かめることができた．◆

例題 6.11

回転座標系における基底ベクトルが $\dot{\boldsymbol{e}}_X = \boldsymbol{\omega} \times \boldsymbol{e}_X$，$\dot{\boldsymbol{e}}_Y = \boldsymbol{\omega} \times \boldsymbol{e}_Y$，$\dot{\boldsymbol{e}}_Z = \boldsymbol{\omega} \times \boldsymbol{e}_Z$ を満たすとき，ベクトル $\boldsymbol{A} = A_X\boldsymbol{e}_X + A_Y\boldsymbol{e}_Y + A_Z\boldsymbol{e}_Z$ の時間微分を求めなさい．

【解】 $\dot{\boldsymbol{A}} = \dfrac{d}{dt}(A_X\boldsymbol{e}_X + A_Y\boldsymbol{e}_Y + A_Z\boldsymbol{e}_Z) = \dot{A}_X\boldsymbol{e}_X + \dot{A}_Y\boldsymbol{e}_Y + \dot{A}_Z\boldsymbol{e}_Z + A_X\dot{\boldsymbol{e}}_X + A_Y\dot{\boldsymbol{e}}_Y + A_Z\dot{\boldsymbol{e}}_Z = \dot{A}_X\boldsymbol{e}_X + \dot{A}_Y\boldsymbol{e}_Y + \dot{A}_Z\boldsymbol{e}_Z + \boldsymbol{\omega} \times (A_X\boldsymbol{e}_X + A_Y\boldsymbol{e}_Y + A_Z\boldsymbol{e}_Z)$◆

章　末　問　題

【1】 一定の加速度で運動している列車の天井から，おもりを糸で吊したところ，鉛直方向から角度 $\pi/6$ だけ傾いたままであった．このときの列車の加速度の大きさ a を求めなさい．ただし，重力加速度の大きさを $9.8\,\mathrm{m/s^2}$ とする．6.1節　A

【2】 鉛直上方に，正の加速度 a で上昇するエレベータがある．その内部の天井から吊された長さ l の単振り子の微小振動の周期 T を求めなさい．ただし，重力加速度の大きさを g とする．6.1節　B

【3】 水平方向に，加速度 a で等加速度直線運動する電車がある．その内部の天井から吊された長さ l の単振り子の微小振動の周期 T を求めなさい．ただし，重力加速度の大きさを g とする．6.1節　B

【4】 20 s で 1 回転する半径 10 m の円板のふちに置いてある，質量 50 kg の物体にはたらいてる遠心力の大きさ $\tilde{F}$ を求めなさい．6.4節　A

【5】 地球の角速度が現在のおよそ何倍になれば，赤道上で重力がゼロになるか答えなさい．ただし，地球は現在の球形のままであるとする．6.4節　A

【6】 赤道上を東に時速 700 km で飛ぶ飛行機にはたらく，コリオリの力と重力の大きさの比を求めなさい．重力加速度の大きさを 9.8 m/s とする．6.5節　A

【7】 図 6.16 のように，細い棒の端が原点に固定されており，垂直な z 軸と一定の角度 θ を保ちながら z 軸の周りを一定の角速度 ω で回転している．質量 m のビーズがこの棒に束縛されており，棒に沿った運動が可能である．ビーズと棒の間の静止摩擦係数を μ，重力加速度の大きさを g とする．ビーズが棒に対して静止しているとき，ビーズと z 軸との距離 r はどのような範囲になければならないかを求めなさい．
6.4節　C

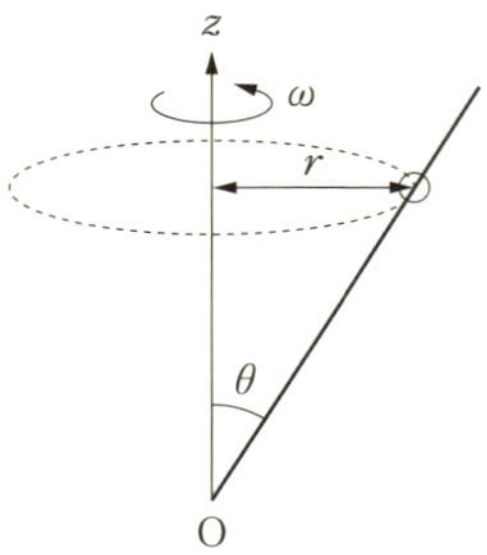

図 6.16　回転する棒

【8】 図 6.17 のように，水平な x - y 平面内で原点 O を回転中心とし一定の角速度 ω で回る直線状の細い棒がある．この棒に滑らかに束縛された質量 m のビーズがとりつけてあり，時刻 $t=0$ で原点からの距離が l，棒に沿った（動径方向の）速度はゼロであった．以下の問いに答えなさい．**6.4 節，6.5 節**　C

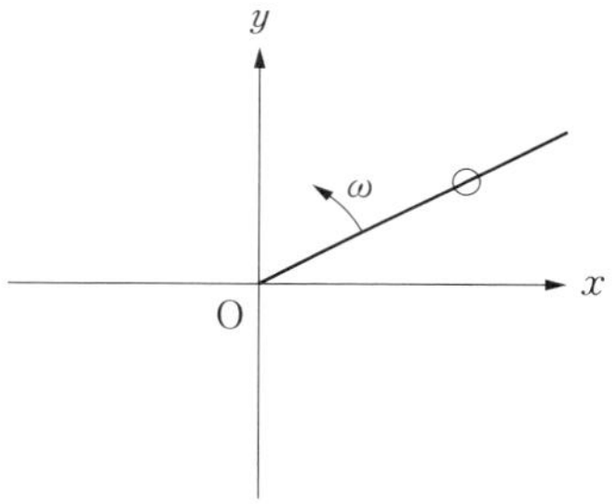

図 6.17　平面内で回転する棒

(a) 慣性座標系で極座標系を用い運動方程式を立て，このビーズの運動を求めなさい．また，運動エネルギーの変化率を求めなさい．

(b) 棒と共に回転する非慣性座標系で，慣性力を含んだ運動方程式を立てなさい．

【9】 自由落下する物体も，地球の回転のせいで真下には落ちない．物体の描く独特の軌道は，この運動を研究したネイル（William Neile, 1637 - 70）にちなんで，ネイルの放物線として知られる．空気抵抗を無視するとき，自由落下する物体は真下からどれだけ，どの方向にずれるかを求めなさい．**6.5 節**　C

【10】 緯度 α の地点で初速 v_0 で物体を鉛直に投げ上げる．再び落下してきたときの，地表での投射点と落下点のずれを求めなさい．**6.5 節**　C

7 質点系の運動と保存則

【学習目標】
- 運動量保存則とその応用例を理解する.
- 運動量の変化と力積の関係を理解する.
- 質点系の重心の表し方とその意義を理解する.
- 質点系の角運動量の性質を理解する.
- 2体問題を理解する.
- 連成振動を理解する.

【キーワード】
運動量, 力積, 運動量保存則, 反発係数, 衝突, 質点系, 重心, 2体問題, 連成振動

7.1 運動量と力積

ここまで本書では主に単一の物体, 特に質点と見なせる粒子の力学について学んできた. この章では, いくつもの質点の集まり, すなわち**質点系**の力学について調べていく. 第8章, 第9章では, この章で学んだことを基に, 大きさのある物体（ただし, 簡単のため変形は無視できる**剛体**）の力学を学ぶ. 剛体は互いの相対位置の変わらない質点系と見なすことができるので, 質点系について成り立つ法則は剛体についても用いることができる.

運動の激しさを表す量として, 運動エネルギーの他に, **運動量**がある. 例として飛んでくるボールを考えよう. これを手で受け取るとき, 速度が大きいほど衝撃が大きい. また, ボールの質量が大きいほどやはり衝撃は大きい. 物体の質量と速度に比例した量が, 運動の激しさを与える目安となりそうであることがわかる. ある時刻で質量 m の質点が速度 $\boldsymbol{v}$ で運動しているとき,

$$\boxed{\boldsymbol{p} = m\boldsymbol{v}} \tag{7.1}$$

とおく．ここで m は質点の質量，$\boldsymbol{v}$ は質点の速度である．$\boldsymbol{p}$ をこの質点の運動量とよぶ．運動量は一般にベクトルである．運動の法則（運動方程式）によれば，

$$\boldsymbol{F} = m\boldsymbol{a} = m\frac{d\boldsymbol{v}}{dt} = \frac{d\boldsymbol{p}}{dt} \tag{7.2}$$

となる．外力 $\boldsymbol{F}$ がゼロのときは，$d\boldsymbol{p}/dt = \boldsymbol{0}$ となり，質点の運動量 $\boldsymbol{p}$ は時間変化しないことを示している．すなわち，

$$\boldsymbol{F} = \boldsymbol{0} \quad \rightarrow \quad \frac{d\boldsymbol{p}}{dt} = \boldsymbol{0} \tag{7.3}$$

である．これは，運動量 $\boldsymbol{p}$ は保存されていることを示している．つまり，外力がはたらかないとき（あるいは外力がつり合ってゼロとなっているとき），運動量は時間的に一定，すなわち保存される．1つの質点の場合，このことは慣性の法則の別の表現と見ることができる．

例題 7.1

質量 m の質点の運動エネルギー K を，質点の運動量 $\boldsymbol{p}$ を用いて表しなさい．また，原点の周りの角運動量 $\boldsymbol{L}$ を質点の運動量 $\boldsymbol{p}$ を用いて表しなさい．

【解】 $\boldsymbol{p} = m\boldsymbol{v}$ であるから，$K = \dfrac{1}{2}m\boldsymbol{v}^2 = \dfrac{1}{2m}\boldsymbol{p}^2$ と表される．（ここでは，ベクトル $\boldsymbol{v}$ の大きさの2乗 $|\boldsymbol{v}|^2$ を $\boldsymbol{v}^2$ と表した．）

また，$\boldsymbol{L} = m\boldsymbol{r} \times \boldsymbol{v} = \boldsymbol{r} \times \boldsymbol{p}$ と表される．◆

次に，2つの質点 A，B を考える．A と B がお互いに力を及ぼし合っているとして，それぞれの運動方程式は，

$$m_{\mathrm{A}}\boldsymbol{a}_{\mathrm{A}} = \boldsymbol{F}_{\mathrm{A}} + \boldsymbol{F}_{\mathrm{AB}}, \qquad m_{\mathrm{B}}\boldsymbol{a}_{\mathrm{B}} = \boldsymbol{F}_{\mathrm{B}} + \boldsymbol{F}_{\mathrm{BA}} \tag{7.4}$$

である．ここで $\boldsymbol{F}_{\mathrm{A}}$ は質点 A が受ける外力，$\boldsymbol{F}_{\mathrm{B}}$ は質点 B が受ける外力，$\boldsymbol{F}_{\mathrm{AB}}$ は質点 A が質点 B から受ける力，$\boldsymbol{F}_{\mathrm{BA}}$ は質点 B が質点 A から受ける力を表す．おのおのの運動量を

$$\boldsymbol{p}_{\mathrm{A}} = m_{\mathrm{A}}\boldsymbol{v}_{\mathrm{A}}, \qquad \boldsymbol{p}_{\mathrm{B}} = m_{\mathrm{B}}\boldsymbol{v}_{\mathrm{B}} \tag{7.5}$$

とする．ここで，$\boldsymbol{p}_{\mathrm{A}}$ は質点 A の運動量，$\boldsymbol{p}_{\mathrm{B}}$ は質点 B の運動量とする．2つ

の運動方程式を足し合わせることにより，

$$\frac{d}{dt}(\boldsymbol{p}_{\mathrm{A}} + \boldsymbol{p}_{\mathrm{B}}) = \boldsymbol{F}_{\mathrm{A}} + \boldsymbol{F}_{\mathrm{B}} + \boldsymbol{F}_{\mathrm{AB}} + \boldsymbol{F}_{\mathrm{BA}} = \boldsymbol{F}_{\mathrm{A}} + \boldsymbol{F}_{\mathrm{B}} \tag{7.6}$$

を得る．ここで，作用反作用の法則により，

$$\boldsymbol{F}_{\mathrm{AB}} + \boldsymbol{F}_{\mathrm{BA}} = \boldsymbol{0} \tag{7.7}$$

のように内力は打ち消し合うため (7.6) の右辺は外力のみとなった．したがって外力がゼロのとき，2 つの質点の運動量を（ベクトル的に）足したものは時間変化しない．上記の設定では，外力 $\boldsymbol{F}_{\mathrm{A}} + \boldsymbol{F}_{\mathrm{B}}$ がゼロのとき

$$\frac{d}{dt}(\boldsymbol{p}_{\mathrm{A}} + \boldsymbol{p}_{\mathrm{B}}) = \boldsymbol{0} \tag{7.8}$$

である．すなわち，$\boldsymbol{p}_{\mathrm{A}} + \boldsymbol{p}_{\mathrm{B}}$ は保存する．今考えている質点の運動量をすべて足し合わせたものを全運動量とよび，外力がゼロの（あるいはつり合っている）とき，全運動量は保存する．以上のことは，質点が 3 つ以上の場合にも自然に拡張される．

一般に全運動量（あるいは各質点の運動量の総和）は，外力のはたらかないときには保存する．これを**運動量保存則**とよぶ．質点の間でどのような内力がはたらいていてもこのことは成り立つ．

例題 7.2

ロケットはガスを噴出することで速度を獲得することができる．重力が無視できるような宇宙空間では，ロケットと噴出したガスの運動量の総和は保存している．ここで，後方に一定の相対速度でガスを噴出するロケットを考える．その相対速度の大きさを $u(>0)$ とする．速度ゼロ，質量 M_0 のロケットが上記のようなガスの噴出を続け，ロケットの質量が M_1 になったとき，ロケットの速さを求めなさい．

【解】　ある微小時間 Δt の間に，質量 M のロケットが相対速度 $-u$ で質量 ΔM のガスを噴出するとする（後方に噴出するので $u > 0$）．このことでロケットの速度 v は Δv だけ増したとすると，運動量保存則は

$$(M - \Delta M)(v + \Delta v) + \Delta M(v - u) = Mv$$

のように書ける．この式の両辺を Δt で割った後に微小時間間隔の極限を考えると，微分によって表されるようになる．ここで，ガスを噴出した分，ロケットの質量 M

は減っていく（$\Delta M/\Delta t \to -dM/dt$）ことに注意する．すると，運動量保存則から導かれた式は

$$M\frac{dv}{dt} = -u\frac{dM}{dt}$$

に書きかえられる．

したがって u が一定のとき，初めに質量 M_0 で速度ゼロのロケットは，質量が M_1 まで減ったとすると

$$v = -\int_{M_0}^{M_1}\frac{u}{M}\,dM = u\ln\frac{M_0}{M_1}$$

の速度をもつ．◆

バットでボールをはじき返すとき，ボールとバットのぶつかる瞬間の前後で，ボールの運動量が明らかに変わっている．衝突の瞬間に，バットがボールに力を及ぼしている．瞬間的にはたらく力を**撃力**ともいう．外力 $\boldsymbol{F}$ が粒子にはたらくとき，運動量の時間的変化をもたらす．衝突のときなどのように力がある短い時間間隔 Δt の中でのみはたらくとき，衝突などの接触前の運動量と接触後の運動量の関係は，運動方程式

$$\frac{d\boldsymbol{p}}{dt} = \boldsymbol{F} \tag{7.9}$$

から時間間隔 Δt が非常に小さいときに，

$$\frac{\Delta\boldsymbol{p}}{\Delta t} = \boldsymbol{F} \quad\to\quad \Delta\boldsymbol{p} = \boldsymbol{F}\Delta t \quad\to\quad \boldsymbol{p}' - \boldsymbol{p} = \boldsymbol{F}\Delta t \tag{7.10}$$

となることがわかる．ここで接触前の運動量を $\boldsymbol{p}$，接触後の運動量を $\boldsymbol{p}' = \boldsymbol{p} + \Delta\boldsymbol{p}$ とした．この力と時間間隔を掛けたものを**力積**とよぶ．力には向きがあるから，一般には力積も向きをもつベクトル量である．質点が受ける力積は，質点の運動量の変化をもたらす．このことは，質点が受け取る仕事は質点のエネルギーの変化をもたらすことと，よい対比をなしている．なお，力積の大きさをはかる単位はニュートン秒（N・s）である．

飛んでいるボールを受け取るときの衝撃は，手やグローブを手前に引き気味で捕ったときには和らげられる．これは，ボールの運動量がある値からゼロになるまで変化するときに，手にある量の力積を与えるが，時間 Δt が長いほど及ぼす力は小さくなることと関連している．皿を床に落としたときに，床が柔

らかいほど皿が割れにくいのは，柔らかい床は微小に変形するため，Δt が大きくなるからである．そのため床から受ける力積は小さくなる．

気体分子が容器の壁で跳ね返るとき，壁に力積を与える．作用反作用の法則により，壁が受ける力積の大きさは気体分子の運動量の変化の大きさに等しい．この力積の大きさと単位時間当りの衝突回数を使って，壁が単位面積当りに受ける力の大きさ，すなわち圧力を表すことができる．この考え方が，気体分子運動論の基礎となっている．

例題 7.3

面積 A の壁に垂直に運動量 p をもった粒子が衝突し，跳ね返った後，その運動量は $-p$ となる．同じ粒子が，この壁に（まんべんなく）単位時間当り $N/6$ 個衝突するとき，壁が受ける圧力を求めなさい．

【解】 1 個の粒子の運動量の変化の大きさは $p-(-p)=2p$ なので，単位時間・単位面積当りの運動量変化は $(N/6)\cdot 2p/A = Np/3A$ となる．これが壁の受ける圧力である．◆

物体が大きな壁または床に衝突するとき，物体は壁または床から垂直な方向の力積を受け，運動量が変化すると考えることができる．跳ね返り方は，物体および壁または床の材質に依存する．跳ね返り方を表す指標として**反発係数**（跳ね返り係数）がある．反発係数 e は，物体と静止している壁（または床）が垂直に衝突するとき（図 7.1），衝突直後の物体の速さと衝突直前の物体の速さの比（の絶対値）で表される．すなわち，

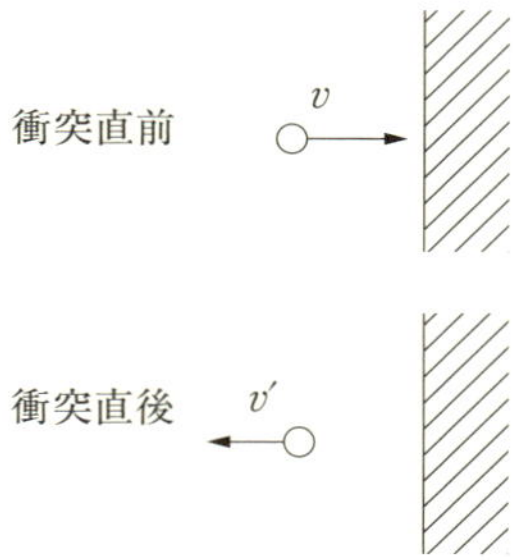

図 7.1　物体と壁の衝突

$$1 \geqq e = -\frac{v'}{v} = -\frac{(\text{衝突後の速度})}{(\text{衝突前の速度})} \geqq 0 \tag{7.11}$$

である．また，$e = 1$ のときを（完全）弾性衝突とよぶ．ここで，(7.11) において v，v' は，衝突直前と直後の物体の壁または床に垂直な方向の成分を表している．このため，右辺で負号をつけて定義する．

例題 7.4

高さ h のところから，大きさの無視できる質量 m のボールを自由落下させる．水平な床とボールの衝突の際の反発係数を $e(<1)$ とする．ボールが静止するまでに（極限操作で考える），ボールの動く総距離と所要時間を求めなさい．重力加速度の大きさを g とし，空気抵抗は無視する．

【解】 最初に床に到達する直前のボールの速さは $v_1 = \sqrt{2gh}$，そのときの時刻は $t_1 = \sqrt{2h/g}$ である．さらに，n 回目にボールが床に到達するときの時刻を t_n，ボールが到達直前の速さを v_n とする．速さ v_n のボールが床で跳ね返った直後の速さを v_{n+1} とすると，$v_{n+1} = ev_n$ である．この速さで上方に上がったボールは高さ ${v_{n+1}}^2/2g$ まで上昇し，時刻 t_{n+1} に再び床に下向きの速さ v_{n+1} で戻ってくるが，この 1 回の上昇下降の所要時間は $2v_{n+1}/g$ である．したがって，

$$t_{n+1} = t_n + \frac{2v_{n+1}}{g}$$

である．

ここまでで $v_{n+1} = e^n v_1$ がわかるので，

$$\begin{aligned} t_{n+1} &= t_1 + \frac{2}{g}(e^n + e^{n-1} + \cdots + e^2 + e)v_1 \\ &= \sqrt{\frac{2h}{g}} + \frac{2}{g}(e^n + e^{n-1} + \cdots + e^2 + e)\sqrt{2gh} \\ &= \sqrt{\frac{2h}{g}} + \frac{2e}{g}\frac{1-e^n}{1-e}\sqrt{2gh} \end{aligned}$$

となる．n が無限大のとき，

$$t = \frac{1+e}{1-e}\sqrt{\frac{2h}{g}}$$

が得られる．

動く総距離は，時刻 t_{n+1} までに

$$h + \frac{{v_2}^2}{g} + \cdots + \frac{{v_n}^2}{g} = h + \{e^2 + e^4 + \cdots + e^{2(n-1)}\}\frac{{v_1}^2}{g}$$

$$= h + \frac{e^2(1 - e^{2(n-1)})}{1 - e^2}(2h)$$

となる．n が無限大のとき，総移動距離は

$$h + \frac{2e^2}{1 - e^2}h = \frac{1 + e^2}{1 - e^2}h$$

である．◆

7.2　質点の衝突と運動量保存則

運動量保存の考えを使って，2つの質点の衝突現象を考える．まず最初に，同一直線上の運動を考える．2つの質点の衝突では，ある限られた時間内だけ互いに力を及ぼし合うと考えられるが，この力は内力なので全運動量は変わらない．そこで，衝突前と衝突後での全運動量の保存を考えることにする．式で表すと

$$p_A + p_B = p_A' + p_B' \tag{7.12}$$

である．ここで，衝突前の質点 A の運動量を p_A，衝突前の質点 B の運動量を p_B，また，衝突後の質点 A の運動量を p_A'，衝突後の質点 B の運動量を p_B' で表した．

一般に運動量保存則だけでは，衝突の問題は解けない．衝突前の 2 つの質点の運動量が与えられたとして，運動量保存則は（直線上，つまり 1 次元の問題の場合）式が 1 つなので，衝突後の 2 つの質点の運動量を決めるには，式の数が 1 つ足りないのである．

2 つの質点の衝突を考えるとき，一般に全力学的エネルギーは保存しない．跳ね返り方を表す指標として，前節でも導入した反発係数（跳ね返り係数）がある．反発係数 e は，2 つの質点 A，B が一直線上で衝突するとき（図 7.2），衝突後の 2 つの質点の相対速度と衝突前の 2 つの質点の相対速度の比の絶対値

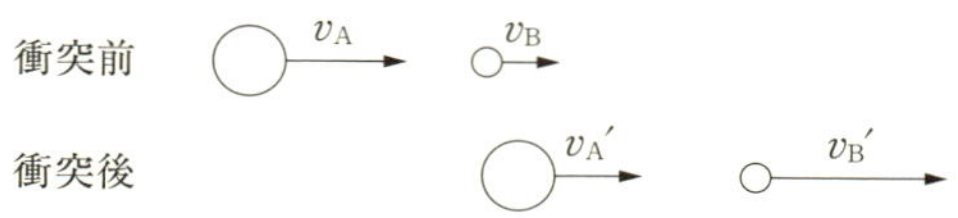

図 7.2　質点の衝突

となる．すなわち，

$$\boxed{1 \geqq e = -\frac{v_A{}' - v_B{}'}{v_A - v_B} = -\frac{(\text{衝突後の相対速度})}{(\text{衝突前の相対速度})} \geqq 0} \tag{7.13}$$

と表される．ここでは，衝突前の質点 A の速度を v_A，衝突前の質点 B の速度を v_B，また，衝突後の質点 A の速度を $v_A{}'$，衝突後の質点 B の速度を $v_B{}'$ で表した．(7.13) で，跳ね返りの速度が求められることを，**跳ね返りの法則**とよぶ．なお，前節で扱った物体と壁または床の衝突では，壁または床は静止したまま，つまり $v_B = v_B{}' = 0$ であるとしていたことになる．

衝突後のそれぞれの質点の速度は，衝突前のそれぞれの速度，質量，および反発係数が与えられれば解くことができる．質点 A の質量を m_A，質点 B の質量を m_B で表すと，運動量保存 (7.12) および反発係数 (7.13) から

$$v_A{}' = \frac{(m_A - em_B)v_A + (1+e)m_B v_B}{m_A + m_B} \tag{7.14}$$

$$v_B{}' = \frac{(1+e)m_A v_A + (m_B - em_A)v_B}{m_A + m_B} \tag{7.15}$$

と導くことができる．ここで，添え字 A と B をとりかえる対称性があることに注意する．

例題 7.5

同一直線上の 2 つの質点の衝突において，$v_A{}' = av_A + bv_B$，$v_B{}' = cv_A + dv_B$ としたとき，$ad - bc$ の値を計算しなさい．

【解】 (7.14)，(7.15) から $ad - bc = -e$ が得られる．◆

では，エネルギー保存則と反発係数の関係について調べてみよう．運動量保存則により衝突前の全運動量と衝突後の全運動量が等しいので，(7.12) から

$$m_A v_A + m_B v_B = m_A v_A{}' + m_B v_B{}' \tag{7.16}$$

が成り立つ．運動エネルギーの和を，衝突前と衝突後で比べてみる．そのため

$$\frac{1}{2}m_A v_A{}^2 + \frac{1}{2}m_B v_B{}^2 = \frac{1}{2}m_A v_A{}'^2 + \frac{1}{2}m_B v_B{}'^2 + Q \tag{7.17}$$

と表してみる．この式は，衝突前の力学的エネルギーと，衝突後の力学的エネ

ルギーと Q の和が等しいことを表している．今は Q は未知の量である．$Q = 0$ ならば，2つの質点の運動エネルギーの和は保存することを表す．(7.17) の両辺に $2(m_A + m_B)$ を掛ける．

$$(m_A{}^2 + m_A m_B) v_A{}^2 + (m_B{}^2 + m_A m_B) v_B{}^2 = (m_A{}^2 + m_A m_B) v_A'^2 + (m_B{}^2 + m_A m_B) v_B'^2 + 2(m_A + m_B) Q \tag{7.18}$$

次に，(7.16) の両辺をそれぞれ2乗して

$$m_A{}^2 v_A{}^2 + 2m_A m_B v_A v_B + m_B{}^2 v_B{}^2 = m_A{}^2 v_A'^2 + 2m_A m_B v_A' v_B' + m_B{}^2 v_B'^2 \tag{7.19}$$

を得る．(7.18) から (7.19) を，両辺それぞれで引き算すれば

$$m_A m_B (v_A - v_B)^2 = m_A m_B (v_A' - v_B')^2 + 2(m_A + m_B) Q \tag{7.20}$$

が得られる．一方，(7.13) から相対速度の関係は

$$(v_A' - v_B')^2 = e^2 (v_A - v_B)^2 \tag{7.21}$$

である．

このように順次，方程式を適用していけば，最終的に

$$Q = \frac{1}{2} \frac{m_A m_B}{m_A + m_B} (1 - e^2)(v_A - v_B)^2 \tag{7.22}$$

であることがわかる．もともと，e は相対速度の衝突前後の比なので，$0 \leqq e \leqq 1$ である．したがって Q は正またはゼロで，衝突前の運動エネルギーの一部分，Q 相当が衝突の際に失われたこととなる．

反発係数が $e = 1$ の場合のみ，$Q = 0$ となり，運動エネルギーは保存される．この場合は，**弾性衝突**または**完全弾性衝突**とよばれる．この場合以外は，**非弾性衝突**とよばれ，運動エネルギーは保存しない．特に，反発係数がゼロの場合（**完全非弾性衝突**とよばれる）は，衝突後の質点の相対速度がゼロになるので質点は合体する．

また，上の式では $e = -1$ でも $Q = 0$ となっている．跳ね返りの法則の式で $e = -1$ に相当するのは，2つの質点の相対速度が変わらないことにあたり，これは衝突が起きていない場合（素通り）に相当するという解釈が可能である．実際，(7.14) および (7.15)（運動量保存および相対速度の保存）からは，$e = -1$ のとき各質点の速度が変わらない（$v_A' = v_A$，$v_B' = v_B$）という当然の結

果が導かれる．

一般の非弾性衝突において，運動エネルギーは保存されないが，それでも運動量は保存することに注意しよう．また，Qという量を含めたエネルギー保存則が成り立つ．Qは熱エネルギーや音，光のエネルギーの大きさと考えることができる．

例題 7.6

m_B が m_A に比べて非常に大きいという特殊な場合では，上述したような運動の解析は簡単になる．このとき，Qを求めなさい．

【解】 この場合，$v_B \sim v_B' \sim 0$ である．物体Bを少々のことではびくともしない壁のようなものと考えることができる．この特殊な場合，$v_A' = -ev_A$ なので，(7.22) は，

$$Q \sim \frac{1}{2}m_A v_A{}^2 - \frac{1}{2}m_A v_A'^2$$

と書ける．すなわち，ちょうど衝突前後で失われた質点Aの運動エネルギー相当分になる．◆

では，平面上で起こる，2つの質点の衝突について考えてみよう．ここでは簡単のため，標的となる静止した質量Mの質点に，質量mの質点が弾性衝突する場合を考えていこう．

衝突後，質量mの質点は入射した方向から角度Θの方向に速さv'で運動するものとする．Θを**散乱角**とよぶ．また衝突後，質量Mの質点は角度Φの方向に速さVで運動するものとする．入射する質点の速さをvとしたとき，その方向の成分（図7.3のように座標軸をとるとx成分）について，衝突前，

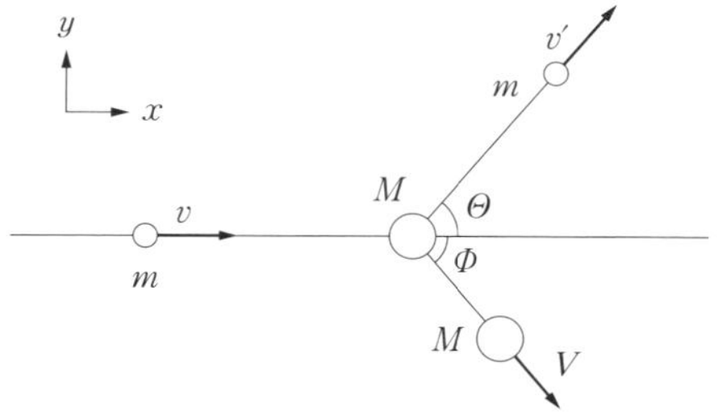

図 7.3 平面内における2つの質点の衝突

衝突後の運動量保存は

$$mv = mv' \cos \Theta + MV \cos \Phi \tag{7.23}$$

で表される．また，それに垂直な方向（図 7.3 では y 成分）については，

$$0 = mv' \sin \Theta - MV \sin \Phi \tag{7.24}$$

が成り立つ．また，弾性衝突であるので，力学的エネルギー保存則より

$$\frac{1}{2}mv^2 = \frac{1}{2}mv'^2 + \frac{1}{2}MV^2 \tag{7.25}$$

が成立する．

(7.23)，(7.24) から

$$m^2(v^2 - 2vv' \cos \Theta + v'^2) = M^2V^2 \tag{7.26}$$

が導かれ，一方，(7.25) より

$$M^2V^2 = mM(v^2 - v'^2) \tag{7.27}$$

なので

$$m^2(v^2 - 2vv' \cos \Theta + v'^2) = mM(v^2 - v'^2) \tag{7.28}$$

が得られる．(7.28) を運動量 $p = mv$，$p' = mv'$ で表せば，

$$(p^2 - 2pp' \cos \Theta + p'^2) = \frac{M}{m}(p^2 - p'^2) \tag{7.29}$$

となる．入射する質点の運動量の大きさの変化が非常に小さいときは，$\Delta p = p' - p$ とおいたときに，Δp が小さいとして

$$-\frac{\Delta p}{p} \sim \frac{m}{M}(1 - \cos \Theta) \tag{7.30}$$

のように近似できる．このときには，入射する質点の運動量の大きさの変化と散乱角の関係が簡単になることがわかる．

例題 7.7

図 7.3 において，$M = m$ ならば $\Theta + \Phi = \pi/2$ を示しなさい．

【解】 このとき (7.28) から $v' = v \cos \Theta$ がわかる．(7.23) と (7.24) から $v - v' \times \cos \Theta = V \cos \Phi$，$v' \sin \Theta = V \sin \Phi$ であるから $\sin \Theta/\cos \Theta = \cos \Phi/\sin \Phi$，すなわち $\cos \Theta \cos \Phi - \sin \Theta \sin \Phi = \cos(\Theta + \Phi) = 0$ から，$\Theta + \Phi = \pi/2$ である（図 7.4）．

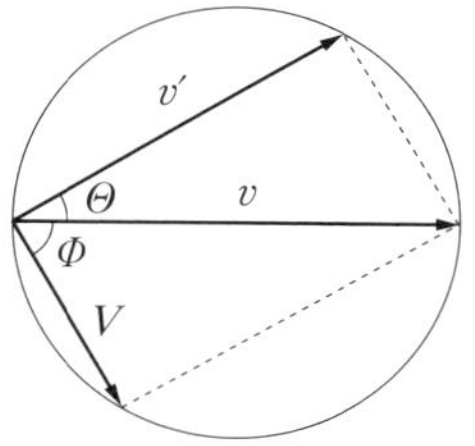

図 7.4 同質量粒子の衝突（1）

◆

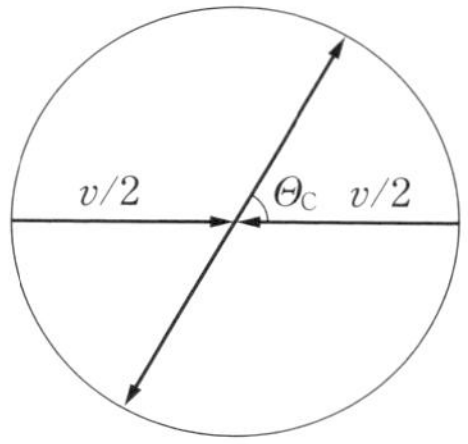

図 7.5 同質量粒子の衝突（2）

衝突する2つの質点のもつ質量が同じ場合，入射する質点と同じ方向の速度 $v/2$ で動く観測者からは，両方向から同じ質量，同じ速さ（したがって同じ大きさの運動量）をもつ2つの質点の衝突と観測される．全運動量はゼロでエネルギーが保存することから，衝突後に各質点の運動量の大きさはそれぞれ変わりようがないので（対称なものが偏ることはない），実現されるのは運動量の角度の変化のみである（図7.5）．この考え方から，衝突後の速度に $v/2$ の大きさの速度を加えて，例題7.7（図7.4）を理解することもできる．

実は，衝突する2つの質点の質量が異なる場合にも，運動量ベクトルの和がゼロと捉えられる観測者を考えると大変便利である．そのような観測者の座標系を**重心系**または質量中心系，もともとの標的が静止している座標系は**実験室系**とよばれる．これらの座標系は，ガリレイ変換（2.3節）によって結びつけられる．粒子（質点）が標的によって散乱される過程は，ミクロな物質の成り立ちを探る研究にとって重要である．

例題 7.8

図7.3で表された衝突の場合，実験室系の散乱角 Θ と重心系の散乱角 Θ_C の関係を求めなさい．

【解】 入射する質点と同じ方向に $u = mv/(M+m)$ で等速度運動する座標系においては，全運動量 $m(v-u) - Mu$ はゼロとなる．この系が重心系である．重心系での各運動量の大きさは，（対称性により）衝突前でも衝突後でも同じであるので，入

射した質点の衝突後の速さは $(M/m)u$ である．したがって，速度の変換により 2 つの関係式

$$v' \cos \Theta = \frac{M}{m} u \cos \Theta_{\mathrm{C}} + u, \qquad v' \sin \Theta = \frac{M}{m} u \sin \Theta_{\mathrm{C}}$$

が求められる．この 2 式を辺々割り算すると，両系における散乱角の関係式

$$\tan \Theta = \frac{M \sin \Theta_{\mathrm{C}}}{M \cos \Theta_{\mathrm{C}} + m}$$

を得る．◆

7.3 質点系の角運動量

今度は，複数の質点から構成される**質点系**の角運動量を考えてみよう．運動量は質点の間の内力のみがはたらく場合に保存する．では，質点系の角運動量の総和はいかなるときに保存するであろうか．まず，2 つの質点 A と質点 B の間に内力のみがはたらいているときの，それぞれの運動方程式は

$$m_{\mathrm{A}} \boldsymbol{a}_{\mathrm{A}} = \frac{d\boldsymbol{p}_{\mathrm{A}}}{dt} = \boldsymbol{F}_{\mathrm{AB}}, \qquad m_{\mathrm{B}} \boldsymbol{a}_{\mathrm{B}} = \frac{d\boldsymbol{p}_{\mathrm{B}}}{dt} = \boldsymbol{F}_{\mathrm{BA}} \tag{7.31}$$

である．これらを基に，内力が質点を結ぶ直線上にはたらく限り，各質点の角運動量をベクトル的に足したもの，すなわち全角運動量，は保存する（時間的に一定）ことが次のようにわかる．まず，(7.31) から

$$\boldsymbol{r}_{\mathrm{A}} \times \frac{d\boldsymbol{p}_{\mathrm{A}}}{dt} + \boldsymbol{r}_{\mathrm{B}} \times \frac{d\boldsymbol{p}_{\mathrm{B}}}{dt} = \boldsymbol{r}_{\mathrm{A}} \times \boldsymbol{F}_{\mathrm{AB}} + \boldsymbol{r}_{\mathrm{B}} \times \boldsymbol{F}_{\mathrm{BA}} = (\boldsymbol{r}_{\mathrm{A}} - \boldsymbol{r}_{\mathrm{B}}) \times \boldsymbol{F}_{\mathrm{AB}} \tag{7.32}$$

である．ここで，作用反作用の法則 $\boldsymbol{F}_{\mathrm{AB}} + \boldsymbol{F}_{\mathrm{BA}} = \boldsymbol{0}$ を用いた．$\boldsymbol{r}_{\mathrm{A}}$，$\boldsymbol{r}_{\mathrm{B}}$ は質点 A，B の位置ベクトルである．

$(\boldsymbol{r}_{\mathrm{A}} - \boldsymbol{r}_{\mathrm{B}}) \times \boldsymbol{F}_{\mathrm{AB}}$ がゼロとなるのは，内力 $\boldsymbol{F}_{\mathrm{AB}}$ が A，B を通る直線上にあるときである．作用反作用の法則は作用線に関わらず成り立つものとしても不都合は生じないが，よく知られた質点間の重力やクーロン力など，そして質点間の糸の張力などは質点同士を結ぶ直線の方向にはたらく．このように通常の内力については，$(\boldsymbol{r}_{\mathrm{A}} - \boldsymbol{r}_{\mathrm{B}}) \times \boldsymbol{F}_{\mathrm{AB}} = \boldsymbol{0}$ と考えてよい．したがって，

$$\boldsymbol{r}_{\mathrm{A}} \times \frac{d\boldsymbol{p}_{\mathrm{A}}}{dt} + \boldsymbol{r}_{\mathrm{B}} \times \frac{d\boldsymbol{p}_{\mathrm{B}}}{dt} = \boldsymbol{0} \tag{7.33}$$

が成り立つ．また，第5章で見たように

$$\boldsymbol{r}_{\mathrm{A}} \times \frac{d\boldsymbol{p}_{\mathrm{A}}}{dt} + \boldsymbol{r}_{\mathrm{B}} \times \frac{d\boldsymbol{p}_{\mathrm{B}}}{dt} = \frac{d}{dt}(\boldsymbol{r}_{\mathrm{A}} \times \boldsymbol{p}_{\mathrm{A}} + \boldsymbol{r}_{\mathrm{B}} \times \boldsymbol{p}_{\mathrm{B}}) \qquad (7.34)$$

なので，内力が質点を結ぶ直線上にはたらく限り，全角運動量 $\boldsymbol{L} = \boldsymbol{L}_{\mathrm{A}} + \boldsymbol{L}_{\mathrm{B}} = \boldsymbol{r}_{\mathrm{A}} \times \boldsymbol{p}_{\mathrm{A}} + \boldsymbol{r}_{\mathrm{B}} \times \boldsymbol{p}_{\mathrm{B}}$ は保存する，つまり時間的に一定である．

n 個の質点からなる質点系でも同じように考えていくと，内力が2つの質点の間にはたらき，また，その2つの質点を結ぶ直線上ではたらくものであれば，内力は全角運動量

$$\boxed{\boldsymbol{L} = \sum_i \boldsymbol{r}_i \times \boldsymbol{p}_i} \qquad (7.35)$$

を変化させない．質点系に外力のモーメントがはたらかないとき，その全角運動量が変化しないことを，**角運動量保存則**とよぶ．

i 番目の質点に外力 $\boldsymbol{F}_i$ がはたらくとき，

$$\boxed{\frac{d\boldsymbol{L}}{dt} = \sum_i \boldsymbol{r}_i \times \boldsymbol{F}_i = \sum_i \boldsymbol{N}_i = \boldsymbol{N}} \qquad (7.36)$$

となる．ここで，$\boldsymbol{N}_i = \boldsymbol{r}_i \times \boldsymbol{F}_i$ は i 番目の質点にはたらく外力の力のモーメント，$\boldsymbol{N}$ はその力のモーメントの総和である．

例題 7.9

$\boldsymbol{r}_{\mathrm{A}}$，$\boldsymbol{r}_{\mathrm{B}}$ を質点A，Bの位置ベクトルとする．U を $|\boldsymbol{r}_{\mathrm{A}} - \boldsymbol{r}_{\mathrm{B}}|$ のみの（1変数）関数 $U(|\boldsymbol{r}_{\mathrm{A}} - \boldsymbol{r}_{\mathrm{B}}|)$ であるとする．質点Aが質点Bから受ける力が $\boldsymbol{F}_{\mathrm{AB}} = -\nabla_{\mathrm{A}} U$ で表されるとき，$(\boldsymbol{r}_{\mathrm{A}} - \boldsymbol{r}_{\mathrm{B}}) \times \boldsymbol{F}_{\mathrm{AB}} = \boldsymbol{0}$ となることを示しなさい．ただし，∇_{A} はAの座標での微分操作を行うことを示している．

【解】 U' を U の導関数とする．

$$\boldsymbol{F}_{\mathrm{AB}} = -\nabla_{\mathrm{A}} U = -U' \nabla_{\mathrm{A}} |\boldsymbol{r}_{\mathrm{A}} - \boldsymbol{r}_{\mathrm{B}}| = -U' \frac{\boldsymbol{r}_{\mathrm{A}} - \boldsymbol{r}_{\mathrm{B}}}{|\boldsymbol{r}_{\mathrm{A}} - \boldsymbol{r}_{\mathrm{B}}|}$$

である．同一のベクトル同士の外積はゼロであるので，$(\boldsymbol{r}_{\mathrm{A}} - \boldsymbol{r}_{\mathrm{B}}) \times \boldsymbol{F}_{\mathrm{AB}} = \boldsymbol{0}$ となる．($\nabla_{\mathrm{A}} |\boldsymbol{r}_{\mathrm{A}} - \boldsymbol{r}_{\mathrm{B}}| = (\boldsymbol{r}_{\mathrm{A}} - \boldsymbol{r}_{\mathrm{B}})/|\boldsymbol{r}_{\mathrm{A}} - \boldsymbol{r}_{\mathrm{B}}|$ は，成分で表して計算すれば理解できる)
◆

7.4 質点系の重心と質点系のエネルギー，角運動量

重心という言葉は，日常でもよく使われる．質点系の**重心**の位置（しばしばGで表される）はその位置ベクトル

$$\boldsymbol{R} = \frac{m_1\boldsymbol{r}_1 + m_2\boldsymbol{r}_2 + \cdots}{M} = \sum_i \frac{m_i\boldsymbol{r}_i}{M} \tag{7.37}$$

で表される．ここで，M は質点系の全質量

$$M = m_1 + m_2 + \cdots = \sum_i m_i \tag{7.38}$$

である（図 7.6）．

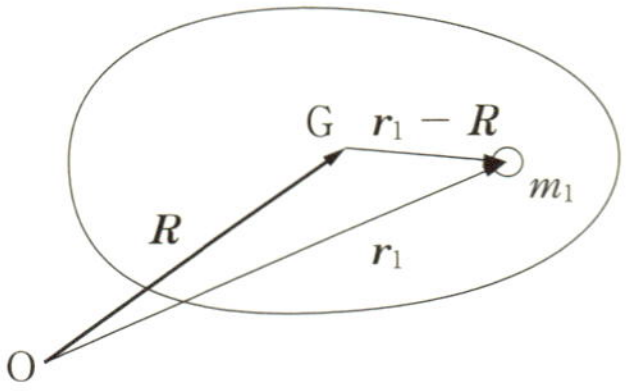

図 7.6　重心の位置ベクトル

一番簡単な例として，2つの質点が重さのない棒でつながれている場合を考える．図 7.7 で表される場合では，

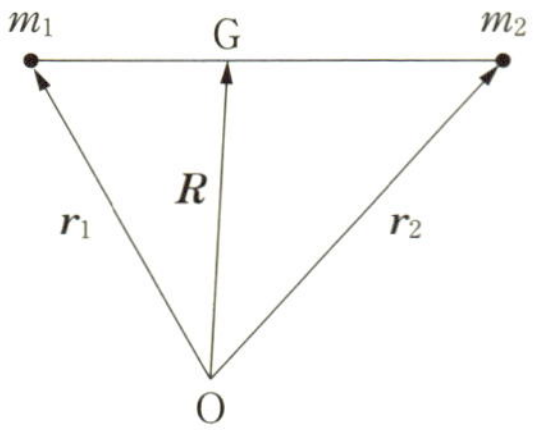

図 7.7　2 質点系の重心

$$\boldsymbol{R} = \frac{m_1\boldsymbol{r}_1 + m_2\boldsymbol{r}_2}{m_1 + m_2} \tag{7.39}$$

である．これは，重力がはたらくときに重心を支点にすれば，つり合いがとれることを表している（おそらく，これが重心の名前の由来であろう）．すなわち，

$$|\boldsymbol{r}_1 - \boldsymbol{R}| : |\boldsymbol{r}_2 - \boldsymbol{R}| = m_2 : m_1 \qquad (7.40)$$

が成り立っている．剛体（内部の各点の相対的位置が不変な質点系）をその重心で支えると，地上で重力のみがはたらく場合，どのような向きでもつり合う．このことは剛体に限らず，質点系でも重心の周りの重力による力のモーメントの総和はゼロになることに起因している．この証明は後に見る．

例題 7.10

n 個の質点系の重心を表す（7.37）を，2 個の質点系の重心を表す（7.39）を使って導きなさい．

【解】　まず，k 個の場合を考える．重心の位置ベクトルについて，$\boldsymbol{R}_k = (m_1\boldsymbol{r}_1 + m_2 \times \boldsymbol{r}_2 + \cdots + m_k\boldsymbol{r}_k)/M_k$，$M_k = m_1 + m_2 + \cdots + m_k$ とする．この質点系と，位置ベクトルが $\boldsymbol{r}_{k+1}$ で質量 m_{k+1} である $k+1$ 番目の質点との，重心の位置ベクトル $\boldsymbol{R}_{k+1}$ は，2 つの質点の重心と同じように取り扱うと $\boldsymbol{R}_{k+1} = (M_k\boldsymbol{R}_k + m_{k+1}\boldsymbol{r}_{k+1})/(M_k + m_{k+1})$ となり，すなわち $\boldsymbol{R}_{k+1} = (m_1\boldsymbol{r}_1 + m_2\boldsymbol{r}_2 + \cdots + m_k\boldsymbol{r}_k + m_{k+1}\boldsymbol{r}_{k+1})/M_{k+1}$，$M_{n+1} = m_1 + m_2 + \cdots + m_n + m_{n+1}$ となることがわかる．したがって数学的帰納法により，一般の n についても成り立つ．◆

なお，重心とよぶよりも，質量中心あるいは慣性中心とよんだほうが力学的には最適であろう．しかし，本書では慣例に従って重心という用語を用いることにする．

質点系の重心運動の方程式は，質点系に属する個々の質点に対する運動方程式を足し合わせれば求めることができる．

1, 2, 3, … と番号をつけて，i 番目の質点の質量を m_i，l 番目の質点から i 番目の質点にはたらく力（内力）を $\boldsymbol{F}_{il}(l \neq i)$，質点系以外のものから i 番目の質点にはたらく力（外力）を $\boldsymbol{F}_i$ とする．i 番目の質点の運動方程式は次のように書ける．

$$m_i \frac{d^2\boldsymbol{r}_i}{dt^2} = \boldsymbol{F}_i + \boldsymbol{F}_{il} + \cdots + \boldsymbol{F}_{in} = \boldsymbol{F}_i + \sum_l \boldsymbol{F}_{il} \qquad (7.41)$$

さて，それぞれの質点の運動方程式

$$\left.\begin{aligned}
m_1\frac{d^2\boldsymbol{r}_1}{dt^2} &= \boldsymbol{F}_1 \qquad\quad + \boldsymbol{F}_{12} + \boldsymbol{F}_{13} + \cdots + \boldsymbol{F}_{1n}\\
m_2\frac{d^2\boldsymbol{r}_2}{dt^2} &= \boldsymbol{F}_2 + \boldsymbol{F}_{21} \qquad\quad + \boldsymbol{F}_{23} + \cdots + \boldsymbol{F}_{2n}\\
m_3\frac{d^2\boldsymbol{r}_3}{dt^2} &= \boldsymbol{F}_3 + \boldsymbol{F}_{31} + \boldsymbol{F}_{32} \qquad\quad \cdots + \boldsymbol{F}_{3n}\\
&\ \vdots\\
m_n\frac{d^2\boldsymbol{r}_n}{dt^2} &= \boldsymbol{F}_n + \boldsymbol{F}_{n1} + \cdots + \boldsymbol{F}_{nn-1}
\end{aligned}\right\} \tag{7.42}$$

の辺々を足し合わせると，右辺に現れる $\boldsymbol{F}_{il} + \boldsymbol{F}_{li}$ は作用反作用の法則によりゼロになるので

$$\sum_i m_i\frac{d^2\boldsymbol{r}_i}{dt^2} = \sum_i \boldsymbol{F}_i \tag{7.43}$$

すなわち，(7.37) の重心の定義を使うと

$$\boxed{M\frac{d^2\boldsymbol{R}}{dt^2} = \sum_i \boldsymbol{F}_i} \tag{7.44}$$

が導かれる．これが，質点系の**重心運動**の運動方程式である．重心の運動は，質点系にはたらくすべての外力の合力が，質点系を1つの質点と考えて，その全質量にはたらくとした場合と全く同じである．質点間の内力は和をとる際に相殺するので，重心の運動には影響を及ぼし得ない．(7.44) において，$\boldsymbol{V} = d\boldsymbol{R}/dt$，また $\boldsymbol{P} = M\boldsymbol{V}$ とおくことにより，

$$\boxed{M\frac{d\boldsymbol{V}}{dt} = \frac{d\boldsymbol{P}}{dt} = \sum_i \boldsymbol{F}_i} \tag{7.45}$$

が得られる．この式により，$\boldsymbol{P}$ は重心の運動量と解釈される．

図7.8のように，質点の位置ベクトル $\boldsymbol{r}_i$ は，重心の位置ベクトル $\boldsymbol{R}$ と重心に相対的な（重心から見た）位置ベクトル $\boldsymbol{r}_i'$ に分解できて，次の関係が成り

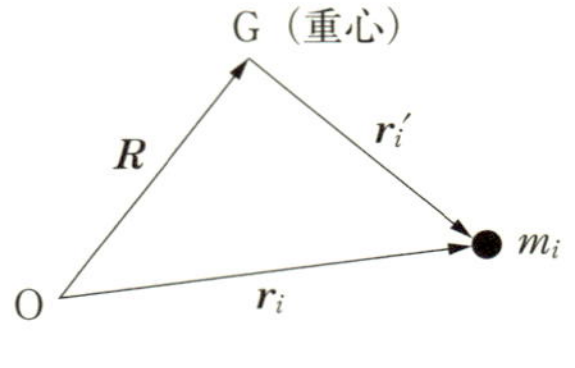

図7.8　重心から見た位置

立つ．

$$\boldsymbol{r}_i = \boldsymbol{R} + \boldsymbol{r}_i' \tag{7.46}$$

では，質点系の全運動エネルギーについて考えてみよう．全運動エネルギー K は，各質点の運動エネルギーの和であるから

$$\begin{aligned} K &= \sum_i \frac{1}{2} m_i \boldsymbol{v}_i^2 \\ &= \sum_i \frac{1}{2} m_i \boldsymbol{v}_i'^2 + \sum_i m_i \boldsymbol{v}_i' \cdot \boldsymbol{V} + \sum_i \frac{1}{2} m_i \boldsymbol{V}^2 \\ &= \sum_i \frac{1}{2} m_i \boldsymbol{v}_i'^2 + \frac{1}{2} M\boldsymbol{V}^2 \end{aligned} \tag{7.47}$$

となる．

ここで重心の速度は $\boldsymbol{V} = d\boldsymbol{R}/dt$，重心に対する相対速度は $\boldsymbol{v}_i' = d\boldsymbol{r}_i'/dt = d\boldsymbol{r}_i/dt - d\boldsymbol{R}/dt = \boldsymbol{v}_i - \boldsymbol{V}$ と表され，さらに

$$\begin{aligned} \sum_i m_i \boldsymbol{r}_i' &= \sum_i m_i \boldsymbol{r}_i - \sum_i m_i \boldsymbol{R} \\ &= \sum_i m_i \boldsymbol{r}_i - M\boldsymbol{R} = \boldsymbol{0} \end{aligned} \tag{7.48}$$

の時間微分から導かれる

$$\sum_i m_i \boldsymbol{v}_i' = \boldsymbol{0} \tag{7.49}$$

を用いた．すなわち，質点系の各質点の運動エネルギーの総和は，重心に対する相対運動の運動エネルギーと，質点系全体の質量が重心に集中したと考えたときの運動エネルギーの和として表される．

質点系の全角運動量 $\boldsymbol{L}$ も，(7.46) の分解を用いると

$$\begin{aligned} \boldsymbol{L} &= \sum_i \boldsymbol{r}_i \times m_i \boldsymbol{v}_i \\ &= \sum_i (\boldsymbol{R} + \boldsymbol{r}_i') \times m_i (\boldsymbol{V} + \boldsymbol{v}_i') \\ &= \sum_i \boldsymbol{R} \times m_i \boldsymbol{V} + \sum_i \boldsymbol{R} \times m_i \boldsymbol{v}_i' + \sum_i m_i \boldsymbol{r}_i' \times \boldsymbol{V} + \sum_i \boldsymbol{r}_i' \times m_i \boldsymbol{v}_i' \\ &= \boldsymbol{R} \times M\boldsymbol{V} + \sum_i \boldsymbol{r}_i' \times \boldsymbol{p}_i' = \boldsymbol{L}_{\mathrm{G}} + \boldsymbol{L}' \end{aligned} \tag{7.50}$$

となり，重心の角運動量 $\boldsymbol{L}_{\mathrm{G}}$（正確には，重心に全質量が集中しているとしたときの原点周りの角運動量）と，重心に対する相対運動の角運動量 $\boldsymbol{L}'$ に分離できる．なお，(7.50) 3 行目の第 2，3 項は (7.49)，(7.48) によりゼロとなる．

重心の角運動量 $\boldsymbol{L}_{\mathrm{G}} = \boldsymbol{R} \times \boldsymbol{P} = \boldsymbol{R} \times M\boldsymbol{V}$ の時間変化は

$$\frac{d\boldsymbol{L}_{\mathrm{G}}}{dt} = \frac{d\boldsymbol{R}}{dt} \times M\boldsymbol{V} + \boldsymbol{R} \times M\frac{d\boldsymbol{V}}{dt} = \boldsymbol{V} \times M\boldsymbol{V} + \boldsymbol{R} \times \sum_i \boldsymbol{F}_i = \boldsymbol{R} \times \sum_i \boldsymbol{F}_i \tag{7.51}$$

となる．(7.51) の最右辺は，重心に外力の和がはたらくとしたときの力のモーメントで，これによって重心の角運動量の時間変化が定まる．したがって，質点系にはたらく外力の和がゼロ（外力がつり合っている）ならば（すなわち，外力のモーメントの和がゼロでなくても），重心の原点周りの角運動量 $\boldsymbol{L}_{\mathrm{G}}$ は一定であることに注意する．

相対運動の角運動量 $\boldsymbol{L}' = \boldsymbol{L} - \boldsymbol{L}_{\mathrm{G}}$ を時間で微分して，(7.36)，(7.51) などを利用すると

$$\begin{aligned}\frac{d\boldsymbol{L}'}{dt} = \frac{d\boldsymbol{L}}{dt} - \frac{d\boldsymbol{L}_{\mathrm{G}}}{dt} &= \sum_i \boldsymbol{r}_i \times \boldsymbol{F}_i - \boldsymbol{R} \times \sum_i \boldsymbol{F}_i = \sum_i (\boldsymbol{r}_i - \boldsymbol{R}) \times \boldsymbol{F}_i \\ &= \sum_i \boldsymbol{r}_i' \times \boldsymbol{F}_i \end{aligned} \tag{7.52}$$

となる．したがって，重心に対する相対運動の角運動量の時間変化は，重心周りの外力のモーメントに支配される．

さて，ここからは，質点系に地上の一様な重力がはたらいている場合を考える．外力 $\boldsymbol{F}_i$ を重力とそれ以外の外力 $\boldsymbol{F}_i'$ に分けて，

$$\boldsymbol{F}_i = m_i \boldsymbol{g} + \boldsymbol{F}_i' \tag{7.53}$$

と書ける．重心の角運動量の時間変化は，(7.51) より

$$\begin{aligned}\frac{d\boldsymbol{L}_{\mathrm{G}}}{dt} &= \boldsymbol{R} \times \sum_i \boldsymbol{F}_i = \boldsymbol{R} \times \sum_i (m_i \boldsymbol{g} + \boldsymbol{F}_i') \\ &= \boldsymbol{R} \times M\boldsymbol{g} + \boldsymbol{R} \times \sum_i \boldsymbol{F}_i' \end{aligned} \tag{7.54}$$

に従う．このため，重力を含めてすべての外力が重心に集中して作用するものと考えてよい．相対運動における角運動量の時間変化は，(7.52) より

$$\begin{aligned}\frac{d\boldsymbol{L}'}{dt} &= \sum_i \boldsymbol{r}_i' \times \boldsymbol{F}_i = \sum_i \boldsymbol{r}_i' \times (m_i \boldsymbol{g} + \boldsymbol{F}_i') \\ &= \sum_i m_i \boldsymbol{r}_i' \times \boldsymbol{g} + \sum_i \boldsymbol{r}_i' \times \boldsymbol{F}_i' = \sum_i \boldsymbol{r}_i' \times \boldsymbol{F}_i' \end{aligned} \tag{7.55}$$

となり，重力の影響は消えてしまうので，重力以外の外力 $\boldsymbol{F}_i'$ と相対座標 $\boldsymbol{r}_i'$ による力のモーメントだけを考慮すればよい．

質点系の場合のみならず，剛体においても，重心に対する相対運動の角運動量を考えると簡単になる（第8章，第9章）．

7.5　2体問題

この節では，最も簡単な質点系である2体の質点系について改めて調べる．

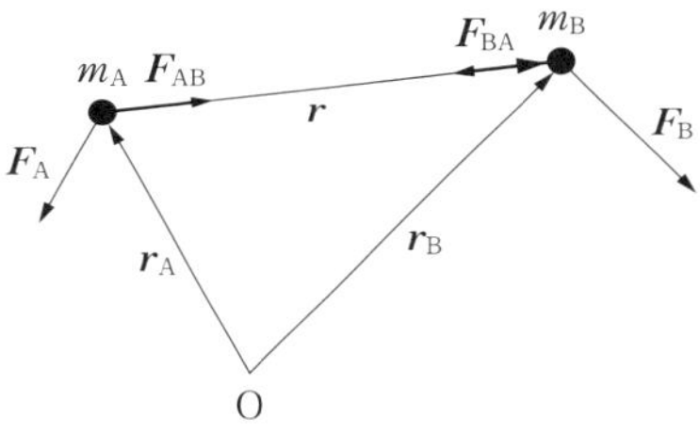

図 7.9　2 体系の相互作用（内力が引力の場合）

図7.9に示すように，相互作用している2つの質点A，Bの系を考える．これを**2体問題**という．$\boldsymbol{F}_A$と$\boldsymbol{F}_B$は質点A，B以外からはたらく力で外力である．一方，$\boldsymbol{F}_{AB}$と$\boldsymbol{F}_{BA}$は相互作用の力で内力である．$\boldsymbol{F}_{AB}$は質点Aが質点Bから受ける力であり，$\boldsymbol{F}_{BA}$は質点Bが質点Aから受ける力である．このとき，質点Aおよび質点Bの運動方程式は次のように書ける．

$$m_A \frac{d^2\boldsymbol{r}_A}{dt^2} = \boldsymbol{F}_A + \boldsymbol{F}_{AB} \tag{7.56}$$

$$m_B \frac{d^2\boldsymbol{r}_B}{dt^2} = \boldsymbol{F}_B + \boldsymbol{F}_{BA} \tag{7.57}$$

(7.56) と (7.57) を足し合わせ，ニュートンの第3法則あるいは作用反作用の法則 $\boldsymbol{F}_{AB} + \boldsymbol{F}_{BA} = \boldsymbol{0}$ を使って変形すると，重心の運動方程式

$$M \frac{d^2\boldsymbol{R}}{dt^2} = \boldsymbol{F}_A + \boldsymbol{F}_B \tag{7.58}$$

が得られる．ここで，重心の位置ベクトル $\boldsymbol{R}$ と全質量 M は

$$\boldsymbol{R} = \frac{m_A\boldsymbol{r}_A + m_B\boldsymbol{r}_B}{m_A + m_B} \tag{7.59}$$

$$M = m_A + m_B \tag{7.60}$$

である．したがって，重心の運動は，全質量 M と全外力が重心に集中していると考えて，普通の質点の運動方程式と同様に解けばよいことになる．

次に，(7.57) を m_{B} で割ったものと (7.56) を m_{A} で割ったものの引き算をすると，

$$\begin{aligned}\frac{d^2(\boldsymbol{r}_{\mathrm{B}}-\boldsymbol{r}_{\mathrm{A}})}{dt^2} &= \frac{\boldsymbol{F}_{\mathrm{B}}}{m_{\mathrm{B}}}-\frac{\boldsymbol{F}_{\mathrm{A}}}{m_{\mathrm{A}}}+\frac{\boldsymbol{F}_{\mathrm{BA}}}{m_{\mathrm{B}}}-\frac{\boldsymbol{F}_{\mathrm{AB}}}{m_{\mathrm{A}}} \\ &= \frac{\boldsymbol{F}_{\mathrm{B}}}{m_{\mathrm{B}}}-\frac{\boldsymbol{F}_{\mathrm{A}}}{m_{\mathrm{A}}}+\left(\frac{1}{m_{\mathrm{A}}}+\frac{1}{m_{\mathrm{B}}}\right)\boldsymbol{F}_{\mathrm{BA}}\end{aligned} \tag{7.61}$$

となる．ここで，質点 A から見た質点 B の相対位置ベクトル $\boldsymbol{r}$ と**換算質量** μ を，

$$\boldsymbol{r}=\boldsymbol{r}_{\mathrm{B}}-\boldsymbol{r}_{\mathrm{A}} \tag{7.62}$$

$$\frac{1}{\mu}=\frac{1}{m_{\mathrm{A}}}+\frac{1}{m_{\mathrm{B}}} \tag{7.63}$$

で定義する．

(7.61)，(7.62)，(7.63) より相対位置の方程式

$$\mu\frac{d^2\boldsymbol{r}}{dt^2}=\frac{\mu}{m_{\mathrm{B}}}\boldsymbol{F}_{\mathrm{B}}-\frac{\mu}{m_{\mathrm{A}}}\boldsymbol{F}_{\mathrm{A}}+\boldsymbol{F}_{\mathrm{BA}} \tag{7.64}$$

が得られる．外力 $\boldsymbol{F}_{\mathrm{B}}$ と $\boldsymbol{F}_{\mathrm{A}}$ は相対位置だけでは決まらないので，一般にはこの方程式を解くのは容易でない．特別な場合として，外力がはたらかない場合，または外力が地上の一様な重力である $\boldsymbol{F}_{\mathrm{A}}=m_{\mathrm{A}}\boldsymbol{g}$，$\boldsymbol{F}_{\mathrm{B}}=m_{\mathrm{B}}\boldsymbol{g}$ の場合（あるいは同様な性質をもつ外力），のどちらかであれば，

$$\boxed{\mu\frac{d^2\boldsymbol{r}}{dt^2}=\boldsymbol{F}_{\mathrm{BA}}(r)} \tag{7.65}$$

となり，換算質量をもった 1 つの質点の運動方程式と同じ形になる．このとき，2 体問題が 1 体問題に帰着したといわれる．

太陽の周りの惑星の公転運動を解く際は，本当は換算質量を用いた運動方程式を用いなければならない．しかし，2 体のうち一方の質量が他方の質量より圧倒的に大きいとき，換算質量はほとんど小さい方の質量になるので，太陽が中心にほとんど静止していると思って惑星の運動を解くことは，よい近似となる．

例題 7.11

質量 m_A, m_B の質点 A, B を考える．重心の位置 $\boldsymbol{R}$ と相対位置 $\boldsymbol{r}$ が与えられたとき，それぞれの質点の位置はどのように表されるか示しなさい．

【解】 $\boldsymbol{r}_A = \boldsymbol{R} - \dfrac{m_B}{M}\boldsymbol{r}$, $\boldsymbol{r}_B = \boldsymbol{R} + \dfrac{m_A}{M}\boldsymbol{r}$. ◆

例題 7.12

2 質点系の全運動エネルギー K を，例題 7.11 で述べた $\dot{\boldsymbol{R}}$, $\dot{\boldsymbol{r}}$ を用いて表しなさい．

【解】 ニュートンの記法を使うと，

$$K = \frac{1}{2}m_A(\dot{\boldsymbol{r}}_A)^2 + \frac{1}{2}m_B(\dot{\boldsymbol{r}}_B)^2 = \frac{1}{2}m_A\left(\dot{\boldsymbol{R}} - \frac{m_B}{M}\dot{\boldsymbol{r}}\right)^2 + \frac{1}{2}m_B\left(\dot{\boldsymbol{R}} + \frac{m_A}{M}\dot{\boldsymbol{r}}\right)^2$$
$$= \frac{1}{2}(m_A + m_B)\dot{\boldsymbol{R}}^2 + \frac{1}{2}\frac{m_A m_B}{M}\dot{\boldsymbol{r}}^2 = \frac{1}{2}M\dot{\boldsymbol{R}}^2 + \frac{1}{2}\mu\dot{\boldsymbol{r}}^2$$

となる．◆

例題 7.13

2 質点系の全角運動量 $\boldsymbol{L}$ を，例題 7.11 で述べた $\boldsymbol{R}$, $\boldsymbol{r}$ とそれらの時間微分を用いて表しなさい．

【解】 ニュートンの記法を使うと，

$$\boldsymbol{L} = m_A(\boldsymbol{r}_A \times \dot{\boldsymbol{r}}_A) + m_B(\boldsymbol{r}_B \times \dot{\boldsymbol{r}}_B)$$
$$= m_A\left[\left(\boldsymbol{R} - \frac{m_B}{M}\boldsymbol{r}\right) \times \left(\dot{\boldsymbol{R}} - \frac{m_B}{M}\dot{\boldsymbol{r}}\right)\right] + m_B\left[\left(\boldsymbol{R} + \frac{m_A}{M}\boldsymbol{r}\right) \times \left(\dot{\boldsymbol{R}} + \frac{m_A}{M}\dot{\boldsymbol{r}}\right)\right]$$
$$= M\boldsymbol{R} \times \dot{\boldsymbol{R}} + \mu\boldsymbol{r} \times \dot{\boldsymbol{r}}$$

となる．◆

例題 7.14

質量 m, M の 2 つの恒星が重心の周りを回る**連星**がある．公転周期 T と平均半径 a の関係を書きなさい．ただし，恒星を質点と見なしてよい．

【解】 相対座標の方程式は

$$\mu\frac{d^2\boldsymbol{r}}{dt^2} = -\frac{GmM}{r^2}\frac{\boldsymbol{r}}{|\boldsymbol{r}|}$$

である．ただし，$\mu = mM/(m+M)$ である．

$$\frac{d^2\boldsymbol{r}}{dt^2} = -\frac{G(m+M)}{r^2}\frac{\boldsymbol{r}}{|\boldsymbol{r}|}$$

であるから，第5章のケプラーの第3法則の導出の場合との比較により，

$$\frac{a^3}{T^2} = \frac{G(M+m)}{4\pi^2}$$

であることがわかる．◆

7.6　連成振動

ばねなどで結合された，複数のおもりで構成される質点系の振動を**連成振動**とよぶ．

まず図7.10のように，ばね定数が k_1，k_2，k_3 であるばねでつながれた2つの物体（質量 m_1，m_2）の周期運動を考える．つり合いの位置からの変位を x_1，x_2 とすると，運動方程式は次のようになる．

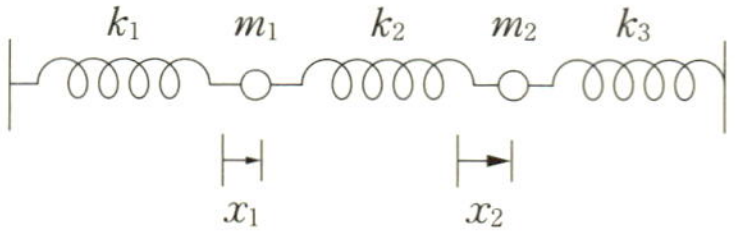

図7.10　2体の連成振動

$$m_1\frac{d^2x_1}{dt^2} = -k_1x_1 + k_2(x_2 - x_1) \tag{7.66}$$

$$m_2\frac{d^2x_2}{dt^2} = -k_3x_2 - k_2(x_2 - x_1) \tag{7.67}$$

ここで，$-k_1x_1$ が物体1にはたらく外力，$+k_2(x_2-x_1)$ が物体1にはたらく内力，$-k_3x_2$ が物体2にはたらく外力，$-k_2(x_2-x_1)$ が物体2にはたらく内力である．

前節での議論から，重心と相対位置についての方程式は

$$M\frac{d^2X}{dt^2} = -k_1x_1 - k_3x_2 \tag{7.68}$$

$$\mu\frac{d^2x}{dt^2} = \left(\frac{\mu}{m_2}(-k_3x_2) - \frac{\mu}{m_1}(-k_1x_1)\right) - k_2x \tag{7.69}$$

となる．ここで

$$M = m_1 + m_2, \qquad X = \frac{m_1 x_1 + m_2 x_2}{m_1 + m_2}, \qquad x = x_2 - x_1, \qquad \mu = \frac{m_1 m_2}{m_1 + m_2} \tag{7.70}$$

である．

簡単のために $m_1 = m_2 = m$，$k_1 = k_2 = k_3 = k$ だとすると，

$$M = 2m, \qquad X = \frac{x_1 + x_2}{2}, \qquad x = x_2 - x_1, \qquad \mu = \frac{m}{2} \tag{7.71}$$

となる．このとき，運動方程式は次のように整理される．

$$2m\frac{d^2X}{dt^2} = -k(x_1 + x_2) = -2kX \tag{7.72}$$

$$\frac{m}{2}\frac{d^2x}{dt^2} = -\frac{k}{2}(x_2 - x_1) - kx = -\frac{3k}{2}x \tag{7.73}$$

結局，X と x について，それぞれ単振動の方程式

$$\frac{d^2X}{dt^2} = -\frac{k}{m}X, \qquad \frac{d^2x}{dt^2} = -\frac{3k}{m}x \tag{7.74}$$

が得られたことになる．これらの一般解は，A，B，α，β を任意定数として

$$X = A\cos(\omega_1 t + \alpha), \qquad x = B\cos(\omega_2 t + \beta) \tag{7.75}$$

となる．ここで

$$\omega_1 = \sqrt{\frac{k}{m}}, \qquad \omega_2 = \sqrt{\frac{3k}{m}} \tag{7.76}$$

である．

よって，それぞれの質点の座標は

$$x_1 = X - \frac{x}{2} = A\cos(\omega_1 t + \alpha) - \frac{B}{2}\cos(\omega_2 t + \beta) \tag{7.77}$$

$$x_2 = X + \frac{x}{2} = A\cos(\omega_1 t + \alpha) + \frac{B}{2}\cos(\omega_2 t + \beta) \tag{7.78}$$

となる．

定数に適当な値を入れてグラフを描くと，例えば図 7.11 のように複雑な時間変化をすることがわかる．これは，2 つの角振動数の比が無理数になっているからである．$B = 0$ の場合には，

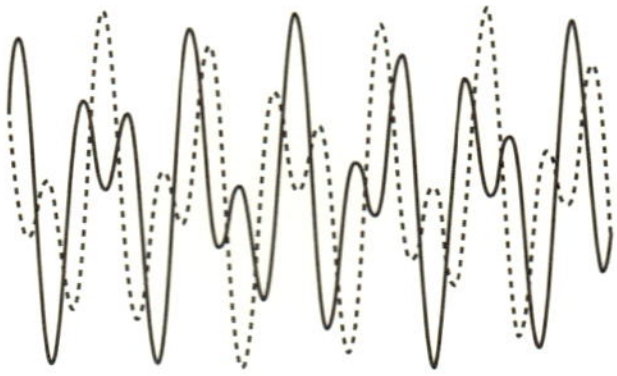

図 7.11　2 体の連成振動の解の一例（実線，点線がそれぞれ質点 1，2 の変位を表す）

$$x_1 = x_2 = A\cos(\omega_1 t + \alpha) \tag{7.79}$$

となり，質点 1 と質点 2 が角振動数 ω_1 で同位相の単振動をする．逆に $A = 0$ の場合には，

$$x_1 = -x_2 = -\frac{B}{2}\cos(\omega_2 t + \beta) \tag{7.80}$$

となり，質点 1 と質点 2 が角振動数 ω_2 で逆位相の単振動をする．一般解は，この 2 種類の単振動の重ね合わせで表されるので，ここでは，この 2 種類の振動それぞれを**基準振動**とよぶ．また，座標 X, x のことを**基準座標**とよぶ．質点の数が 3 個以上の連成振動においても，基準振動の数は質点の個数と同じである．

章　末　問　題

【1】　速さ 25 m/s で飛んできた質量 0.1 kg のボールに，その運動方向とは逆向きに 6.0 N・s の力積を加えて打ち返した．この後のボールの速さ v を求めなさい．
7.1 節　　**A**

【2】　体重 50 kg の人が 100 kg のボートに乗っている．このボートが水面に対して静止しているときに，この人が水平方向に 2 m/s の速さで水に飛び込んだ．その後，ボートはどのような運動をするか答えなさい．**7.1 節**　　**A**

【3】　質量 2 kg の物体 A が速度 2 m/s，質量 1 kg の物体 B が速度 1 m/s で共に x 軸上を正方向に運動している．衝突後，物体 A の速度が正方向に 1.5 m/s となった．衝突後の物体 B の速度 v を求めなさい．また，この衝突の際の反発係数 e を求めなさい．**7.2 節**　　**A**

【4】　人工天体が木星の進行方向の正面から木星に接近した後，木星の背後を回って木星の進行方向と同じ方向に進んでいく．最初の人工天体の速さを秒速 10 km，木

星の速さを秒速 13 km とすると，人工天体の最後の速さ v はいくらになるか答えなさい．ただし，人工天体の質量 m は木星の質量 M よりはるかに小さいとする．**7.2 節** **A**

【5】 x 軸上を正方向に速さ 9 m/s で等速度運動する質量 0.1 kg の物体と，y 軸上を正方向に速さ 6 m/s で等速度運動する質量 0.2 kg の物体が，原点において合体（完全非弾性衝突）した．合体後の物体の速度 $\boldsymbol{V}$ を求めなさい．**7.2 節** **A**

【6】 単位長さ当り質量 λ の柔軟な鎖を，垂直にしたまま水平なはかりの皿の上に落下させる．最初，鎖は静止していてその下端と皿の距離は h であった．鎖の長さ l だけ皿にたまった瞬間に，はかりが示す目盛りはいくらか答えなさい．**7.1 節** **C**

【7】 図 7.12 のように，質量 M の物体が天井から軽い丈夫な糸で吊り下げられ，静止している．この物体に質量 m，速さ v の銃弾を撃ち込む．銃弾は貫通せず，物体内部にとどまった．物体は初期の位置からどれだけの高さまで上昇するか答えなさい．ただし，重力加速度の大きさを g とする．**7.2 節** **B**

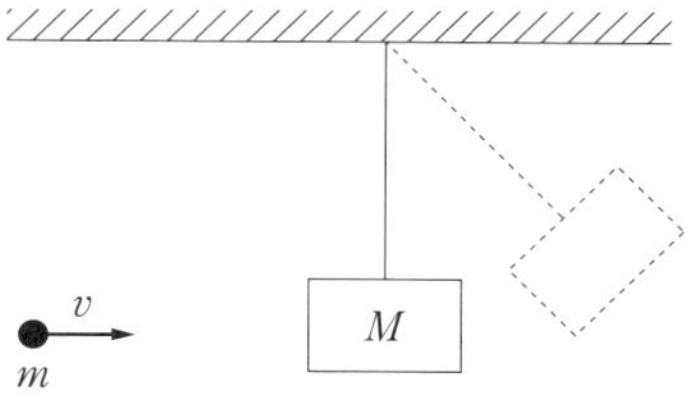

図 7.12　吊された物体に打ち込まれる銃弾

【8】 質量 m の 2 つの質点が，ばね定数 k のばねでつながれている．x 軸上に静かに置かれたこの連結体に，x 軸上を左から右に速度 V で進む質量 M の質点が衝突した．衝突後もすべての運動は x 軸上で起こるものとし，衝突の瞬間には，質量 M の質点と連結体の片方の質量 m の質点は（完全）弾性衝突をすると仮定する．このとき，衝突後の質量 M の質点の速度 V'，および連結体の重心の速度 v_G を求めなさい．**7.2 節** **C**

【9】 質量 m_1，m_2，m_3 の 3 つの質点の間には万有引力がはたらき，それらはある同一平面上を運動している（**3 体問題**）．3 つの質点が，1 辺の長さ d を保ったままの正三角形として，それらの固定された重心の周りを一定角速度で回転するとき，その角速度の大きさ ω を求めなさい（次頁の図 7.13 参照）．**7.4 節** **C**

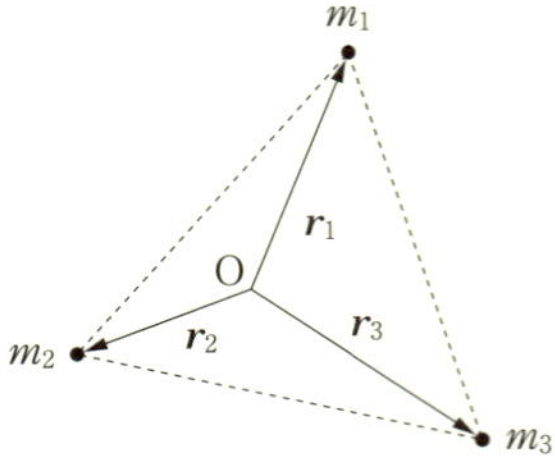

図 7.13　3 体問題

【10】　7.6 節で 2 個の質点の連成振動を学んだ．同じ質量 m のおもり，同じばね定数 k のばねを，同じつなぎ方で連結した場合の N 個の質点系の基準角振動数 ω_a（$a = 1, \cdots, N$）を求めなさい．ただし，基準振動における個々のおもりの振幅比は $A_{a1} : A_{a2} : \cdots : A_{aN} = \sin \dfrac{\pi a}{N+1} : \sin \dfrac{2\pi a}{N+1} : \cdots : \sin \dfrac{N\pi a}{N+1}$ と仮定してよい．

7.6 節　　C

8

剛体の力学

― 回転軸の向きが一定の場合 ―

【学習目標】

・剛体のつり合いについて理解する．
・固定軸をもつ剛体の運動を理解する．
・剛体の慣性モーメントを求めることができるようになる．
・円柱や球の転がり運動を理解する．

【キーワード】

剛体，つり合いの条件，偶力，重心，慣性モーメント，回転エネルギー，実体振り子

8.1 剛体のつり合い

剛体は，互いの位置を変えない質点の集まり（質点系）と見なしてよい．したがって，剛体の力学を考えるときは，いつでも質点系を基に考えてみればよい．なお，現実の世界のどのような広がりをもつ物体も厳密には変形をするので，剛体は変形の無視できる理想的な物体を表している．

剛体の静止は，そのあらゆる部分が静止していることを意味する（図 8.1）．

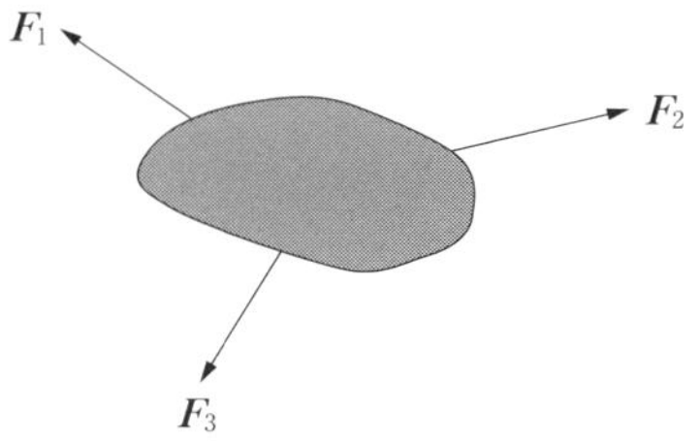

図 8.1　剛体のつり合い

したがって，剛体が無数の質点で表されると考えたとき，その位置関係が変わらないということは，外力の和がゼロ，すなわち1番目,2番目,…の質点にはたらく外力を $\boldsymbol{F}_1, \boldsymbol{F}_2\cdots$ で表せば，

$$\boldsymbol{F}_1 + \boldsymbol{F}_2 + \cdots = \sum_i \boldsymbol{F}_i = \boldsymbol{0} \tag{8.1}$$

であってかつ，ある点の周りの力のモーメントの和がゼロ，すなわち

$$\boldsymbol{N}_1 + \boldsymbol{N}_2 + \cdots = \sum_i \boldsymbol{N}_i = \boldsymbol{0} \tag{8.2}$$

でなければならない．ここで，$\boldsymbol{r}_i$ $(i = 1, 2, 3, \cdots)$ はある点を原点としたときの i 番目の質点の位置ベクトルで，$\boldsymbol{N}_i = \boldsymbol{r}_i \times \boldsymbol{F}_i$ は各質点にはたらく力のモーメントである．

なお，ある点とは，どんな点をとればよいだろうか．実は，任意の計算がしやすい点を選べばよい．なぜなら，(8.1) のように外力の和がゼロであれば，

$$\begin{aligned}(\boldsymbol{r}_0 + \boldsymbol{r}_1) \times \boldsymbol{F}_1 &+ (\boldsymbol{r}_0 + \boldsymbol{r}_2) \times \boldsymbol{F}_2 + \cdots \\ &= \boldsymbol{r}_0 \times (\boldsymbol{F}_1 + \boldsymbol{F}_2 + \cdots) + (\boldsymbol{r}_1 \times \boldsymbol{F}_1 + \boldsymbol{r}_2 \times \boldsymbol{F}_2 + \cdots) \\ &= \boldsymbol{r}_1 \times \boldsymbol{F}_1 + \boldsymbol{r}_2 \times \boldsymbol{F}_2 + \cdots \\ &= \boldsymbol{N}_1 + \boldsymbol{N}_2 + \cdots \\ &= \sum_i \boldsymbol{N}_i \end{aligned} \tag{8.3}$$

のように原点から $\boldsymbol{r}_0$ だけずらしても，力のモーメントの和がゼロという条件となるからである．

てこのつり合いについて考えてみよう（図8.2）．てこ本体の質量は無視できるものとする．支点の周りの力のモーメントの和がゼロというつり合い条件は，てこの原理から

$$r_1 F_1 = r_2 F_2 \tag{8.4}$$

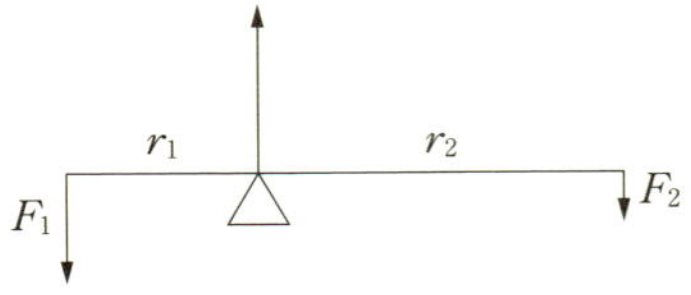

図 8.2　てこのつり合い

である．すなわち「腕」の長さと「重さ」を掛けたものが左右で同じである，というおなじみの条件であることがわかる．ちなみに，てこの両側にかかっている力の合力と等しい大きさを，上向きの力としててこは支点から受けているが，支点の周りの力のモーメントには寄与しない．

例題 8.1

図 8.3 のような，滑らかな壁に立てかけた梯子（質量 m，長さ $2l$）がある．床は静止摩擦係数 μ である．この梯子が静止しているために静止摩擦係数の満たすべき条件を求めなさい．

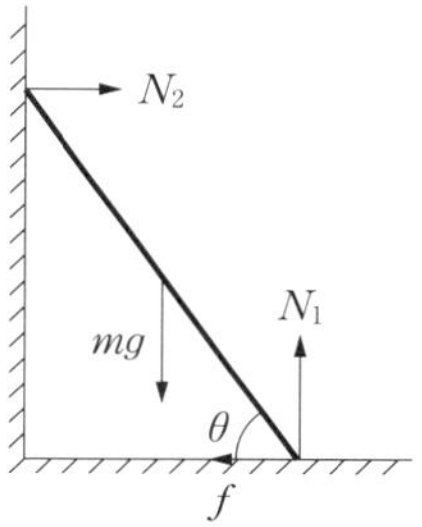

図 8.3　立てかけた梯子

【解】　梯子にはたらく重力は，重心である梯子の中央にはたらいていると見てよい．梯子にはたらく他の力は，床からの垂直抗力 N_1，壁からの垂直抗力 N_2，摩擦力 f である．

力のつり合いの条件は，垂直，水平それぞれの方向に分けて考えれば，$mg = N_1$，$f = N_2$ である．では，力のモーメントのつり合いはどのように考えればよいだろうか．一番簡単になるのは，原点を梯子の床との接点にとる場合である．重力の作る力のモーメントと，壁からの抗力の作る力のモーメントのつり合いを考えればよい．

まず，重力の作る力のモーメントの大きさは，$mg \times l\cos\theta$ である．これは，位置ベクトルと力のベクトルの外積の大きさとして求められるが，図 8.4 のように，力のモーメントを考える原点と，力の作用線の（最短）距離と力の大きさの積として

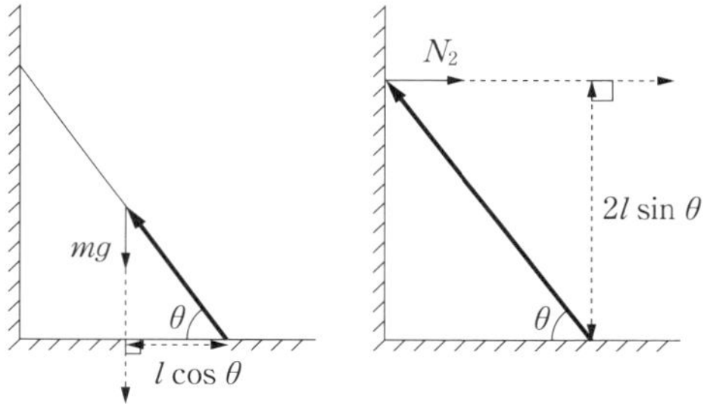

図 8.4　力のモーメントの大きさ

も与えられることがわかる．壁からの抗力の作る力のモーメントの大きさも同様に求められ，それは $N_2 \times 2l \sin\theta$ である．

以上の2つの力のモーメントは互いに逆向きなので，力のモーメントのつり合いから，$mgl\cos\theta = 2lN_2\sin\theta$ が成立することがわかる．以上の式と，床の静止摩擦係数を μ としたとき $f < \mu N_1$ であるので，立てかけた梯子が滑り出さないためには，$\tan\theta > 1/2\mu$ が成り立てばよいことがわかる．◆

8.2 偶　力

剛体の静止状態を分析する際，力のつり合いを考えるだけではなぜいけないのであろうか．

図8.5で表される場合，力はつり合っているので各力の大きさは

$$F_1 = F_2 = F \tag{8.5}$$

であるが，力のモーメントの和は明らかにゼロではない．図8.5では，物体は反時計回りに回り出すだろう．力の作用線が同一直線上にないとき，このようなことが起こる．このように力の和はゼロであるが，全体での力のモーメントが中心をどこにとってもゼロとならないような複数の力の集合を，**偶力**とよぶ．

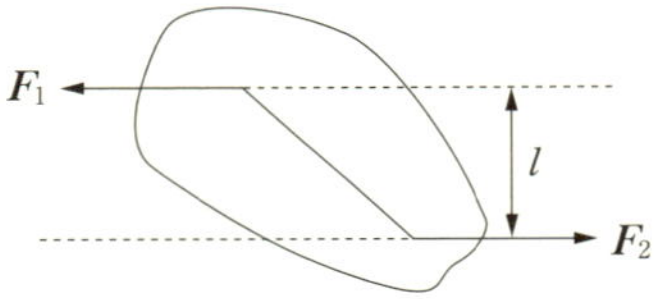

図8.5　偶力

偶力のモーメントの大きさは，図8.5の例の場合，

$$N = Fl \tag{8.6}$$

で表される．ここでは，l は2つの力の作用線の距離を表している．このとき，回転の中心をどのようにとって定義するべきであろうか．実は，偶力の作用線が乗っている平面上であれば，どこを中心としても同じ値となる．

図8.6のように，任意の点Oを中心とした場合における2つの力が作る力のモーメントの和は，

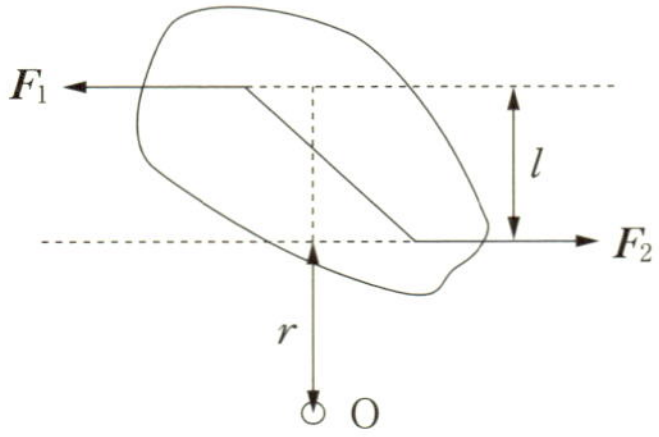

図 8.6　偶力と回転中心のとりかた

$$N = F(l + r) - Fr = Fl \tag{8.7}$$

となる．したがって偶力の場合，力のモーメントの大きさは中心を指定せずに，例えば（8.6）と表せばよいのである．

同じ平面上の3つ以上の力でも偶力になるときがある．また，2つ以上の偶力の和として書ける場合がある．作用線が交わる場合は，その交点まで力を平行移動して考えて合力を作って考える（作用線を動かさなければ，作用点を動かしても力のモーメントは変わらない）．図8.7の例では，$\boldsymbol{F}_1 + \boldsymbol{F}_2 + \boldsymbol{F}_3 = \boldsymbol{0}$ が成り立っている．この図では $\boldsymbol{F}_2$ を移動して考えて，偶力 $F_1 l$ を見出すことができる．

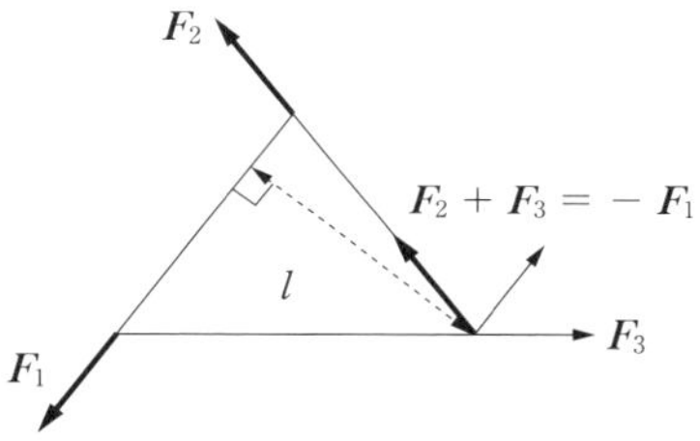

図8.7　3つの力による偶力

例題8.2

1辺の長さが l の正方形の各辺に沿って，同じ大きさ F の力を反時計回りに作用させたときの偶力のモーメントの大きさを求めなさい（図8.8）．

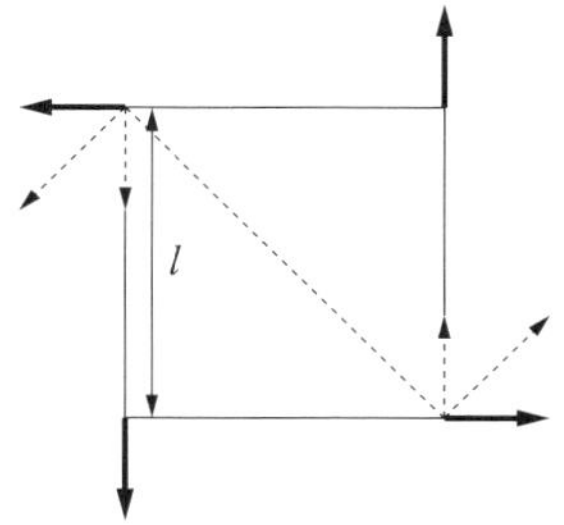

図8.8　正方形にはたらく偶力

【解】　向かい合った辺に平行な偶力 $N = Fl$ の2組の和と考えれば，$N = 2Fl$ である．また，2つの力を作用線に沿って移動し，対角線の両端にもってくれば，やはり $N = \sqrt{2}\,F \times \sqrt{2}\,l = 2Fl$ が得られる．◆

8.3 固定軸をもつ剛体の回転運動

剛体が，ある固定された**回転軸**（固定軸）の周りで角速度 ω の**回転運動**をしている（図 8.9）．この剛体の角運動量ベクトルの回転軸方向の成分が，

$$\boxed{L = I\omega} \tag{8.8}$$

と書ける場合，I をこの軸の周りの**慣性モーメント**とよぶ．そして，このように回転軸の方向が不変である場合，回転運動の方程式は（5.4 節，7.3 節，$d\boldsymbol{L}/dt = \boldsymbol{N}$ より）

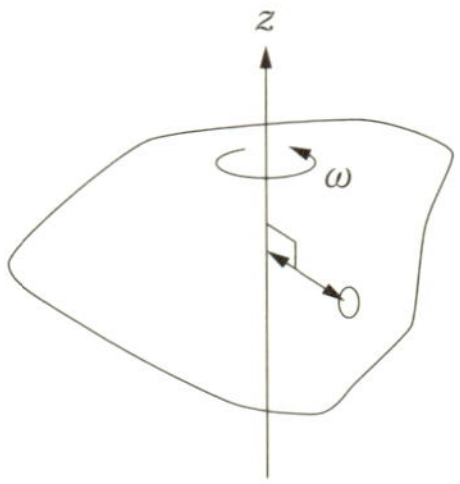

図 8.9　剛体と回転軸

$$\boxed{I\frac{d\omega}{dt} = N} \tag{8.9}$$

のようになる．N はこの軸方向の力のモーメントの成分である．なお，$d\omega/dt$ は（ニュートンの記法により）$\dot{\omega}$ とも書かれ，これは角速度の時間微分であることから，角加速度（の大きさ）とよばれ記号 α で表されることもある．

8.1 節で述べたように，剛体はいつも互いに位置を変えない質点の集まりと見なしてよい．したがって，すべての粒子が共通の角速度 $\boldsymbol{\omega}$（$|\boldsymbol{\omega}| = \omega$）で回転する質点系として考えることができる．このとき，i 番目の質点の速度は

$$\boldsymbol{v}_i = \boldsymbol{\omega} \times \boldsymbol{r}_i \tag{8.10}$$

で表されるので，この一様に回転する質点系の全角運動量は，

$$\begin{aligned} \boldsymbol{L} &= \sum_i \boldsymbol{r}_i \times m_i\boldsymbol{v}_i = \sum_i m_i\boldsymbol{r}_i \times (\boldsymbol{\omega} \times \boldsymbol{r}_i) \\ &= \sum_i m_i(|\boldsymbol{r}_i|^2\boldsymbol{\omega} - (\boldsymbol{r}_i \cdot \boldsymbol{\omega})\boldsymbol{r}_i) \end{aligned} \tag{8.11}$$

である．

さらに分析するため，$\boldsymbol{\omega}$ 方向に z 軸をとった座標（今は向きの固定された回転軸を考えている）で考えれば，$\boldsymbol{\omega} = \omega\boldsymbol{e}_z$ であるので

$$\begin{aligned} |\boldsymbol{r}|^2\boldsymbol{\omega} - (\boldsymbol{r} \cdot \boldsymbol{\omega})\boldsymbol{r} &= (x^2 + y^2 + z^2)\omega\boldsymbol{e}_z - (z\omega)z\boldsymbol{e}_z \\ &= (x^2 + y^2)\omega\boldsymbol{e}_z \end{aligned} \tag{8.12}$$

となる．したがって，(8.8) より z 軸周りの慣性モーメントの大きさは

$$I_z = \sum_i m_i \xi_i^2 \qquad (8.13)$$

で表されることがわかる．ここで，ξ_i は回転軸と i 番目の質点との距離を表す（図 8.10）．

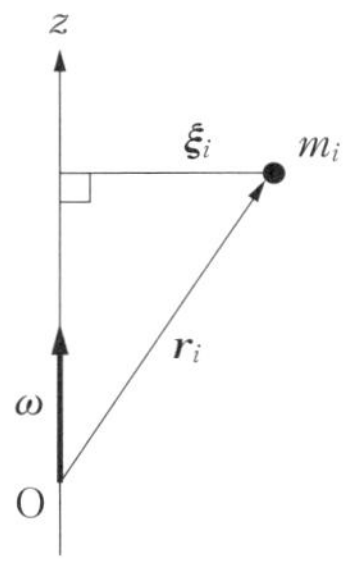

図 8.10 回転軸からの距離

連続な質量分布をもつ剛体の場合を考える．剛体中のある点 P の座標が (x, y, z) のとき，そこでの質量密度が $\rho(x, y, z)$ で与えられているとする．点 P 付近の微小体積 $\varDelta V = \varDelta x \varDelta y \varDelta z$ を考えれば，その質量は $\rho(x, y, z)\varDelta V$ である．これを質点の質量 m_i と見なして剛体全体を質点系と同様に表すには，足し合わせと共に微小体積に対して無限小の極限をとると考える．これは数学では体積積分に当たる．

したがって，固定された回転軸を z 軸にとるとき，質量分布が与えられた剛体の z 軸周りの慣性モーメントは，

$$\boxed{I_z = \iiint \rho(x, y, z)(x^2 + y^2)\,dx\,dy\,dz} \qquad (8.14)$$

と表される．ここで ρ は質量密度である．式中に積分範囲を与えていないが，物質（質量）のないところでは $\rho = 0$ と定義されているならば，積分範囲は全空間と思ってよい．

例題 8.3

質量分布が $\rho(x, y, z)$ で与えられた剛体の質量を，積分を使って表しなさい．

【解】 質点系では $M = \sum_i m_i$ であったので，慣性モーメントの場合の（8.13）から（8.14）への対応と同様に考えれば，剛体の質量は $M = \iiint \rho(x, y, z)\,dx\,dy\,dz$ で表される．◆

例題 8.4

質量分布が $\rho(x, y, z)$ で与えられた剛体の重心の位置ベクトル $\boldsymbol{R}$ を，積分を使って表しなさい．

【解】 質点系では $M\boldsymbol{R} = \sum_i m_i \boldsymbol{r}_i$ であったので，剛体の重心の位置ベクトルは

$$\boldsymbol{R} = \frac{1}{M}\iiint \rho(x,y,z)\boldsymbol{r}\,dx\,dy\,dz$$

である．成分表示では

$$\left(\frac{1}{M}\iiint \rho(x,y,z)x\,dx\,dy\,dz,\ \frac{1}{M}\iiint \rho(x,y,z)y\,dx\,dy\,dz,\ \frac{1}{M}\iiint \rho(x,y,z)z\,dx\,dy\,dz\right)$$

である．◆

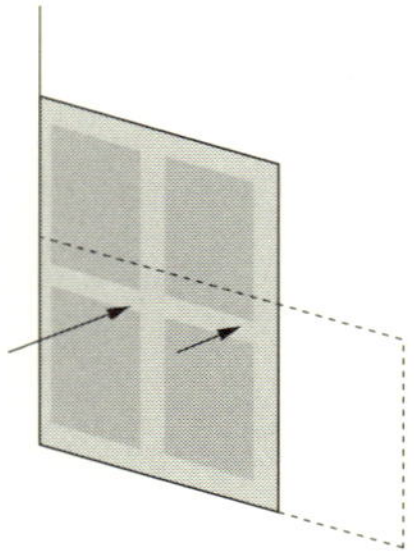

図 8.11　剛体としてのドア

慣性モーメントの物理的意味を考えてみよう．重いドアは，蝶番のところがちょうど軸となっている剛体と見なせる．また，慣性モーメントは剛体の回転のしにくさを表し，剛体の質量に比例するが剛体の形状にも依存する（図 8.11）．

静止している押し開きのドアを手で押せば動きだすが，軸よりも遠い所を押した方が小さい力で動き出す．軸の近くと遠くでは，同じ力でも軸周りの力のモーメントの大きさが違ってくる．すなわち，軸の周りの剛体の回転運動は，それにはたらく力のモーメントが大きいほど大きく変化する．以上が（8.9）の意味するところである．

剛体を互いの相対位置が固定された質点系と思えば，固定された回転軸の周りに角速度 ω で回転している剛体の運動エネルギーは，

$$K = \sum_i \frac{1}{2} m_i \boldsymbol{v}_i^2 = \sum_i \frac{1}{2} m_i (\boldsymbol{\omega} \times \boldsymbol{r}_i)^2$$

$$= \sum_i \frac{1}{2} m_i (|\boldsymbol{r}_i|^2 \omega^2 - (\boldsymbol{r}_i \cdot \boldsymbol{\omega})^2) \tag{8.15}$$

と表される．再び，回転軸を z 軸と考えれば

$$|\boldsymbol{r}|^2\omega^2 - (\boldsymbol{r}\cdot\boldsymbol{\omega})^2 = (x^2+y^2+z^2)\omega^2 - (z\omega)^2$$

$$= (x^2+y^2)\omega^2 \tag{8.16}$$

となることがわかるので，（8.13）より，固定軸周りの慣性モーメントが $I(= I_z)$ である剛体の**回転エネルギー**は

$$\boxed{K = \frac{1}{2} I \omega^2} \tag{8.17}$$

で表されることがわかる．

8.4 さまざまな剛体の慣性モーメント

剛体の慣性モーメントの大きさは質量分布により決まるが，重要なのは剛体の全質量のみならず，その形状に大きく依存することである．いくつかの例について，剛体の慣性モーメントを調べてみる．

（1）**一様な細い棒の，重心を通る垂直軸周りの慣性モーメント**

棒の長さを l，単位長さ当りの質量を一定値 λ とする．回転軸から x の距離にある微小長さ Δx の部分の質量は $\lambda\Delta x$ だから（図 8.12），慣性モーメント I は

$$I = 2\int_0^{l/2}\lambda x^2 dx = \frac{\lambda l^3}{12} \tag{8.18}$$

で与えられる．ここで，因子 2 は棒の右側と左側の部分が同じと考えて計算したためである．一方，全質量 M は $M = \lambda l$ で与えられるので

$$I = \frac{Ml^2}{12} \tag{8.19}$$

となる．

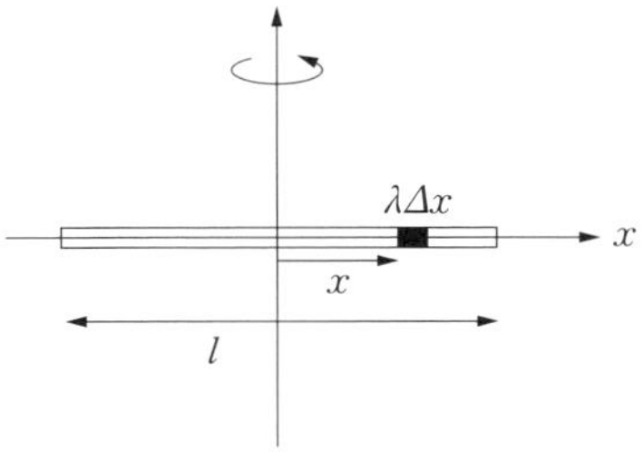

図 8.12　一様な細い棒（1）

例題 8.5

質量 M，長さ l の一様な細い棒の，棒の端を通る垂直軸周りの慣性モーメントを求めなさい．

【解】　上と同様に計算すれば，$I = \int_0^l \lambda x^2 dx = \dfrac{Ml^2}{3}$ となる（図 8.13）．

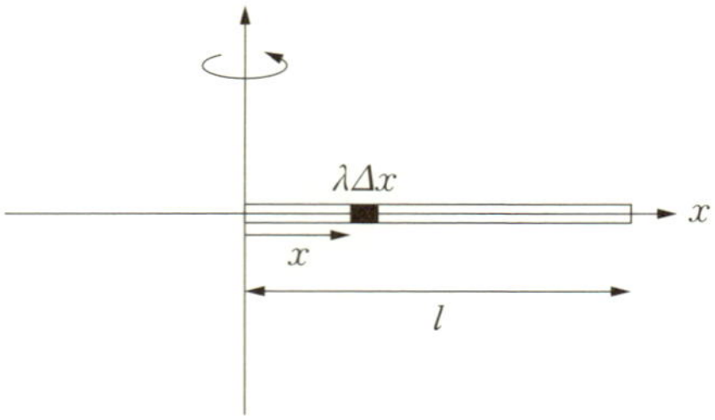

図 8.13　一様な細い棒 (2)

◆

（２）**一様な円板の，重心を通る垂直軸周りの慣性モーメント**

単位面積当りの質量密度が一定値 σ で，半径 r，微小な幅 $\varDelta r$ の円環（図 8.14）の中心軸周りの慣性モーメントは（質量が軸から等距離 r にあるため），$\sigma \cdot 2\pi r \cdot \varDelta r \cdot r^2 = 2\pi\sigma r^3 \varDelta r$ である．これらの足し合わせで半径 a の円板ができるので，積分で表せば

$$I = 2\pi\int_0^a \sigma r^3 dr = \frac{\pi\sigma a^4}{2} \tag{8.20}$$

となり，全質量 M は $M = \pi\sigma a^2$ で与えられるため，

$$\boxed{I = \frac{Ma^2}{2}} \tag{8.21}$$

となる．

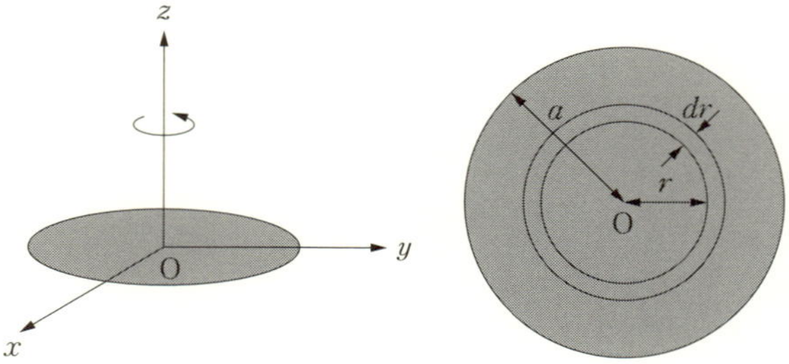

図 8.14　一様な円板

例題 8.6

質量 M，半径 a の一様な円柱の，重心を通る対称軸周りの慣性モーメントを求めなさい．

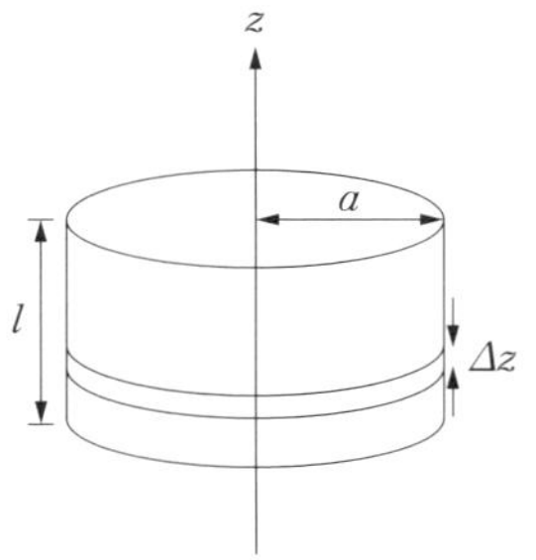

図 8.15　一様な円柱

【解】　単位体積当りの質量密度を一定値 ρ とする．軸に沿った方向（z 軸方向とする）に垂直に薄く（厚さ Δz）スライスすれば，面密度 $\rho\Delta z$ の円板が現れる．円柱の長さを l とするとき，円柱の対称軸（z 軸）周りの慣性モーメントを，円板の同じ軸（つまり，z 軸）周りの慣性モーメントの和と見ることができる．積分によって，

$$I = \int_0^l \frac{\pi a^4 \rho}{2}\, dz = \frac{\pi a^4 l \rho}{2} = \frac{Ma^2}{2}$$

がわかる（図 8.15）．◆

（3）一様な球の，重心を通る軸周りの慣性モーメント

軸を z 軸とする．この場合も，円板の積み重ねと見ればよいが，z の位置にある円板は半径が $\sqrt{a^2 - z^2}$ であることに注意する．ここで，単位体積当りの質量密度を ρ とすると（8.20）または（8.21）より

$$I = 2\int_0^a \frac{\rho}{2}\pi(\sqrt{a^2 - z^2})^2 \cdot (\sqrt{a^2 - z^2})^2 dz$$

$$= 2\int_0^a \frac{\pi\rho}{2}(a^2 - z^2)^2 dz = \frac{8\pi\rho}{15}a^5 \qquad (8.22)$$

のように計算でき，球の全質量 M が $M = (4\pi\rho/3)a^3$ で与えられることを用いれば，半径 a の一様な球の z 軸周りの慣性モーメントは，

$$\boxed{I = \frac{2}{5}Ma^2} \qquad (8.23)$$

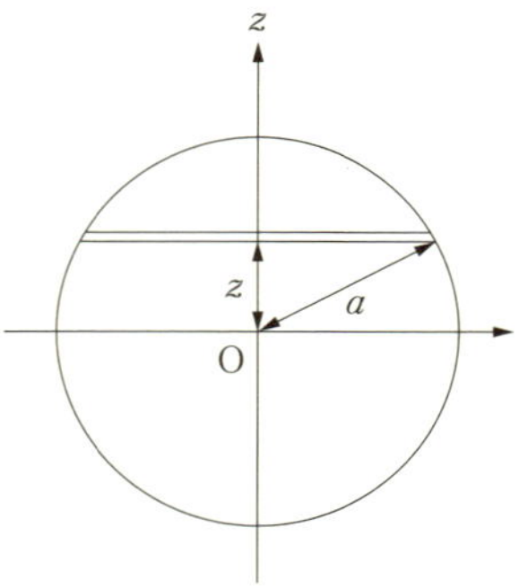

図 8.16　一様な球

で与えられることがわかる．球の中心が原点にあるとき，x 軸の周り，y 軸の周りの慣性モーメントもこれに等しい（図 8.16）．

例題 8.7

この対称性（$I_x = I_y = I_z$）を用いて，一様な球の中心を通る軸周りの慣性モーメントを求めなさい．

【解】　$I_x = \iiint \rho\ (y^2 + z^2)\, dxdydz$，$I_y = \iiint \rho\ (x^2 + z^2)\, dxdydz$，$I_z = \iiint \rho\ (x^2 + y^2)\, dxdydz$ であるので，$I_x + I_y + I_z = 2\rho \iiint (x^2 + y^2 + z^2)\, dxdydz = 3I$ となる．極座標系を使うと，積分範囲を半径 a の球内として $\iiint (x^2 + y^2 + z^2)\, dxdydz = \iiint r^2 r^2 dr \sin\theta d\theta d\phi = (4\pi/5)a^5$ となるから，(8.23) を得る．◆

例題 8.8

一様密度の，薄い中空円筒，薄い球殻，それぞれの回転対称軸の周りの慣性モーメントを求めなさい．

【解】　薄い中空円筒は，同じ軸をもった円環を積み重ねたものと考えることができる．質量 m，半径 a の円環の慣性モーメントは，質量が軸から等距離 a にあるため，ma^2 で表される．したがって，質量 M，半径 a の薄い中空円筒の回転対称軸周りの慣性モーメントは，$I = Ma^2$ である．

一様密度 ρ，半径 a の球の中心を通る軸周りの慣性モーメントは (8.22) で示されたように，$I(a) = (8\pi/15)\,\rho a^5$ である．半径 $a + \Delta a$ の球から半径 a の球を取り除くことを考える．回転対称性から，こうしてできた球殻の対称軸周りの慣性モーメントは $I(a+\Delta a)-I(a)$ で与えられることがわかる．$\Delta a \ll a$ であるとき，$I(a+\Delta a)-I(a)=(8\pi/15)\rho[(a+\Delta a)^5-a^5]\sim(8\pi/3)\rho a^4\Delta a$ であり，薄い球殻の体積は $4\pi a^2\Delta a$ であるので，薄い球殻の対称軸周りの慣性モーメントは $(2/3)Ma^2$ とわかる．
◆

重心を通る軸周りの慣性モーメントと，その軸に平行な他の軸の周りの慣性モーメントの関係を示そう．その慣性モーメントの大きさは，

$$\boxed{I = I_{\mathrm{G}} + MR^2} \tag{8.24}$$

となる．ここで，I_{G} は重心を通る軸周りの慣性モーメント，I が平行な他の軸の周りの慣性モーメントである．そして R は重心を通る軸と平行な他の軸との距離，M は剛体の質量である．(8.24) で表される関係が成り立つことを，**平行軸の定理**という．

この証明は以下のようになる．まず，簡単のために薄い板とそれに垂直な軸について考えよう．したがって図 8.17 のように，ここで考えるベクトルは，すべてこの板の定める平面上にあるものとする．慣性モーメントを求めたい軸の位置を原点とする．重心の位置ベクトルを $\boldsymbol{R}$ とする．例によって，剛体を質点の集まりと見なして表し変形していくと，

$$\begin{aligned} I &= \sum_i m_i r_i^2 = \sum_i m_i(\boldsymbol{r}_i - \boldsymbol{R} + \boldsymbol{R})^2 \\ &= \sum_i m_i(\boldsymbol{r}_i - \boldsymbol{R})^2 + 2\{\sum_i m_i(\boldsymbol{r}_i - \boldsymbol{R})\}\cdot\boldsymbol{R} + \sum_i m_i\boldsymbol{R}\cdot\boldsymbol{R} \\ &= \sum_i m_i\boldsymbol{r}_i'^2 + 2\{M\boldsymbol{R} - M\boldsymbol{R}\}\cdot\boldsymbol{R} + \sum_i m_i R^2 \\ &= I_{\mathrm{G}} + MR^2 \end{aligned} \tag{8.25}$$

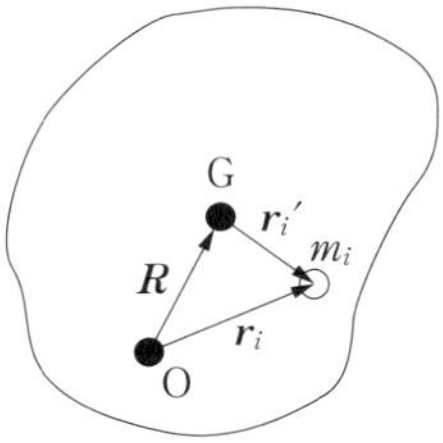

図 8.17 平行軸の定理

となる．なお，(8.25) の式変形では，重心の定義式 (7.37) を用いた．このように平行軸の定理が得られる．剛体が板状でない場合，この図 8.17 で紙面から離れた質点についても考えることになるが，軸からの距離は板の平面に投影したものと同じであるから，同様に平行軸の定理が証明される．

例題 8.9

質量 M，長さ l の一様な細い棒の，重心を通る垂直軸周りの慣性モーメントと，その棒の端を通る垂直軸周りの慣性モーメントについて，平行軸の定理が成り立っていることを確かめなさい．

【解】 この棒の，重心を通る垂直軸周りの慣性モーメントは，(8.19) で示したように $(1/12)Ml^2$ である．また，棒の端を通る垂直軸周りの慣性モーメントは例題 8.5 より，$(1/3)Ml^2$ である．棒の端から棒の重心までの距離は $l/2$ である．したがって，

$$\frac{1}{3}Ml^2 = \frac{1}{12}Ml^2 + M\left(\frac{l}{2}\right)^2$$

であるので，平行軸の定理が成立している．◆

次に，薄板の場合にのみ成り立つ平板の定理（垂直軸の定理）を与えよう．一様な薄い板に垂直な軸を z 軸とする．板上に x 軸と y 軸を垂直にとる．z 軸の周りの慣性モーメントは，x 軸の周りの慣性モーメントと y 軸の周りの慣性モーメントの和で

$$\boxed{I_z = I_x + I_y} \tag{8.26}$$

のように書ける．これを**平板の定理**（垂直軸の定理）という．証明は以下のようになる．

図 8.18 で，座標が (x, y) である点の付近にある微小部分を考える．x 軸および y 軸の周りの慣性モーメントは，この微小部分の質量と，回転軸との距離の 2 乗を掛けたものの足し合わせで得られる．x 軸周りの慣性モーメ

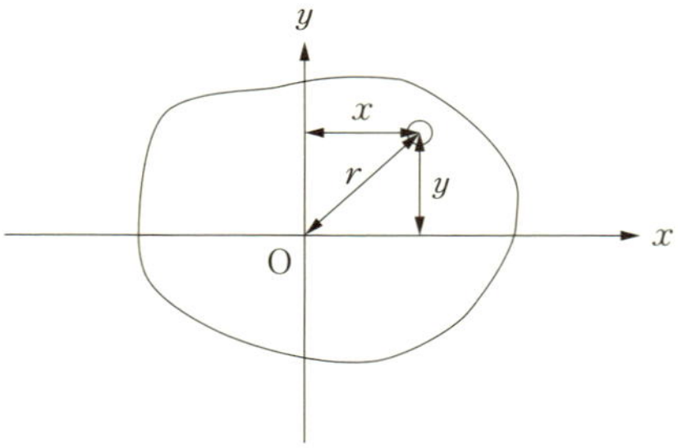

図 8.18　平板の定理（垂直軸の定理）

ントは，質量にその y 座標の2乗を掛けたものであり，y 軸周りの慣性モーメントは，質量にその x 座標の2乗を掛けたものである．したがって，この同じ微小部分の寄与を足し合わせると，微小部分の質量に原点からの距離の2乗を掛けたものとなる．この微小部分の和として，垂直軸の定理は証明される．

式で表せば，図8.18に示すある微小部分について

$$mr^2 = my^2 + mx^2 \tag{8.27}$$

であるから，各微小部分について足し合わせたものは z 軸周りの慣性モーメントに他ならない．

例題 8.10

垂直軸の定理を用いて，質量 M，半径 a の一様な円板の1つの直径を軸としたときの慣性モーメントを求めなさい．

【解】 円板を x - y 平面上に置き，中心を原点とする．円板の中心を通る垂直軸周りの慣性モーメントは，(8.21) で与えられたように $I_z = (1/2)Ma^2$ である．求めたい慣性モーメント I は $I = I_x = I_y$ なので，垂直軸の定理により

$$I = \frac{1}{4}Ma^2$$

である．◆

8.5 実体振り子

質量 M の剛体がある．剛体を貫く水平な固定軸（z 軸）をとり，剛体をこの軸に垂直な鉛直面内で運動できるようにする．一様な重力場の中で，適当な初期条件の下では，この剛体は振動運動をする．これを**実体振り子**（または剛体振り子，物理振り子）とよぶ．

次頁の図8.19のように回転軸を z 軸とし，鉛直下方に x 軸をとる．剛体のつり合いの位置は，剛体の重心が x 軸上のときである．また，重心の運動が x - y 平面上となるように座標をとる．回転軸と重心の距離を R とし，原点Oと重心Gを結ぶ線と x 軸のなす角度を θ とする．

剛体においても質点系と同様，重力による力のモーメントは，重心に Mg の

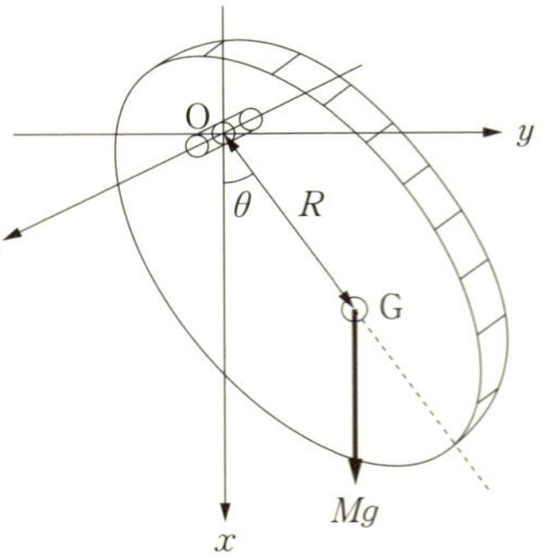

図 8.19　実体振り子

力がはたらいているとして考えればよい．したがって，z 軸周りの力のモーメントは

$$N_z = -MgR\sin\theta \tag{8.28}$$

である．また，z 軸周りの慣性モーメントを I とすれば，角運動量は

$$L_z = I\omega = I\frac{d\theta}{dt} \tag{8.29}$$

である．ここで $\omega = d\theta/dt$ は角速度である．回転運動の方程式 $dL_z/dt = N_z$ は

$$I\frac{d^2\theta}{dt^2} = -MgR\sin\theta \tag{8.30}$$

となる．ここで $d^2\theta/dt^2$ は角加速度である．角度 θ が小さいとき，この方程式は

$$I\frac{d^2\theta}{dt^2} = -MgR\theta \tag{8.31}$$

で近似されるので，運動は単振動と見なすことができる．その角振動数は

$$\omega = \sqrt{\frac{MgR}{I}} \tag{8.32}$$

で，振動の周期は

$$\boxed{T = 2\pi\sqrt{\frac{I}{MgR}}} \tag{8.33}$$

である．

この実体振り子と同じ周期をもつ単振り子は，糸の長さが

$$\boxed{l_{\mathrm{E}} = \frac{I}{MR}} \tag{8.34}$$

である．これを**相当単振り子の長さ**とよぶ．

例題 8.11

質量 M のおもりを長さ l の軽い糸の先につけた単振り子は，糸の長さは変わらないことから，1つの剛体と考えてもよい．(8.33) を用いて単振り子の微小振動の周期を求めなさい．

【解】 この単振り子の支点周りの慣性モーメントは $I = Ml^2$ であり，重心と回転中心の距離 R は $R = l$ なので，

$$T = 2\pi\sqrt{\frac{I}{MgR}} = 2\pi\sqrt{\frac{Ml^2}{MgR}} = 2\pi\sqrt{\frac{l}{g}}$$

となり，第3章で見出した単振り子の微小振動の周期を再現する．◆

例題 8.12

長さ l の一様な棒の端を支点として実体振り子としたときの，微小振動の周期 T を求めなさい．

【解】 重心は棒の中心にあるので $R = l/2$，また 8.4 節の例題 8.5 より，この場合の慣性モーメントは $I = Ml^2/3$ である．よって，

$$T = 2\pi\sqrt{\frac{2l}{3g}}$$

である．これは同じ長さの単振り子よりも周期が短い．◆

慣性モーメントが無視できない場合に，定滑車に異なる質量 m_{A}，m_{B}($m_{\mathrm{B}} > m_{\mathrm{A}}$ とする）の物体を綱で吊したときの運動を考える．このような定滑車を用いた等加速度運動を観測する装置を**アトウッドの器械**（装置）とよぶ．自由落下よりも加速度が小さいので，観察しやすい．図 8.20 のように，加速度の大きさを a，それぞれにはたらく張力を S_{A}，S_{B} とすると，物体 A，B の運動方程式は重力加速度の大きさを g として，

$$m_{\mathrm{A}}a = -m_{\mathrm{A}}g + S_{\mathrm{A}} \tag{8.35}$$

$$m_{\mathrm{B}}a = m_{\mathrm{B}}g - S_{\mathrm{B}} \tag{8.36}$$

となる．綱の質量は無視した．また，滑車を半径 r の一様な薄い円板と見なす

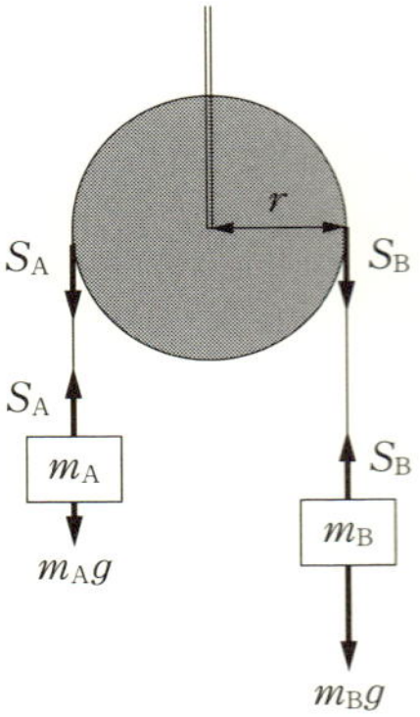

図 8.20　アトウッドの器械（装置）

と，α をその角加速度として

$$I\alpha = r(S_B - S_A),\ \text{ただし}\quad I = \frac{1}{2}Mr^2 \tag{8.37}$$

が回転運動の方程式である．また，この場合，綱と滑車に滑りがなければ，

$$\alpha = \frac{a}{r} \tag{8.38}$$

である．以上の式から加速度の大きさが

$$a = \frac{(m_B - m_A)g}{m_A + m_B + M/2} \tag{8.39}$$

のように求められる．

例題 8.13

この系の力学的エネルギーを求めなさい．

【解】　物体 A と物体 B が速さ v をもつとき，これらの運動エネルギーの和は $(1/2) \times (m_A + m_B)v^2$ である．また，このときの円板（滑車）の回転の運動エネルギーは $K = (1/2)I\omega^2$ である．滑車を薄板円板とすると，$I = Mr^2/2$ である．また，ここで綱に滑りがないとすると $\omega = v/r$ である．一方，ポテンシャルエネルギー U は $-m_Bgx + m_Agx$ である．x は物体 A の位置の座標で，上向きにとった．以上により全力学的エネルギーは

$$\frac{1}{2}\left(m_A + m_B + \frac{M}{2}\right)v^2 - (m_B - m_A)gx$$

のようになる．◆

8.6 剛体の平面運動

剛体を構成する各点が，ある平面に平行に運動する場合を剛体の**平面運動**とよぶ．剛体の回転軸は，この平面に垂直な一定方向を保ちながら平行移動していく．この平面を x-y 平面とすると，回転の軸は z 軸方向ということになる．実体振り子の運動も平面運動の一種であった．

位置の固定していない回転軸が，剛体の重心を通っている場合について考えてみよう．重心の周りの多数の質点系の角運動量は，各質点の速度を重心との相対速度におきかえることで対応でき，重心の周りの角運動量の時間変化率（時間微分）は，外力が重心の周りに作る力のモーメントの和であった（7.4節）．したがって剛体の場合も，重心との相対運動を使って角運動量を調べてやればよい．つまり，剛体の重心を通る軸の周りの回転は，重心の運動と切り離して考えてよい．

このように，質点系や剛体の力学的エネルギーは外力がはたらかなければ保存し，それは重心運動のエネルギーと，重心との相対運動のエネルギーに分かれる．剛体が重力のみを受けて平面運動をする場合，重心との相対運動は重心を通る軸の周りの回転運動である．

剛体の平面運動の例として，半径 r，質量 M の一様な円柱が，傾きの角 θ の斜面を滑らずに転がり落ちる場合を考えよう．

図 8.21 のように，斜面に沿って下向きに x 軸をとったときの運動方程式は

$$Ma = Mg\sin\ \theta - f \qquad (8.40)$$

である．ここで f は摩擦力，a は円柱（の重心）の加速度，g は重力加速度の大きさである．回転運動の方程式は

$$I\alpha = fr \qquad (8.41)$$

である．ここで，α は円柱の回転の角加速度である．また，滑らずに転がるという条件から，

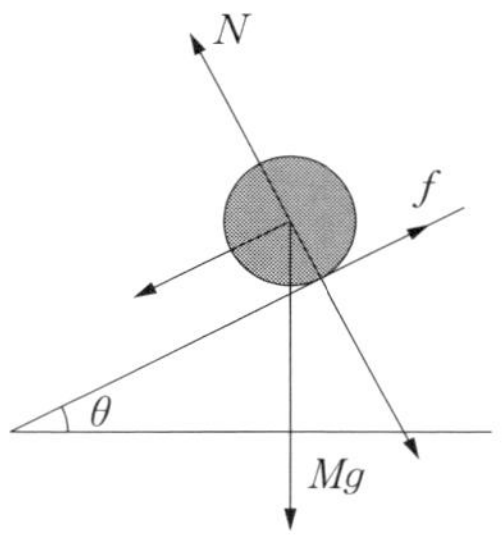

図 8.21　斜面を転がる円柱

$$\alpha = \frac{a}{r} \qquad (8.42)$$

である．以上の式を用いると

$$\left(M + \frac{I}{r^2}\right)a = Mg\sin\theta \tag{8.43}$$

となり，加速度の大きさは，円柱の回転軸周りの慣性モーメント I が $Mr^2/2$ で与えられることを用いると，

$$a = \frac{M}{M + I/r^2}g\sin\theta = \frac{2}{3}g\sin\theta \tag{8.44}$$

のように求められる．斜面に沿った加速度は，摩擦のない，同質量の回転しない物体の場合よりも小さい．

この運動で運動エネルギーは

$$\boxed{K = \frac{1}{2}Mv^2 + \frac{1}{2}I\omega^2} \tag{8.45}$$

と表される．ここで v は円柱重心運動の速さ，ω は回転の角速度である．滑らずに回転するということから

$$\omega = \frac{v}{r} \tag{8.46}$$

であるので

$$K = \frac{1}{2}\left(M + \frac{I}{r^2}\right)v^2 \tag{8.47}$$

と書くことができる．

一方，先ほど求めた加速度を用いると，

$$\begin{aligned}\frac{dK}{dt} &= \left(M + \frac{I}{r^2}\right)v\frac{dv}{dt} = \left(M + \frac{I}{r^2}\right)va \\ &= Mgv\sin\theta = Mg\frac{dx}{dt}\sin\theta\end{aligned} \tag{8.48}$$

となる．したがって，

$$E = \frac{1}{2}\left(M + \frac{I}{r^2}\right)v^2 - Mgx\sin\theta \tag{8.49}$$

は一定である．$U = -Mgx\sin\theta$ は重力の位置エネルギーであるから，この式は力学的エネルギーの保存を表している．

例題 8.14

円柱には非保存力である摩擦力 f がはたらいているにもかかわらず，力学的エネルギーが保存する理由を述べなさい．

【解】 円柱は滑らずに転がるとしているので，円柱が斜面に接している点（円柱の接地点）との相対速度はゼロ，すなわち，各瞬間の円柱の接地点は移動を伴わないので摩擦力は仕事に寄与しない．◆

例題 8.15

一様な質量分布をもつ半径 a の球の，床からの高さ h の点を，床と平行に棒で突く．球が滑らずに転がっていくためには，$h = (7/5)a$ が成り立てばよい．これを示しなさい．ただし，床と球の間の摩擦は無視できるものとする．

【解】 球の質量を M，中心を通る軸周りの慣性モーメントを I とする．球が滑らずに転がるとき，球の回転角速度 ω と球の重心（中心）の速さ v の間に $v = a\omega$ の関係が成り立つ．球が棒から受ける力を F，衝突時間を Δt とすると，$Mv = F\Delta t$（棒が球に及ぼす力積）である．また，中心を通る軸周りの回転運動の方程式

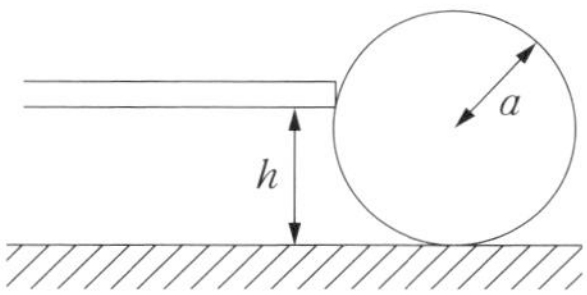

図 8.22　球突き

$$\frac{dL}{dt} = I\frac{d\omega}{dt} = N = F(h - a)$$

から，棒の衝突後の角速度は $\omega = \{F(h - a)/I\}\Delta t$ であることがわかる（$(h - a)$ は，球の中心を通る軸と力の作用線の距離を表す）．$I = (2/5)Ma^2$ を用い，$v = a\omega$ に以上を代入することにより

$$h = \frac{7}{5}a$$

が導かれる（図 8.22）．◆

章 末 問 題

【1】 フィギュアスケートのスピンで，回転の角速度が変化する理由を述べなさい．

8.3 節　**A**

【2】 一様な質量密度をもつ半径 0.2 m のボールが，8 m/s の等速度運動をしている．

ボールが滑らずに転がっている場合と，全く回転せずに進む場合のエネルギーの比を求めなさい．8.3節　A

【3】 図8.23のように，長さL，質量Mの棒の一端は垂直な壁に（滑らかに動く）蝶番でとりつけられ，他端は軽い糸が壁との間に張られている．棒は壁に垂直で，棒と糸のなす角度はθである．このとき糸の張力Sを求めなさい．また，蝶番からはどのような力が棒にはたらいているか答えなさい．8.1節　B

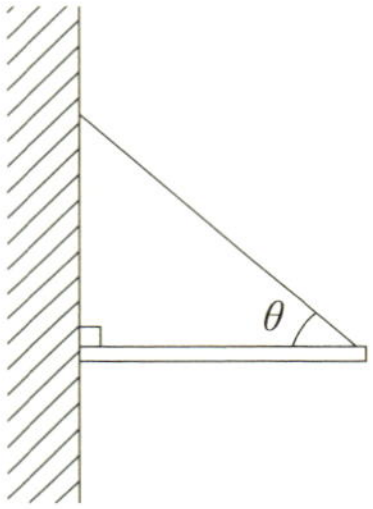

図8.23　壁にとりつけられた棒

【4】 質量Mのバットがある．重心Gを通りバットに垂直な軸の周りの慣性モーメントはIである．重心GからR'離れた点を支点として手で支える．重心Gの反対側にR離れた点に垂直に撃力を与える．支点で受ける衝撃が最も小さいときの距離Rを，他の量で表しなさい（図8.24参照）．8.3節　B

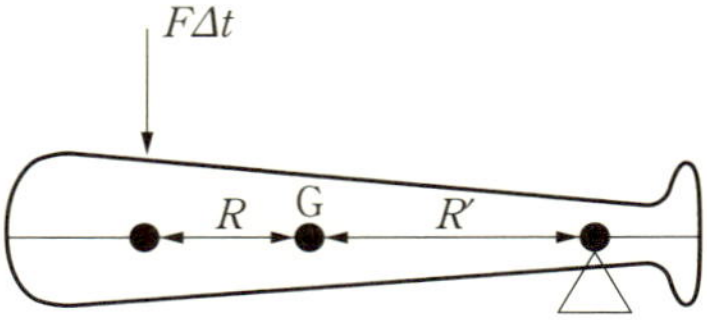

図8.24　打撃の中心

【5】 質量M，半径a，高さhの一様な円柱がある．重心を通り，この円柱に垂直な軸の周りの慣性モーメントを求めなさい（図8.25参照）．なお，一様な円板の集まったものとして計算しなさい．質量mの一様円板の中心を通る，板上の直径軸周りの慣性モーメントは$(1/4)ma^2$である．8.4節　C

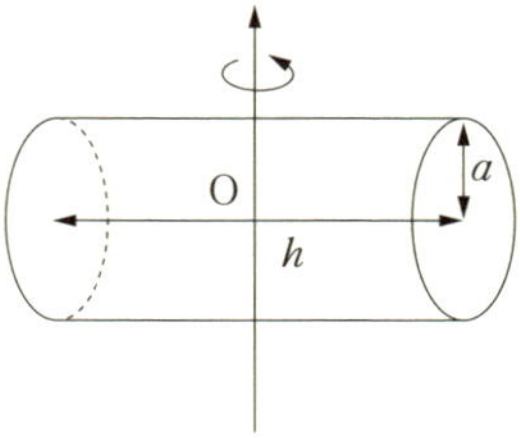

図8.25　円柱の慣性モーメント

【6】 ある剛体の，重心を通る軸周りの慣性モーメントを I_G とする．この軸から R の距離に平行な回転軸をとり，実体振り子とする．慣性モーメントを平行軸の定理から求めて，周期 T を表しなさい．また，R を変えるとき，実体振り子の最小の周期を求めなさい．8.5節　B

【7】 実体振り子で，図 8.19 の点線上の点 O′ に別の回転軸（元のものと平行）をとったところ，元の実体振り子と同じ周期となった．このとき線分 O′G の長さ R' を求めなさい（このとき点 O と点 O′ は互いに共役な支点であるという）．8.5節　B

【8】 円板に細い糸が巻き付いたヨーヨー（質量 M，半径 R，重心に垂直な軸周りの慣性モーメント I）の，落下運動における加速度の大きさ a を求めなさい（図 8.26 参照）．ただし，糸は滑らないとする．8.6節　B

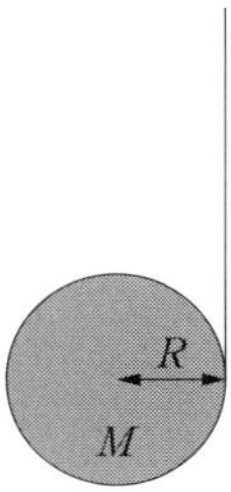

図 8.26　ヨーヨー

【9】 半径 R の半円筒の内面に沿って転がる質量 M，半径 a の一様な円柱がある．この円柱が半円筒最下点付近で微小振幅で振動運動するとき，その周期を求めなさい（図 8.27 参照）．8.6節　C

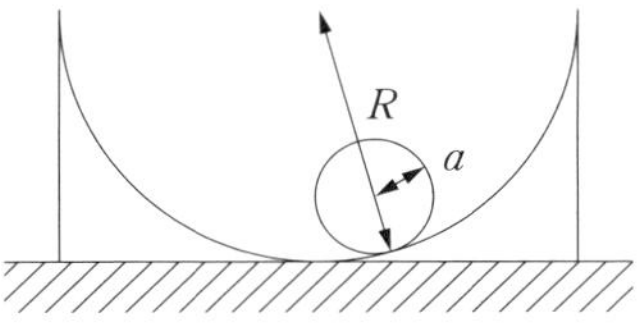

図 8.27　半円筒内面に沿って振動運動する円柱

【10】 滑らかな半球の頂上に質量 M の一様な球を置く．この質点がある方向に初速度ゼロで滑り落ちるとき，どこの位置で半球から離れて落下し始めるか．ただし，半球の上を球は滑らずに転がるものとする（次頁の図 8.28 参照）．8.6節　C

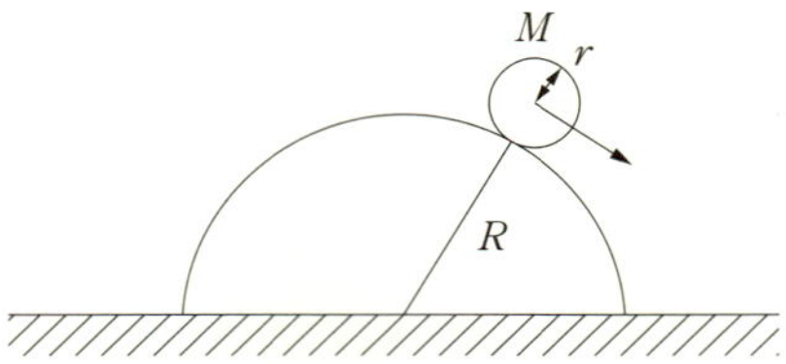

図 8.28　半球から転がり落ちる球

9

剛体の一般的な回転運動

【学習目標】

・回転軸の向きが変化する剛体の運動の性質を理解する．
・慣性テンソルについて理解する．
・慣性主軸座標系を用いたオイラーの運動方程式が書けるようになる．
・オイラー角を用いて剛体の運動方程式を立てられるようになる．
・対称こまの歳差，章動について理解する．

【キーワード】

剛体の角速度と角運動量，慣性モーメント，慣性乗積，慣性テンソル，慣性主軸座標系，オイラーの運動方程式，オイラー角，ポアンソーの定理

9.1 高速回転するこまの歳差運動

第8章では，角運動量ベクトルの向きは一定の場合を扱った．この第9章では，角運動量の向きが時間変化する一般の場合を考える．第8章では軸が固定された問題を考えてきた．その場合，（一般に軸受けに発生する）軸の向きを変えようとする力は，軸周りの力のモーメントに寄与しないので，軸周りの角運動量についてのみ考えることができた．

この節ではまず，回転軸が時間変化する簡単な場合について見てみよう．剛体をこまのような回転体とし，その対称軸を回転軸にとった場合を考える．図9.1のように，自由に回転できる質量 M の円板と，長さ R の質量の無視できる軸があり，原点Oのところで軸の端が位置を変えずに支えられているとする．具体的には，枠の中の軸受けに支えられた円板が回る「地球ごま」を想像しよう（図9.2）．このこまは特殊なこまで，回転に影響を与えずに，軸を支

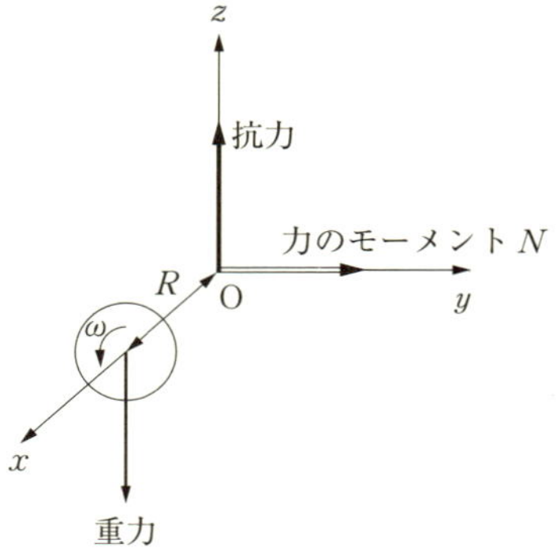

図 9.1　円板でできた高速回転するこま

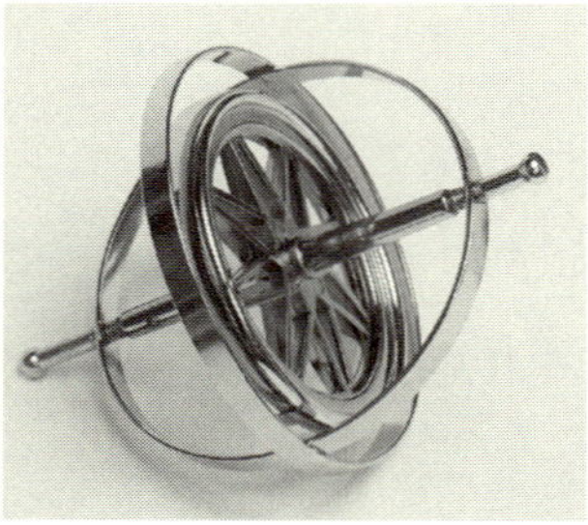

図 9.2　地球ごま（ⓒ yukimari/PIXTA（ピクスタ））

えたり軸の向きを変えたりできる．

初めに，こまの軸が水平である場合を考える．図 9.1 で示された方向に円板が回転しているとすると，この瞬間には円板の角速度ベクトル $\boldsymbol{\omega}$ は x 軸を向いている．円板の軸周りの慣性モーメントを I とすると，このとき，こまの回転の角運動量ベクトル $\boldsymbol{L}'$ は

$$\boldsymbol{L}' = I\boldsymbol{\omega} \tag{9.1}$$

と表される．原点で軸が支えられているため，重力と大きさの等しい抗力は（偶力として）y 軸方向に力のモーメント $\boldsymbol{N}$ を生み出し，その大きさは

$$N = MgR \tag{9.2}$$

である．角運動量 $\boldsymbol{L}'$ の時間変化は

$$\frac{d\boldsymbol{L}'}{dt} = \boldsymbol{N} \tag{9.3}$$

で与えられる．このため時間経過と共に，こまの角運動量ベクトル，すなわち

回転軸はだんだんと y 軸方向を向いていくことになる．

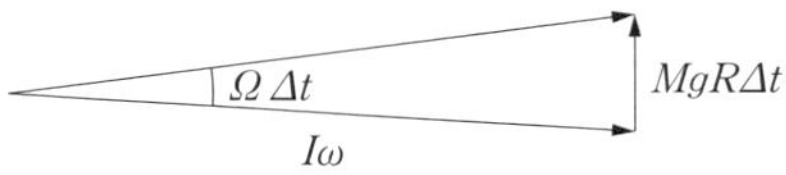

図 9.3　回転円板の角運動量の変化

この力のモーメントは常に角運動量ベクトルに垂直にはたらくので，角運動量は大きさを変えずに，z 軸を中心として x - y 平面内を一定の角速度で回転していくと推測できる．図 9.3 のように，微小時間 Δt 間の向きの変化を考えれば，その角速度の大きさ Ω は

$$\boxed{\Omega = \frac{MgR}{I\omega} = \text{一定}} \tag{9.4}$$

である．

このような，こまの軸の回転現象は，こまの**歳差運動**（みそすり運動）と見てよい．ここでの例では，重力は下向きにはたらく力であるのに，水平方向の回転をもたらしているところが興味深い．

例題 9.1

上記の例で，円板の各部分の運動から，軸の動く方向が理解できるであろうか，考察しなさい．

【解】　図 9.1 の瞬間，円板の最上部の部分は y 軸負方向に速度をもっている．軸を重力に従って z 軸負方向に仮想的に傾けると，円板の最上部において x 軸方向の速度成分が現れると考えられる．このため，円板に垂直な軸は y 軸方向に回転していくと考えられる（図 9.4）．なお，円板の最下部の部分に着目しても同様の結論となる．

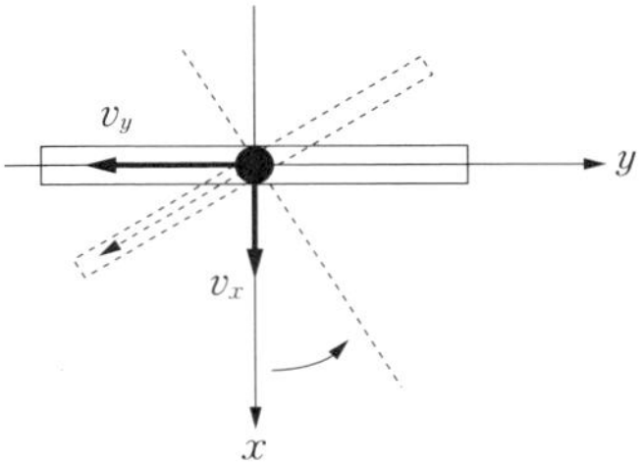

図 9.4　こまの最上部の動き

◆

例題 9.2

以上の例では，$d\boldsymbol{L}'/dt = \boldsymbol{\Omega} \times \boldsymbol{L}'$ が成り立っていることを示しなさい．ただし，$\boldsymbol{\Omega} = \Omega \boldsymbol{e}_z$ とする．

【解】 通常の極座標系と同様に，z 軸周りの角度を ϕ ととる．このとき，

$$\text{左辺} = I\omega \frac{d}{dt}(\cos\phi\, \boldsymbol{e}_x + \sin\phi\, \boldsymbol{e}_y) = I\omega \frac{d\phi}{dt}(-\sin\phi\, \boldsymbol{e}_x + \cos\phi\, \boldsymbol{e}_y)$$
$$= I\omega\Omega(-\sin\phi\, \boldsymbol{e}_x + \cos\phi\, \boldsymbol{e}_y)$$
$$\text{右辺} = \Omega \boldsymbol{e}_z \times L(\cos\phi\, \boldsymbol{e}_x + \sin\phi\, \boldsymbol{e}_y) = I\omega\Omega(-\sin\phi\, \boldsymbol{e}_x + \cos\phi\, \boldsymbol{e}_y)$$

であるので成り立っている．◆

しかし，以上の考察では重心の角運動量を考慮していない．x - y 平面内の角速度 Ω が現れたため，全角運動量は $\boldsymbol{L}'$ ではなく，$\boldsymbol{L} = \boldsymbol{L}' + \boldsymbol{L}_{\mathrm{G}}$，$\boldsymbol{L}_{\mathrm{G}} = MR^2\boldsymbol{\Omega}$ $(\boldsymbol{\Omega} = \Omega \boldsymbol{e}_z)$ である．また，重心が等速円運動をするため，原点 O では，こまの軸の反対方向（x 軸負方向）の向心力（大きさは $MR\Omega^2$）もはたらいていることがわかる．

7.4 節で質点系の角運動量について考えた．剛体においても，重心の角運動量の時間変化は重心の位置ベクトルと外力の和の外積で与えられるが，上記の例ではそれはゼロである．なぜならば，重力と原点における z 軸方向の垂直抗力はつり合い，先ほど指摘した向心力は重心の位置ベクトルと逆向きかつ平行にはたらくからである（図 9.5）．したがって，重心の角運動量 $\boldsymbol{L}_{\mathrm{G}}$ は一定で，また原点ではたらく向心力は $\boldsymbol{L}'$ の時間変化にも寄与しない．つまり，今の場合は結果として，$\boldsymbol{L}'$ の時間変化を厳密に扱うことができていたことになる．

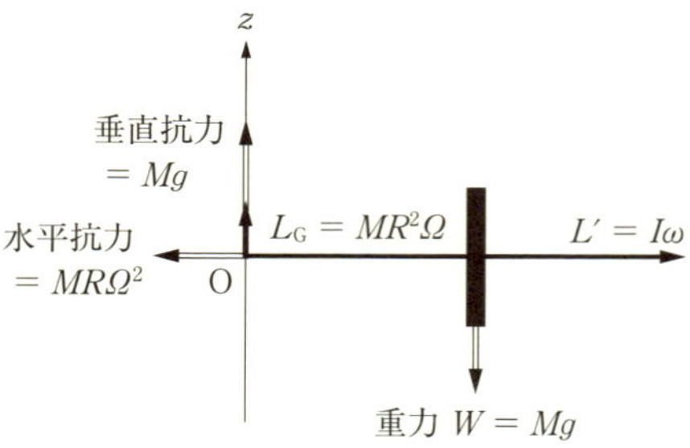

図 9.5 回転軸が水平なこまにはたらく力および角運動量の方向・大きさ

こまの軸が水平でない一般の場合には，上記の例のように簡単に，かつ厳密に扱うことはできない．原点 O（軸の接地点）ではたらく垂直および水平方

向の抗力は，$\boldsymbol{L}'$ も $\boldsymbol{L}_{\rm G}$ も変化させてしまうであろう．ただし，軸周りの回転が高速のときは，軸が水平なときとほぼ同じ角速度の歳差運動が生じる．

例題 9.3

軸周りの回転が高速のときは，上記で考えたこまの軸が垂直から角度 θ 傾いていても，(9.4) と同じ角速度 Ω で z 軸の周りを回転することを示しなさい．これは，こまの歳差運動である．

【解】 力のモーメントの大きさ N は（軸の接地点における抗力の水平方向成分である $M(R\sin\theta)\Omega^2$ が無視できるとして），$N \sim MgR\sin\theta$ で与えられる．$\Omega \ll \omega$ のとき，角運動量ベクトルの z 軸に垂直な成分の大きさは $I\omega\sin\theta$ と近似できるので，角運動量ベクトルの単位時間当りの変化は $I\omega\Omega\sin\theta$ と近似できる．したがって，$I\omega \times \Omega\sin\theta \sim MgR\sin\theta$ より $\Omega \sim MgR/I\omega$ と求められる．この考察は $\Omega \ll \omega$ のときに成り立つ議論であるが，剛体の対称軸周りの回転の角速度が十分大きい状況では，通常のこまで見られるように，日常現象においてしばしばよく成り立っている．なお，この場合も例題 9.2 と同じ式 $d\boldsymbol{L}'/dt = \boldsymbol{\Omega} \times \boldsymbol{L}'$ が成り立っている．◆

地球はこまのように自転しており，地球の自転軸も歳差運動している（図 9.6）．このため，天の北極は時代と共に移り，約 26000 年でひとめぐりする．地球は真球ではなく，（自転の効果などで）多少扁平である．このため，太陽の引力などにより力のモーメントが生じ，これが地球の自転軸の向きを変える原因となっている（力のモーメントの向きは，こまの場合と異なっていること

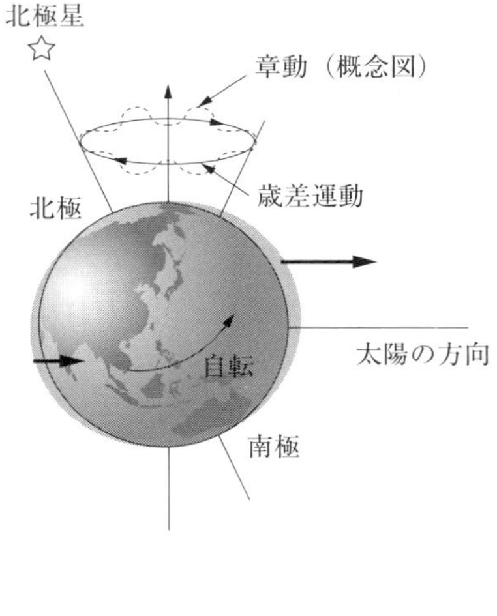

図 9.6 地球回転軸の歳差運動

に注意)．

なお，地球の自転軸はより短い周期でも変動しており，それは9.3節で述べる章動に起因している．

9.2 慣性モーメント，慣性乗積，慣性主軸

一般の剛体の角速度と角運動量の関係について調べてみよう．剛体がある固定点の周りに回転する場合を考え，固定点を原点にとる．このとき第5章で見たように，角速度ベクトル $\boldsymbol{\omega}$ で表される回転運動において，位置 $\boldsymbol{r}$ の点の速度は

$$\boldsymbol{v} = \boldsymbol{\omega} \times \boldsymbol{r} \tag{9.5}$$

で表される．剛体の全角運動量は，剛体を互いの相対位置が不変である質点系と見なすことにより，体積積分 $\left(\int \cdots dV\right)$ を用いて

$$\boldsymbol{L} = \sum_i m_i \boldsymbol{r}_i \times \boldsymbol{v}_i \;\rightarrow\; \int \rho \boldsymbol{r} \times \boldsymbol{v} dV = \int \rho \boldsymbol{r} \times (\boldsymbol{\omega} \times \boldsymbol{r}) dV \tag{9.6}$$

となる．ただし，$\rho(\boldsymbol{r})$ は位置 $\boldsymbol{r}$ における質量密度である．ここで，ベクトル3重積の公式（5.28）を使って変形すると，

$$\begin{aligned}\boldsymbol{L} &= \int \rho \{r^2 \boldsymbol{\omega} - (\boldsymbol{r} \cdot \boldsymbol{\omega}) \boldsymbol{r}\} dV \\ &= \left(\int \rho r^2 dV\right) \boldsymbol{\omega} - \int \rho (\boldsymbol{r} \cdot \boldsymbol{\omega}) \boldsymbol{r} dV \end{aligned} \tag{9.7}$$

となる．x，y，z 成分を使って表すと，例えば角運動量の x 成分は，

$$\begin{aligned} L_x &= \left(\int \rho (x^2 + y^2 + z^2) dV\right) \omega_x - \int \rho (x\omega_x + y\omega_y + z\omega_z) x dV \\ &= \left(\int \rho (y^2 + z^2) dV\right) \omega_x - \left(\int \rho xy dV\right) \omega_y - \left(\int \rho xz dV\right) \omega_z \\ &= I_{xx}\omega_x + I_{xy}\omega_y + I_{xz}\omega_z \end{aligned} \tag{9.8}$$

と書ける．ここで，$I_{xx} = \int \rho (y^2 + z^2) dV$ は慣性モーメント，$I_{xy} = -\int \rho xy \times dV$，$I_{xz} = -\int \rho xz dV$ は**慣性乗積**とよばれる．y，z 成分も同様で，行列形

式にまとめると

$$\begin{pmatrix} L_x \\ L_y \\ L_z \end{pmatrix} = \begin{pmatrix} I_{xx} & I_{xy} & I_{xz} \\ I_{yx} & I_{yy} & I_{yz} \\ I_{zx} & I_{zy} & I_{zz} \end{pmatrix} \begin{pmatrix} \omega_x \\ \omega_y \\ \omega_z \end{pmatrix} \quad \rightleftarrows \quad \boldsymbol{L} = \tilde{I}\boldsymbol{\omega} \tag{9.9}$$

となる．すべての慣性モーメントおよび慣性乗積を要素とする 3×3 の正方行列を**慣性テンソル**とよび，ここでは $\tilde{I}$ で表す．慣性テンソルの対角要素は慣性モーメント，非対角要素が慣性乗積である．慣性テンソルは実対称行列であるので，（直交変換をして）座標軸 X，Y，Z を適当に選ぶと対角行列になる．このときの座標軸を**慣性主軸**（慣性テンソルの主軸）とよぶ．すなわち，以下のようになる．

$$\begin{pmatrix} L_X \\ L_Y \\ L_Z \end{pmatrix} = \begin{pmatrix} I_{XX} & 0 & 0 \\ 0 & I_{YY} & 0 \\ 0 & 0 & I_{ZZ} \end{pmatrix} \begin{pmatrix} \omega_X \\ \omega_Y \\ \omega_Z \end{pmatrix} = \begin{pmatrix} I_{XX}\omega_X \\ I_{YY}\omega_Y \\ I_{ZZ}\omega_Z \end{pmatrix} \tag{9.10}$$

なお，この座標系（慣性主軸座標系とよぶ）では慣性乗積はすべてゼロとなる．このときの慣性テンソルの対角成分，慣性モーメント I_{XX}，I_{YY}，I_{ZZ} を**主慣性モーメント**とよび，I_X，I_Y，I_Z と書くことが多い．主慣性モーメントは必ず正の値をもつ．

例題 9.4

質量の無視できる長さ $2l$ の細い棒の両端それぞれに，質量 m の質点が固定されている．この剛体の慣性テンソルを求めなさい．ただし，棒の中点を固定点として原点に置き，棒の片方の端が $x = l\sin\theta$，$y = 0$，$z = l\cos\theta$ の位置にあるものとする．

【解】 $I_{xx} = 2m\{(0)^2 + (l\cos\theta)^2\} = 2ml^2\cos^2\theta$，$I_{yy} = 2m\{(l\cos\theta)^2 + (l\sin\theta)^2\} = 2ml^2$，$I_{zz} = 2m\{(l\cos\theta)^2 + (0)^2\} = 2ml^2\sin^2\theta$，$I_{xz} = -2m(l\cos\theta)(l\cos\theta) = -2ml^2\sin\theta\cos\theta$ などにより，

$$\begin{pmatrix} I_{xx} & I_{xy} & I_{xz} \\ I_{yx} & I_{yy} & I_{yz} \\ I_{zx} & I_{zy} & I_{zz} \end{pmatrix} = \begin{pmatrix} 2ml^2\cos^2\theta & 0 & -2ml^2\sin\theta\cos\theta \\ 0 & 2ml^2 & 0 \\ -2ml^2\sin\theta\cos\theta & 0 & 2ml^2\sin^2\theta \end{pmatrix}$$

となる．◆

例題 9.5

例題 9.4 における，剛体の慣性主軸および主慣性モーメントを求めなさい．

【解】 慣性主軸は，例えば Z 軸を棒の方向にとればよい．つまり，$\theta=0$ とする．$I_X=I_Y=2ml^2$，$I_Z=0$ となる．◆

原点から見た全運動エネルギー K は（再び剛体を質点系と見なすことにより），慣性テンソルを用いて次のように表すことができる．

$$
\begin{aligned}
K &= \frac{1}{2}\sum_i m_i(\boldsymbol{\omega}\times\boldsymbol{r}_i)^2 = \frac{1}{2}\sum_i m_i(\boldsymbol{\omega}\times\boldsymbol{r}_i)\cdot(\boldsymbol{\omega}\times\boldsymbol{r}_i) \\
&= \frac{1}{2}\sum_i m_i\boldsymbol{\omega}\cdot\{\boldsymbol{r}_i\times(\boldsymbol{\omega}\times\boldsymbol{r}_i)\} = \frac{1}{2}\boldsymbol{\omega}\cdot\boldsymbol{L} \\
&= \frac{1}{2}\boldsymbol{\omega}^T\tilde{I}\boldsymbol{\omega} \qquad (9.11)
\end{aligned}
$$

最初の式変形では，スカラー 3 重積の公式（5.27）を用いた．なお，$\boldsymbol{\omega}^T$ は $\boldsymbol{\omega}$ の転置を表す．慣性主軸座標系（しばしば主軸座標系と略す）では，以下のように簡単になる．

$$
\boxed{K = \frac{1}{2}(I_X\omega_X{}^2 + I_Y\omega_Y{}^2 + I_Z\omega_Z{}^2)} \qquad (9.12)
$$

9.3 オイラーの運動方程式

この節でも，固定点を原点とし，その周りに角速度 ω で剛体が回転している場合を考える．並進なしで回転のみを考えるので，角運動量 $\boldsymbol{L}$ についての方程式

$$
\boxed{\frac{d\boldsymbol{L}}{dt} = \boldsymbol{N}} \qquad (9.13)
$$

によって運動が決まる．ここで $\boldsymbol{N}$ は力のモーメントである．

さて，(慣性系での) 角運動量を剛体と共に回転する主軸座標系の成分で表そう．X，Y，Z 軸方向の単位ベクトル（基底ベクトル）を $\boldsymbol{e}_X$，$\boldsymbol{e}_Y$，$\boldsymbol{e}_Z$ とすると

$$
\boldsymbol{L} = L_X\boldsymbol{e}_X + L_Y\boldsymbol{e}_Y + L_Z\boldsymbol{e}_Z \qquad (9.14)
$$

となる．これを時間で微分する．なお，煩雑さを避けるため，以降では時間微分にニュートンの記法を用いる（例えば $d\boldsymbol{L}/dt$ を $\dot{\boldsymbol{L}}$ で表す）．位置ベクトルと同様に，基底ベクトルの時間変化も，(9.5) のように $\dot{\boldsymbol{e}}_X = \boldsymbol{\omega} \times \boldsymbol{e}_X$ などとなっているので，

$$\begin{aligned}\dot{\boldsymbol{L}} &= \dot{L}_X\boldsymbol{e}_X + \dot{L}_Y\boldsymbol{e}_Y + \dot{L}_Z\boldsymbol{e}_Z + L_X\boldsymbol{\omega}\times\boldsymbol{e}_X + L_Y\boldsymbol{\omega}\times\boldsymbol{e}_Y + L_Z\boldsymbol{\omega}\times\boldsymbol{e}_Z \\ &= \dot{L}_X\boldsymbol{e}_X + \dot{L}_Y\boldsymbol{e}_Y + \dot{L}_Z\boldsymbol{e}_Z + \boldsymbol{\omega}\times(L_X\boldsymbol{e}_X + L_Y\boldsymbol{e}_Y + L_Z\boldsymbol{e}_Z) \\ &= (\dot{\boldsymbol{L}})' + \boldsymbol{\omega}\times\boldsymbol{L} \end{aligned} \tag{9.15}$$

となる．第 1 項 $(\dot{\boldsymbol{L}})'$ は主軸座標系から見た時間変化である．第 2 項は主軸座標系が剛体と共に回転しているために現れる．したがって，(9.13) を主軸座標系の成分で書くと次のようになる．

$$\dot{L}_X + \omega_Y L_Z - \omega_Z L_Y = N_X \tag{9.16}$$
$$\dot{L}_Y + \omega_Z L_X - \omega_X L_Z = N_Y \tag{9.17}$$
$$\dot{L}_Z + \omega_X L_Y - \omega_Y L_X = N_Z \tag{9.18}$$

さらに，主軸座標系では $L_X = I_X\omega_X$，$L_Y = I_Y\omega_Y$，$L_Z = I_Z\omega_Z$ が成り立ち，I_X，I_Y，I_Z が一定であることを使うと，**オイラーの運動方程式**

$$I_X\dot{\omega}_X - (I_Y - I_Z)\,\omega_Y\omega_Z = N_X \tag{9.19}$$
$$I_Y\dot{\omega}_Y - (I_Z - I_X)\,\omega_Z\omega_X = N_Y \tag{9.20}$$
$$I_Z\dot{\omega}_Z - (I_X - I_Y)\,\omega_X\omega_Y = N_Z \tag{9.21}$$

が得られる．この方程式は，剛体の回転運動を記述する基本方程式である．

例題 9.6

主慣性モーメントが $I_X = I_Y = I_\perp \neq I_Z$ となっている剛体について考える．力のモーメントがはたらかないとき，この剛体の角速度ベクトルの時間変化について考察しなさい（なお，固定点は重心であると考えておけばよい）．

【解】 オイラーの運動方程式より

$$I_\perp\dot{\omega}_X - (I_\perp - I_Z)\,\omega_Y\omega_Z = 0 \tag{9.22}$$
$$I_\perp\dot{\omega}_Y - (I_Z - I_\perp)\,\omega_Z\omega_X = 0 \tag{9.23}$$
$$I_Z\dot{\omega}_Z = 0 \tag{9.24}$$

となっているが，(9.24) から ω_Z は一定であることがわかる．このとき，(9.22) と (9.23) に虚数単位 i を掛けたものを足すと，

$$I_\perp(\dot{\omega}_X + i\dot{\omega}_Y) - i(I_Z - I_\perp)\omega_Z(\omega_X + i\omega_Y) = 0$$

となることがわかるので，この解は，$\omega_X + i\omega_Y = C\exp(i\omega' t)$ となる．ただし，$\omega' = \{(I_Z - I_\perp)\omega_Z/I_\perp\}$，$C$ は定数である．

したがって，$t = 0$ のとき $\omega_X = \omega_\perp$（定数），$\omega_Y = 0$ とすれば $\omega_X = \omega_\perp \cos\omega' t$ および $\omega_Y = \omega_\perp \sin\omega' t$ となる．なお，${\omega_X}^2 + {\omega_Y}^2$ が一定であることは，ω_Z が一定であるときに（9.22）と（9.23）から直接導くことができる他，角運動量の大きさが一定であること，または，回転のエネルギーが一定であることからも導くことができる．なお，$I_Z - I_\perp > 0$ のとき ω' と ω_Z は同符号，$I_Z - I_\perp < 0$ のとき ω' と ω_Z は異符号となることに注意する．◆

例題 9.6 で示された結果は，慣性主軸の Z 軸周りに角速度ベクトルが微小に変化することを表しているので，この運動は 9.1 節で見た歳差運動とは異なる運動であり，**章動**（特に力のモーメントのない場合なので自由章動）とよばれる．地球自転の場合に，この自由章動による回転軸の変化は知られていて，その周期はチャンドラー周期とよばれている．

例題 9.7

力のモーメントのはたらかない自由回転について考える．ただし，主慣性モーメントの値はすべて異なるものとする．$\omega_Z \gg \omega_X$，$\omega_Z \gg \omega_Y$ のとき，3 つある主慣性モーメントのうち，それが最大または最小の軸の回転が安定であることを示しなさい．

【解】 $\boldsymbol{N} = \boldsymbol{0}$ であるのでオイラーの運動方程式は

$$I_X\dot{\omega}_X = (I_Y - I_Z)\omega_Y\omega_Z \tag{9.25}$$

$$I_Y\dot{\omega}_Y = (I_Z - I_X)\omega_Z\omega_X \tag{9.26}$$

$$I_Z\dot{\omega}_Z = (I_X - I_Y)\omega_X\omega_Y \tag{9.27}$$

となる．また，$\omega_Z \gg \omega_X$，$\omega_Z \gg \omega_Y$ であるので，（9.27）の右辺は無視できるほど小さい量である．したがって，$\omega_Z =$ 一定と近似できる．このとき，（9.25）と（9.26）から

$$I_X\ddot{\omega}_X = (I_Y - I_Z)\dot{\omega}_Y\omega_Z = -\frac{(I_Z - I_X)(I_Z - I_Y)}{I_Y}{\omega_Z}^2\omega_X \tag{9.28}$$

および

$$I_Y\ddot{\omega}_Y = (I_Z - I_X)\omega_Z\dot{\omega}_X = -\frac{(I_Z - I_X)(I_Z - I_Y)}{I_X}{\omega_Z}^2\omega_Y \tag{9.29}$$

が導かれる．ω_X と ω_Y は，同一の微分方程式に従うことがわかる．

さて，$(I_Z - I_X)(I_Z - I_Y)$ が正であれば，ω_X と ω_Y は角振動数

$$\omega' = \sqrt{\frac{(I_Z - I_X)(I_Z - I_Y)}{I_X I_Y}}\,\omega_Z \tag{9.30}$$

で周期運動する，すなわち，角速度ベクトルは角速度 ω' で回転する．これは安定な運動である．しかし，$(I_Z - I_X)(I_Z - I_Y)$ が負であれば，ω_X と ω_Y は指数関数的に増大する一般解をもつため，最初の条件 $\omega_Z \gg \omega_X$，$\omega_Z \gg \omega_Y$ が有限時間内に破られてしまう．このため，この場合，運動は不安定となる．すなわち，運動が安定となるのは，3つある主慣性モーメントのうち I_Z が最大または最小のときである．

テニスのラケットのような形状をした剛体では，重心周りの回転を考えたとき，柄に沿った軸の周りの慣性モーメントが最小，ラケットの面に垂直な軸の周りの慣性モーメントが最大である（図9.7参照）．◆

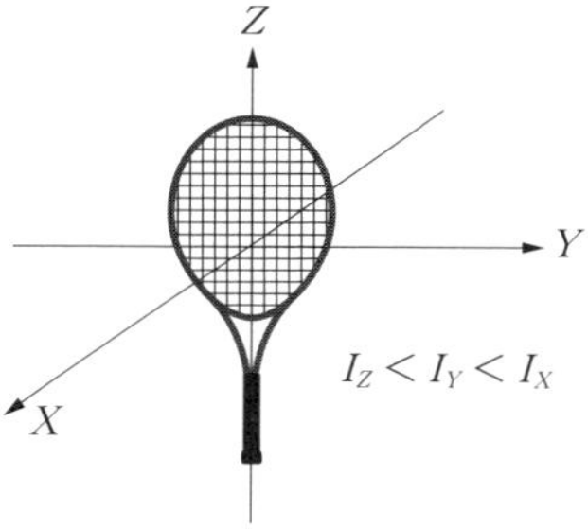

図 9.7 テニスラケットの慣性主軸

9.4 ポアンソーの定理

ここでも外力のモーメントがゼロの場合に，原点を固定点とした剛体の回転を考える．慣性主軸座標系において，次の方程式を満たす点 (X, Y, Z) の集合を**慣性楕円体**と定義する．

$$I_X X^2 + I_Y Y^2 + I_Z Z^2 = 1 \tag{9.31}$$

剛体の回転エネルギーは一定である．すなわち，

$$K = \frac{1}{2}(I_X {\omega_X}^2 + I_Y {\omega_Y}^2 + I_Z {\omega_Z}^2) = 一定 \tag{9.32}$$

が成り立つ．(9.31) と (9.32) を比べたとき，(9.32) で，$\omega_X/\sqrt{2K}$，$\omega_Y/\sqrt{2K}$，$\omega_Z/\sqrt{2K}$ を X，Y，Z に読みかえれば (9.31) になることがわかる．つまり，慣性楕円体は等しいエネルギーを表す点の集合である，等エネルギー面と相似である．後に掲げるポアンソーの定理は慣性楕円体に関する定理であるが，この相似性により，等エネルギー面を用いて話を進めていくことができる．

さて，剛体の回転のエネルギーは

$$K = \frac{1}{2}\boldsymbol{L}\cdot\boldsymbol{\omega} \tag{9.33}$$

と書くこともできる．外力のモーメントはゼロであるから，角運動量ベクトル $\boldsymbol{L}$ も空間に固定された一定のベクトルである．したがって，(9.33) は $(\omega_X, \omega_Y, \omega_Z)$ が空間に固定された平面上にあることを表している．剛体の回転運動において，角速度ベクトル $\boldsymbol{\omega}$ の始点を原点としたとき，$\boldsymbol{\omega}$ の終点はこの平面上を動くことになる（図 9.8）．

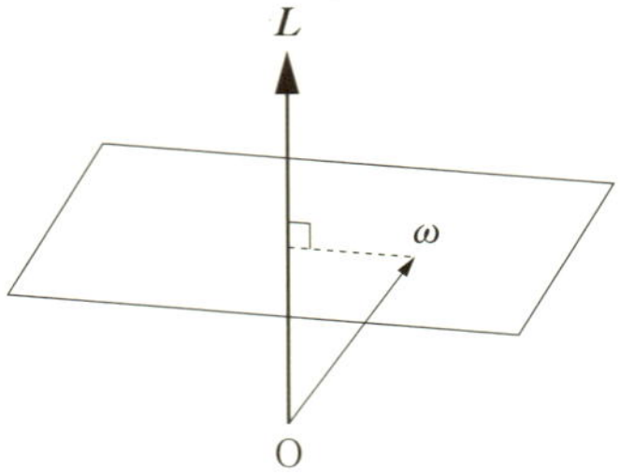

図 9.8　角速度ベクトルの終点は固定された平面上を動く

例題 9.8

(9.33) で表される平面に，(9.32) で表される等エネルギー面は $(\omega_X, \omega_Y, \omega_Z)$ で接していることを示しなさい．

【解】　$(\omega_X, \omega_Y, \omega_Z)$ と微小量異なる $(\omega_X + \Delta\omega_X,\ \omega_Y + \Delta\omega_Y,\ \omega_Z + \Delta\omega_Z)$ を考える．これらが等エネルギー面上にあるとすると，$I_X{\omega_X}^2 + I_Y{\omega_Y}^2 + I_Z{\omega_Z}^2 = I_X(\omega_X + \Delta\omega_X)^2 + I_Y(\omega_Y + \Delta\omega_Y)^2 + I_Z(\omega_Z + \Delta\omega_Z)^2 = 2K$ であるので，$I_X\omega_X\Delta\omega_X + I_Y\omega_Y\Delta\omega_Y + I_Z\omega_Z\Delta\omega_Z = 0$ が導かれる．$\boldsymbol{L} = (I_X\omega_X, I_Y\omega_Y, I_Z\omega_Z)$ であることを用いると $\boldsymbol{L}\cdot\Delta\boldsymbol{\omega} = 0$ と書き直せるが，これは $(\omega_X, \omega_Y, \omega_Z)$ と $(\omega_X + \Delta\omega_X,\ \omega_Y + \Delta\omega_Y,\ \omega_Z + \Delta\omega_Z)$ が $\boldsymbol{L}$ に垂直な同一平面上にあることを示している．すなわち，(9.33) で表される平面に，(9.32) で表される等エネルギー面は $(\omega_X, \omega_Y, \omega_Z)$ で接している．◆

一方で，角運動量ベクトルの大きさの 2 乗も一定であるので

$$L^2 = {I_X}^2{\omega_X}^2 + {I_Y}^2{\omega_Y}^2 + {I_Z}^2{\omega_Z}^2 = 一定 \tag{9.34}$$

が成り立つ．これは，慣性主軸座標系において等エネルギー面と独立な楕円体を表している．したがって，剛体が回転運動をするにつれて，角速度ベクトル $\boldsymbol{\omega}$ の始点を原点としたとき，$\boldsymbol{\omega}$ の終点は等エネルギー面と (9.34) で表される楕円体の交わりに現れる曲線上を動く．

以上のことから，次のことがいえる．

【ポアンソーの解釈】　剛体に外力がはたらかず，固定点の周りを回転運動す

るとき，慣性楕円体は，ある固定平面と角速度ベクトル方向の半直線との交点において接しながら動く．また，角速度ベクトル方向の半直線と慣性楕円体表面の交点は，慣性楕円体の上の閉曲線上を動く（図 9.9 および図 9.10）．

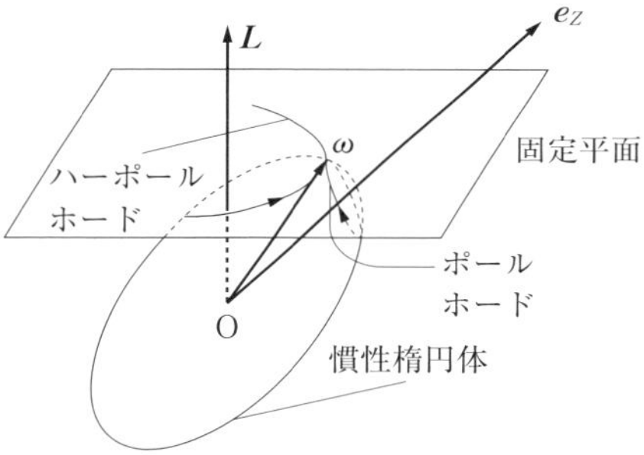

図 9.9　慣性楕円体は固定平面に接しながら動く

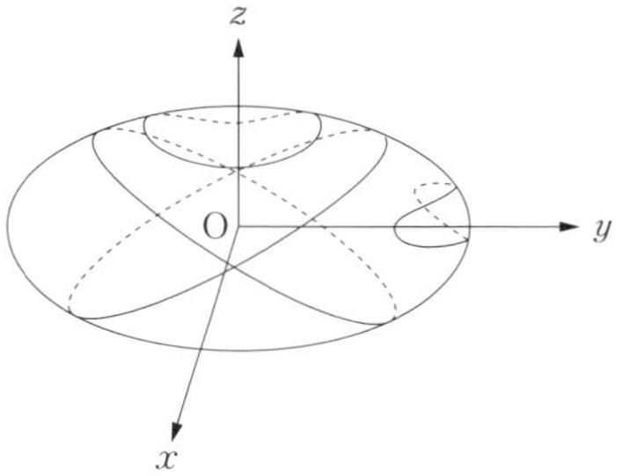

図 9.10　角速度ベクトル方向の半直線と慣性楕円体表面の交点は，慣性楕円体の上の閉曲線上を動く

また，この解釈ができることを**ポアンソーの定理**とよぶ．

この定理は，これまでの考察と最初に述べた慣性楕円体と等エネルギー面の相似性から，ただちに理解されるであろう．

なお，固定平面と角速度ベクトル方向の半直線との交点の軌跡をハーポールホード，角速度ベクトル方向の半直線と慣性楕円体表面の交点をポールホードとよぶ．ポールホードは閉曲線であるが，ハーポールホードは一般には閉じた曲線にはならない．

例題 9.9

主慣性モーメントが $I_X = I_Y = I_\perp \neq I_Z$ となっている剛体を考える．外力のモーメントがはたらかないとき，角運動量ベクトル $\boldsymbol{L}$，角速度ベクトル $\boldsymbol{\omega}$，Z 軸方向の基底ベクトル $\boldsymbol{e}_Z$ は同一平面に乗っていることを示しなさい．

【解】　前節の例題 9.6 と同様，ω_Z は一定，$|\boldsymbol{\omega}|$ も一定で，$\boldsymbol{\omega}$ は一定の速さで Z 軸の周りを回転する．慣性主軸座標系で $\boldsymbol{\omega} = (\omega_X, \omega_Y, \omega_Z)$ とすると，$\boldsymbol{L} = (I_\perp\omega_X, I_\perp\omega_Y, I_\perp\omega_Z) = I_\perp\boldsymbol{\omega} + (I_Z - I_\perp)\omega_Z\boldsymbol{e}_Z$ と書けるので，$\boldsymbol{L}$ と $\boldsymbol{\omega}$ と $\boldsymbol{e}_Z$ は同一平面上にある．ゆ

えに，Z 軸は $\boldsymbol{\omega}$ と同じ角速度で $\boldsymbol{L}$ の周りを回る．

$I_X = I_Y$ となっている剛体では，慣性楕円体（および等エネルギー面）が Z 軸を対称軸とした回転楕円体になっていて，ω_Z および $|\boldsymbol{\omega}|$ が一定であることからポールホードもハーポールホードもその形状は円であることがわかる．

$\boldsymbol{L} = I_\perp \boldsymbol{\omega} + (I_Z - I_\perp)\omega_Z \boldsymbol{e}_Z$ が成り立つことから，$I_Z - I_\perp$ の値の正負により図 9.11 のように 2 つの場合があることがわかる．

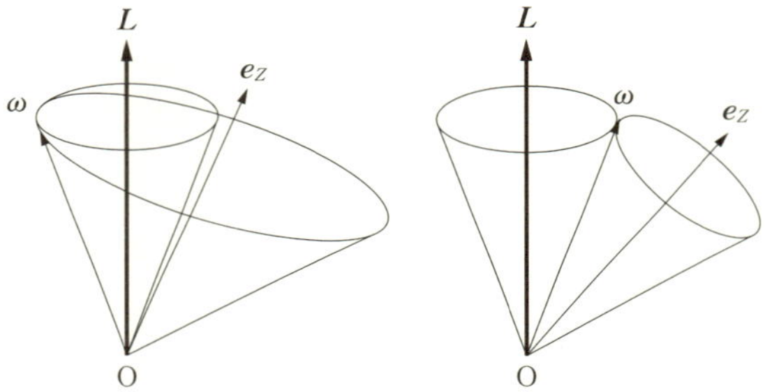

図 9.11　回転体のポールホード，ハーポールホード（左図：$I_Z - I_\perp > 0$ の場合，右図：$I_Z - I_\perp < 0$ の場合）

角運動量ベクトル $\boldsymbol{L}$ の周りの円がハーポールホード，$\boldsymbol{e}_Z$ の周りの円がポールホードである．◆

9.5 オイラー角とこまの運動

質点の位置は位置ベクトルで表され，その 3 つの成分で指定される．剛体は多くの質点からなる質点系と考えられるが，その互いの位置が固定されているとしているため，重心の位置を表す 3 変数および剛体の向きを表す 3 変数で指定される．

剛体の向きを表すのによく使われるのが**オイラー角**である．図 9.12 で，x, y, z 軸は空間に固定された静止座標系の座標軸である．一方，X, Y, Z 軸は剛体に固定され，剛体と共に回転する慣性主軸座標系の座標軸である．2 つの座標系の関係は，図 9.12 の 3 つの角度 ϕ, θ, ψ で決まる．X, Y, Z 軸が x, y, z 軸に重なった状態からスタートすると，次のような 3 回の回転で図 9.12 の位置にもっていくことができる．（1）z 軸の周りに角度 ϕ だけ回転する（x 軸が x' 軸に移動，図 9.12 では y' 軸は省略）．（2）x' 軸の周りに角度 θ だけ回転する（z 軸が傾いて Z 軸に移動）．（3）Z 軸の周りに角度 ψ だけ回転する（x' 軸が X 軸に移動）．

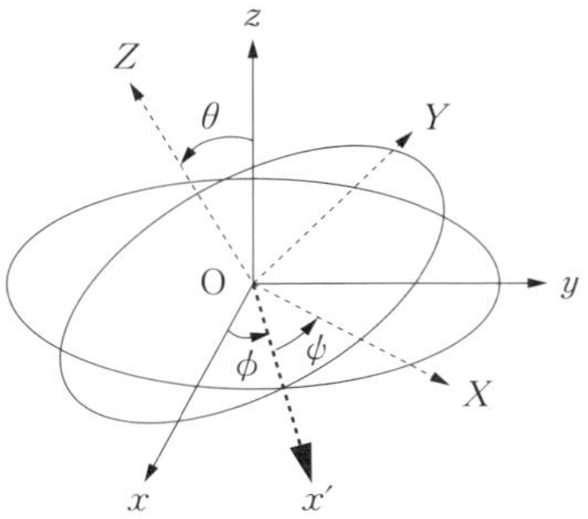

図 9.12　オイラー角

オイラー角やオイラーの運動方程式を使って，剛体の回転運動を調べることができる．

基底ベクトルの変換は，式で表すと以下のようになる．まず，（1）の操作により

$$\boldsymbol{e}_{x'} = \cos\phi\,\boldsymbol{e}_x + \sin\phi\,\boldsymbol{e}_y \tag{9.35}$$

$$\boldsymbol{e}_{y'} = -\sin\phi\,\boldsymbol{e}_x + \cos\phi\,\boldsymbol{e}_y \tag{9.36}$$

が得られ，次の（2）の操作で，

$$\boldsymbol{e}_{y''} = \cos\theta\,\boldsymbol{e}_{y'} + \sin\theta\,\boldsymbol{e}_z \tag{9.37}$$

$$\boldsymbol{e}_Z = -\sin\theta\,\boldsymbol{e}_{y'} + \cos\theta\,\boldsymbol{e}_z \tag{9.38}$$

となる．最後に（3）の操作によって，

$$\boldsymbol{e}_X = \cos\psi\,\boldsymbol{e}_{x'} + \sin\psi\,\boldsymbol{e}_{y''} \tag{9.39}$$

$$\boldsymbol{e}_Y = -\sin\psi\,\boldsymbol{e}_{x'} + \cos\psi\,\boldsymbol{e}_{y''} \tag{9.40}$$

という関係式になる．

例題 9.10

以下の等式を確かめなさい．

$$\boldsymbol{e}_z = \sin\theta\sin\psi\,\boldsymbol{e}_X + \sin\theta\cos\psi\,\boldsymbol{e}_Y + \cos\theta\,\boldsymbol{e}_Z \tag{9.41}$$

$$\boldsymbol{e}_{x'} = \cos\psi\,\boldsymbol{e}_X - \sin\psi\,\boldsymbol{e}_Y \tag{9.42}$$

【解】 (9.39), (9.40) および (9.37) より，$\sin\psi\,\boldsymbol{e}_X + \cos\psi\,\boldsymbol{e}_Y = \boldsymbol{e}_{y''} = \cos\theta\,\boldsymbol{e}_{y'} + \sin\theta\,\boldsymbol{e}_z$ である．この式と (9.38) から，(9.41) が導かれる．(9.42) は (9.39) と (9.40) から確かめられる．x' 軸は z 軸にも Z 軸にも垂直であることに注意しよう．◆

角速度ベクトルの慣性主軸座標系における成分を，オイラー角を使って表し

てみよう．角度 ϕ の回転は z 軸周りの回転，角度 θ の回転は x' 軸周りの回転，角度 ψ の回転は Z 軸周りの回転である．したがって，

$$
\begin{aligned}
\boldsymbol{\omega} &= \dot{\phi}\boldsymbol{e}_z + \dot{\theta}\boldsymbol{e}_{x}{}' + \dot{\psi}\boldsymbol{e}_Z \\
&= \dot{\phi}(\sin\theta\sin\psi\,\boldsymbol{e}_X + \sin\theta\cos\psi\,\boldsymbol{e}_Y + \cos\theta\,\boldsymbol{e}_Z) \\
&\qquad + \dot{\theta}(\cos\psi\,\boldsymbol{e}_X - \sin\psi\,\boldsymbol{e}_Y) + \dot{\psi}\boldsymbol{e}_Z \\
&= (\dot{\theta}\cos\psi + \dot{\phi}\sin\theta\sin\psi)\boldsymbol{e}_X + (-\dot{\theta}\sin\psi + \dot{\phi}\sin\theta\cos\psi)\boldsymbol{e}_Y \\
&\qquad + (\dot{\psi} + \dot{\phi}\cos\theta)\boldsymbol{e}_Z
\end{aligned}
\tag{9.43}
$$

を得る．ここで，(9.41) と (9.42) を用いた．角速度ベクトルは慣性主軸座標系では $\boldsymbol{\omega} = \omega_X\boldsymbol{e}_X + \omega_Y\boldsymbol{e}_Y + \omega_Z\boldsymbol{e}_Z$ と表されるので，(9.43) と比べてみることにより，角速度ベクトルの慣性主軸座標系における成分は

$$\omega_X = \dot{\theta}\cos\psi + \dot{\phi}\sin\theta\sin\psi \tag{9.44}$$

$$\omega_Y = -\dot{\theta}\sin\psi + \dot{\phi}\sin\theta\cos\psi \tag{9.45}$$

$$\omega_Z = \dot{\psi} + \dot{\phi}\cos\theta \tag{9.46}$$

であることがわかる．

例題 9.11

質量 M の**対称こま**（主慣性モーメントは $I_X = I_Y = I_\perp \neq I_Z$）が，こまの軸の下端は原点に止まったまま，こまの軸の垂直からの傾き角 θ_0 を一定に保ちながら歳差運動をしている（図 9.13）．この角速度を求めなさい．ただし，こまの重心と原点の距離は R であるとする．

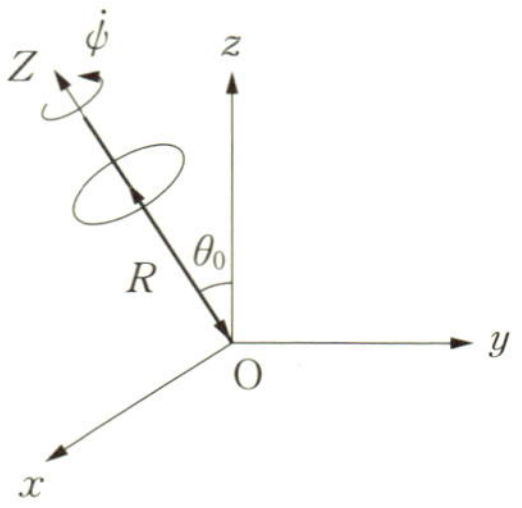

図 9.13　対称こま

【解】 オイラーの運動方程式は，この場合

$$I_\perp \dot{\omega}_X - (I_\perp - I_Z)\omega_Y\omega_Z = N_X \tag{9.47}$$

$$I_\perp \dot{\omega}_Y - (I_Z - I_\perp)\omega_Z\omega_X = N_Y \tag{9.48}$$

$$I_Z\dot{\omega}_Z = N_Z \tag{9.49}$$

となる．ここでは慣性主軸座標系をとっているため，重力による力のモーメントの成分は

$$N_X = MgR\sin\theta_0\cos\psi \tag{9.50}$$

$$N_Y = -MgR\sin\theta_0\sin\psi \tag{9.51}$$

$$N_Z = 0 \tag{9.52}$$

となる（力のモーメントのベクトルは x' 軸方向を向いている）．ここで，垂直軸（z 軸）と Z 軸の角度を θ_0 とした．オイラー角を用いて角速度の成分を表す．$\theta = \theta_0 =$ 一定を考慮すると，

$$\omega_X = \dot{\phi}\sin\theta_0\sin\psi \tag{9.53}$$

$$\omega_Y = \dot{\phi}\sin\theta_0\cos\psi \tag{9.54}$$

$$\omega_Z = \dot{\psi} + \dot{\phi}\cos\theta_0 \tag{9.55}$$

のように表される．

オイラーの運動方程式の（9.49），（9.52）から，$\omega_Z = \dot{\psi} + \dot{\phi}\cos\theta_0 =$ 一定であることがわかる．他の2つの方程式に代入すると

$$\ddot{\phi}\sin\psi + \dot{\phi}\dot{\psi}\cos\psi - \left(1 - \frac{I_Z}{I_\perp}\right)\omega_Z\dot{\phi}\cos\psi = \frac{MgR}{I_\perp}\cos\psi \tag{9.56}$$

$$\ddot{\phi}\cos\psi - \dot{\phi}\dot{\psi}\sin\psi + \left(1 - \frac{I_Z}{I_\perp}\right)\omega_Z\dot{\phi}\sin\psi = -\frac{MgR}{I_\perp}\sin\psi \tag{9.57}$$

となり，これらを $\dot{\psi} = \omega_Z - \dot{\phi}\cos\theta_0$ を使って，さらに整理すると

$$\ddot{\phi} = 0 \tag{9.58}$$

$$\left(\frac{I_Z}{I_\perp}\omega_Z - \dot{\phi}\cos\theta_0\right)\dot{\phi} = \frac{MgR}{I_\perp} \tag{9.59}$$

を得る．すなわち，$\dot{\phi} =$ 一定であることがわかるので，これを Ω とおくことにすると

$$(\cos\theta_0)\Omega^2 - \frac{I_Z}{I_\perp}\omega_Z\Omega + \frac{MgR}{I_\perp} = 0 \tag{9.60}$$

という Ω についての2次方程式に帰着する．この方程式が実数解をもつのは（判別式が正のときで），$\omega_Z{}^2 \geqq (4I_\perp MgR/I_Z{}^2)\cos\theta_0$ が成り立つ場合である（したがって，こまの回転はある程度速くなくてはならない．なお，運動の安定性の要求から，$\omega_Z{}^2 > (4I_\perp MgR/I_Z{}^2)$ でなくてはならないことが知られている）．$\omega_Z{}^2$ が十分大きいとき，（9.60）の2つの解は

$$\boxed{\Omega = \frac{I_Z \omega_Z}{I_\perp \cos\theta_0}} \tag{9.61}$$

$$\boxed{\Omega = \frac{MgR}{I_Z \omega_Z}} \tag{9.62}$$

となる．これら 2 つの解は，それぞれ速い歳差，遅い歳差を表している．◆

章末問題

【1】 歳差運動の周期が 1 秒であるとき，こまの 1 秒当りの回転数を求めなさい．ただし，こまは半径 3 cm，質量 50 g の一様な円板と軽い軸でできており，支点と重心の距離は 4 cm とする．また，重力加速度の大きさを 9.8 m/s^2 とする． 9.1 節　A

【2】 角速度 Ω で回転するターンテーブルの上で，密度一定の球が滑ることなく転がりつつ，一定の半径と角速度 ω で等速円運動をしている（図 9.14）．球の運動する角速度 ω を求めなさい． 9.1 節　B

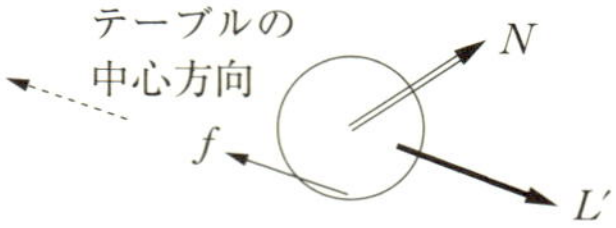

図 9.14　ターンテーブル上を転がる球

【3】 質量の無視できる長さ $2l$ の細い棒 2 本が，それらの中点で互いに直角をなすように固定されていて，その 4 つの端点それぞれに質量 m の質点が固定されている．この剛体の慣性テンソルを求めなさい．ただし，棒の結節点を固定点として原点におき，4 端点が $(l\cos\phi, l\sin\phi, 0)$，$(-l\sin\phi, l\cos\phi, 0)$，$(-l\cos\phi, -l\sin\phi, 0)$，

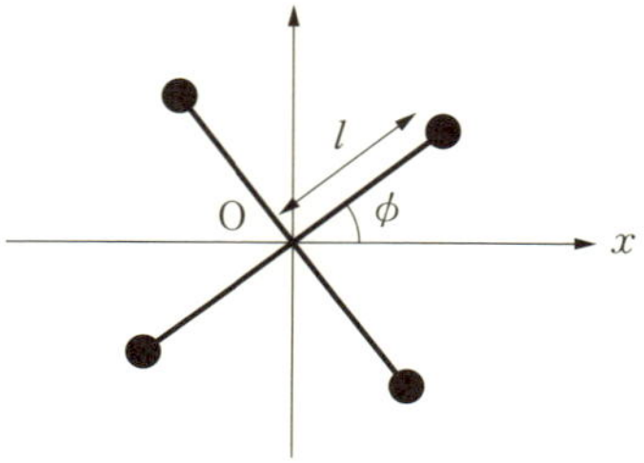

図 9.15　直交する 2 本の棒

$(l\sin\phi, -l\cos\phi, 0)$ の位置にあるものとする（図 9.15）．**9.2 節**　B

【4】 第 8 章では固定された回転軸をもつ剛体を考えた．そこでは角運動量ベクトル $\boldsymbol{L}$ は角速度ベクトル $\boldsymbol{\omega}$ に比例し，比例係数は軸周りの慣性モーメント I であるとした．さて，軸は一般には本章で学んだ慣性主軸となっていない．前章の議論の正当性について論じなさい．**9.2 節**　B

【5】 ある瞬間の剛体の状態を表すには，重心の位置座標，オイラー角の計 6 変数の指定が必要十分である．別の見方として，剛体中の複数の点の座標を指定することで剛体の状態を表すことができる．必要十分な点の数はいくつか．ただし，同一直線上には最大 2 点しか乗らないように点をとるものとする．**9.5 節**　A

【6】 角運動量ベクトルの z 成分を，慣性主軸座標系の角運動量ベクトルの成分，また，オイラー角を用いた表示でそれぞれ表しなさい．さらに，主慣性モーメントが $I_X = I_Y = I_\perp \neq I_Z$ となっているときも示しなさい．**9.5 節**　B

【7】 半径 a，質量 M の一様な円板に，その中心を通る軽く細い棒を垂直に固定し，対称こまを作った．円板からこまの軸先までの距離を R とする．このこまを軸周りの角速度 ω_Z で回したところ，軸先は動かないまま，こまの軸は鉛直線からの角度 θ_0 を一定に保ちつつ角速度 Ω で歳差運動した．Ω と ω_Z の関係を求めなさい．ただし，$\omega_Z \gg \Omega$ とする．**9.5 節**　B

【8】 軸先が地面の 1 点に固定され，こまの軸と（鉛直な）z 軸とのなす角度 $\theta = \theta_0$ = 一定となっている対称こま（9.5 節の例題 9.11 と同じもの，こまの重心からこまの軸先までの距離を R とする）が，z 軸の周りを一定の角速度 Ω で歳差運動している．角運動量ベクトルの時間変化は，慣性系においては方程式 $\dot{\boldsymbol{L}} = \boldsymbol{N}$ に従う．この式から直接に（つまりオイラーの運動方程式を経由せずに）Ω を求めなさい．
9.5 節　B

【9】 質量 m，半径 r のコインが水平面上を滑ることなく一定の速さで転がり，接地軌道が原点を中心とした半径 R の円を描いている．コインの面の傾きは地面に対し

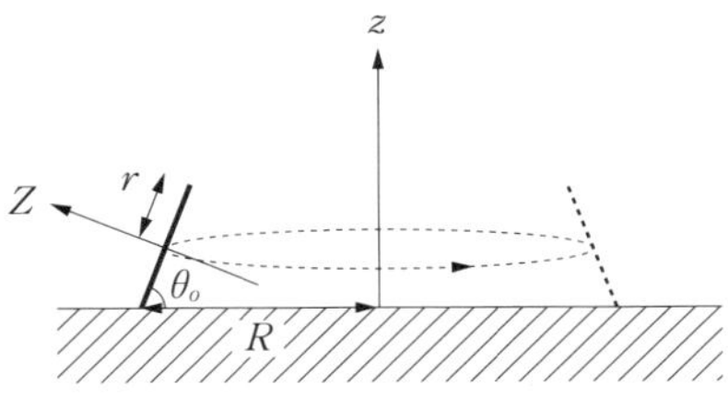

図 9.16　等速回転するコイン

て一定（θ_0）である（図 9.16）．円運動の角速度 Ω の大きさを求めなさい．ただし，コインは一様な円板であるとする．**9.5 節**　C

【10】 軸先の位置が原点 O に固定された対称こまの，一般の運動について考察しなさい．また，回転軸が鉛直であるこまの定常状態を**眠りごま**とよぶ（「こまが澄む」ともいう）．対称こまについて，眠りごまの安定性を考察しなさい．**9.5 節**　C

もっと勉強したい読者の方へ

さらに力学の学習を進めたい方のために，参考となる図書を挙げておく．なかには絶版のものもあるが，意欲のある方は図書館などで検索の後，勉強していただきたい．

・高校の物理の復習のためには，
［1］数研出版編集部 編：「もういちど読む数研の高校物理 第1巻」（数研出版）
がある．
・拙著であるが，初等力学の把握と総括のためには，
［2］白石清 著：「絶対わかる力学」（講談社）
［3］白石清 著：「絶対わかる物理の基礎知識」（講談社）
をお勧めする．
・初等的な事柄から始め，ユニークな視点で書かれている本としては，以下のようなものが挙げられる．
［4］A. P. フレンチ 著，橘高知義 監訳：「MIT 物理　力学」（培風館）
［5］V. D. バージャー，M. G. オルソン 共著，戸田盛和，田上由紀子 共訳：「力学 − 新しい視点にたって −」（培風館）
［6］江沢洋 著：「物理は自由だ 1　力学」（日本評論社）
［7］江沢洋 著：「力学　高校生・大学生のために」（日本評論社）
［8］ハリディ，レスニック，ウォーカー，ホワイテントン 共著，野崎光昭 訳：「演習・物理学の基礎［1］力学」（培風館）
・初等的な教科書としては，以下のようなものが挙げられる．
［9］小出昭一郎 著：「物理テキストシリーズ　力学」（岩波書店）
［10］岡真 著：「質点系の力学」（共立出版）
［11］安江正樹 著：「はじめての力学」（講談社）
［12］青木健一郎 著：「コア・テキスト　力学」（サイエンス社）
［13］松下貢 著：「物理学講義　力学」（裳華房）

・標準的な教科書および演習書として，以下のように多くの本があるが，読者の好みにより，優劣はつけかねる．

[14] 植松恒夫 著：「力学」（学術図書出版社）
[15] 篠本滋，坂口英継 共著：「基幹講座物理学　力学」（東京図書）
[16] 大場一郎，中村純 共著：「理工系の標準力学」（培風館）
[17] 米谷民明 著：「物理学基礎シリーズ 1　力学」（培風館）
[18] 松田哲 著：「パリティ物理学コース　力学」（丸善）
[19] 原島鮮 著：「力学　三訂版」（裳華房）
[20] 原島鮮 著：「力学 I－質点・剛体の力学－」（裳華房）
[21] 原島鮮 著：「基礎物理学選書 1　質点の力学」（裳華房）
[22] 原島鮮 著：「基礎物理学選書 3　質点系・剛体の力学」（裳華房）
[23] 原島鮮 著：「大学演習　物理学コンパニオン」（学術図書出版社）
[24] 若桑光雄 著：「大学課程　力学演習」（培風館）
[25] 荒井賢三，橋本正章 共著：「力学の基礎演習」（学術図書出版社）
[26] 後藤憲一，山本邦夫，神吉建 共編：「詳解力学演習」（共立出版）
[27] アーノルド・ゾンマーフェルト 著，高橋安太郎 訳：「ゾンマーフェルト理論物理学講座 I　力学」（講談社）

・教科書ではないが，力学や物理を体得するための計算例題集としては，

[28] クリフォード・スワルツ 著，園田英徳 訳：「物理がわかる実例計算 101 選」（講談社ブルーバックス）

がある．

・最後に，物理用語の整理のため，

[29]「物理学辞典　三訂版」（培風館）

が便利である．

章末問題略解

第 1 章

【1】 速度は一定なので $v = 5\ \mathrm{m/s}$．位置は $x = 5\ \mathrm{m/s} \times 3\ \mathrm{s} = 15\ \mathrm{m}$.

【2】 速度は $v = 2\ \mathrm{m/s^2} \times 3\ \mathrm{s} = 6\ \mathrm{m/s}$．位置は $x = (1/2) \times 2\ \mathrm{m/s^2} \times (3\ \mathrm{s})^2 = 9\ \mathrm{m}$.

【3】 $v^2 - 1^2 = 2 \times 2\ \mathrm{m/s^2} \times 6\ \mathrm{m}$ より，$v = 5\ \mathrm{m/s}$.

【4】 図を描いて考える．また，座標成分を用いた考察でもよい．$\boldsymbol{r}' = \boldsymbol{r} - \boldsymbol{R}$ である．

【5】 (a) $\boldsymbol{v}(t) = (Abe^{bt}(\cos bt - \sin bt),\ Abe^{bt}(\sin bt + \cos bt),\ 0)$.

(b) $\boldsymbol{v}(t) = (\nu L \sinh \nu t,\ \nu L \cosh \nu t,\ L/t)$.

ここで，指数関数の導関数について $(d/dx)e^x = e^x$，双曲線関数の導関数について $(d/dx)\sinh x = \cosh x$，$(d/dx)\cosh x = \sinh x$，対数関数の導関数について $(d/dx)\ln x = 1/x$ を使った．また，$df(bt)/dt = b\dot{f}(bt)$（b は定数）に注意する．

【6】 (a) $0\ \mathrm{s} < t < 5\ \mathrm{s}$ では $v = 2\ \mathrm{m/s}$，$5\ \mathrm{s} < t < 8\ \mathrm{s}$ では $v = 0\ \mathrm{m/s}$，$8\ \mathrm{s} < t < 10\ \mathrm{s}$ では $v = 10\ \mathrm{m/s}$，$10\ \mathrm{s} < t < 20\ \mathrm{s}$ では $v = 1\ \mathrm{m/s}$.

(b) 図 1 のようになる．

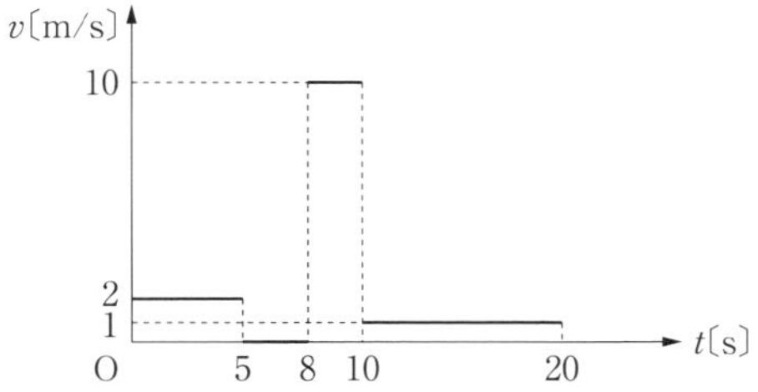

図 1

【7】 (a) 初めの 10 秒間で進んだ距離を x_1〔m〕とすると $x_1 = 15\ \mathrm{m/s} \times 10\ \mathrm{s} = 150\ \mathrm{m}$ である．(b) 30 秒間に車が進んだ距離を x_2〔m〕とすると $x_2 = 150\ \mathrm{m} + 20\ \mathrm{m/s} \times 20\ \mathrm{s} = 550\ \mathrm{m}$ である．

(c) 図 2 のようになる．

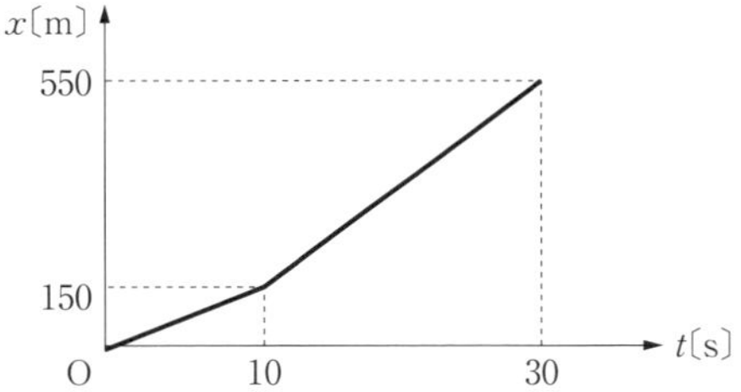

図 2

【8】 $v(t) = d\boldsymbol{r}/dt = \boldsymbol{v}_0 + \boldsymbol{a}_0 t$，$\boldsymbol{a}(t) = d^2\boldsymbol{r}/dt^2 = d\boldsymbol{v}/dt = \boldsymbol{a}_0$. 以上のことは，成分で表せば $x(t) = x_0 + v_{0x}t + (1/2)a_{0x}t^2$，$y(t) = y_0 + v_{0y}t + (1/2)a_{0y}t^2$，$z(t) = z_0 + v_{0z}t + (1/2)a_{0z}t^2$ から $dx/dt = v_{0x} + a_{0x}t$，$dy/dt = v_{0y} + a_{0y}t$，$dz/dt = v_{0z} + a_{0z}t$
および $d^2x/dt^2 = a_{0x}$，$d^2y/dt^2 = a_{0y}$，$d^2z/dt^2 = a_{0z}$ を求めることと同じである.
【9】 (a) $\boldsymbol{a}(t) = (-2Ab^2e^{bt}\sin bt,\ 2Ab^2e^{bt}\cos bt,\ 0)$.
(b) $\boldsymbol{a}(t) = (\nu^2 L\cosh \nu t,\ \nu^2 L \sinh \nu t,\ -L/t^2)$.
【10】 (a) $0\,\mathrm{s} < t < 3\,\mathrm{s}$ では $a = 5\,\mathrm{m/s^2}$，$3\,\mathrm{s} < t < 6\,\mathrm{s}$ では $a = 0\,\mathrm{m/s^2}$，$6\,\mathrm{s} < t < 14\,\mathrm{s}$ では $a = -2.5\,\mathrm{m/s^2}$，$14\,\mathrm{s} < t < 18\,\mathrm{s}$ では $a = 0\,\mathrm{m/s^2}$，$18\,\mathrm{s} < t < 23\,\mathrm{s}$ では $a = 1\,\mathrm{m/s^2}$ (b) $1.125 \times 10^2\,\mathrm{m}$ (c) $75\,\mathrm{m}$

第2章

【1】 mv/F.
【2】 (a) $\boldsymbol{v} = \boldsymbol{v}' + \boldsymbol{V}$ を観測する. このとき，$\boldsymbol{v}$ は船の川岸（の観測者）に対する**相対速度**である，などという.
(b) 三平方の定理により，5 m/s.
【3】 光の速度は秒速約 30 万 km. 真の位置との方向のずれは $\sim 10^{-4}$ 程度である（$\sim$ は，数値の桁がおおむね一致していることを表す）. よって，角度にして約 21 秒ほど垂直方向から公転方向に傾ければよい.
【4】 $1.0\,\mathrm{kg} \times 9.8\,\mathrm{m/s^2} = 9.8\,\mathrm{N}$. なお，これを 1 kg 重（または 1 kgw）とよぶ.
【5】 $mg\cos\theta$，$mg\sin\theta$.
【6】 (a) $m/M = 1/\tan\theta$（$= \cot\theta$）.
(b) $(1 - \mu\tan\theta)/(\tan\theta + \mu) \leqq m/M \leqq (1 + \mu\tan\theta)/(\tan\theta - \mu)$.
【7】 h は最大 $(1 - 1/\sqrt{1 + \mu^2})R$ である.
【8】 (a) $f = \{m/(M + m)\}F$. F の上限値は $\mu(M + m)g$.
(b) $a' = \mu' g$.
【9】 加速度の大きさは $a = g(\sin\theta - \mu'\cos\theta)$.
【10】 (a) $a = \{(M - \mu' m)/(M + m)\}g$.
(b) $M \leqq \mu m$.

第3章

【1】 速度の向きは鉛直下向き，大きさ（速さ）は $9.8\,\mathrm{m/s^2} \times 2\,\mathrm{s} = 19.6\,\mathrm{m/s}$. 落下距離は $(1/2) \times 9.8\,\mathrm{m/s^2} \times (2\,\mathrm{s})^2 = 19.6\,\mathrm{m}$ であるので，地上から 6.4 m 上空の位置.
【2】 $t_1 = (m/b)\ln(1 + bv_0/mg)$.

【3】 $v(t) = \sqrt{mg/b'}\tanh\sqrt{b'g/m}\,t$．$\sqrt{b'g/m}\,t \sim 0$ のときは $v \sim gt$ である．また，$\sqrt{b'g/m}\,t$ が大きいと $v \sim \sqrt{mg/b'}$ となり，これが，この場合の終端速度である．なお，$\tanh x = \sinh x/\cosh x$ である．

【4】 噴水の形は $y = v_0{}^2/2g - (g/2v_0{}^2)x^2$ で表される放物線である（図3の太い線）．なお，このように，数学的にある条件がついた曲線群の境界となる曲線を包絡線とよぶ．

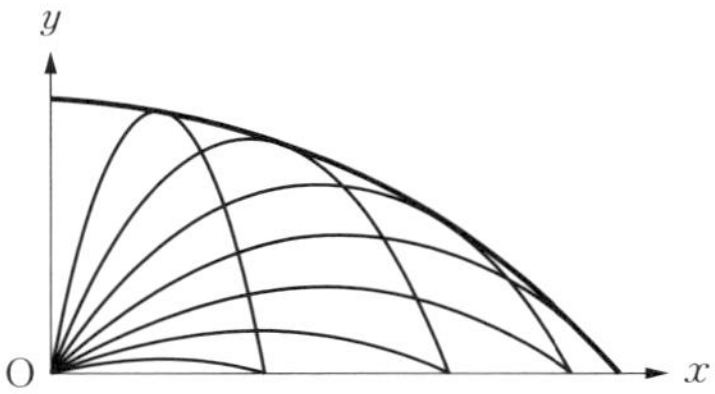

図3

【5】 $C = v_0{}^2/2g$ とおくと放物線は $y = C - (1/4C)x^2$ と書ける．C が LC におきかえられたとき，$y = LC - (1/4LC)x^2$ となるが，これは $y/L = C - (1/4C)(x/L)^2$ と等価である．したがって，相似比（$1/L$）倍で相似形となる．

【6】 (a) $mg = k(l - l_0)$ より $l = l_0 + mg/k$．

(b) $m(d^2x/dt^2) + kx = 0$．

(c) $x(t) = a\cos\omega t + b\sin\omega t$，$\omega = \sqrt{k/m}$．

(d) $x(t) = A\cos\omega t$．

(e) $v_{\max} = A\omega$，このとき $x = 0$ である．

【7】 $T = 2\pi(1\,\mathrm{m}/9.8\,\mathrm{m/s^2})^{1/2} = 2.0\,\mathrm{s}$．

【8】 浮きは周期 $T = 2\pi\sqrt{m/\rho Sg} = 2\pi\sqrt{l/g}$ の単振動をする．

【9】 フックの法則のように，復元力が地球の中心からの距離に比例した大きさをもつことがわかる．運動の周期は $T = 2\pi\sqrt{R_\oplus/g}$ である．なお，地球半径 $R_\oplus = 6.37 \times 10^6\,\mathrm{m}$，重力加速度の大きさ $g = 9.80\,\mathrm{m/s^2}$ としたとき，周期は84.4分である．

【10】 $T = 2\pi\sqrt{R_\oplus/g}$．

第4章

【1】 $w = 10\,\mathrm{N} \times 2\,\mathrm{m} = 20\,\mathrm{J}$．

【2】 $P = 1000\,\mathrm{kg} \times 9.8\,\mathrm{m/s^2} \times 10\,\mathrm{m/s} = 98000\,\mathrm{W} = 98\,\mathrm{kW}$．

【3】 $3\,\mathrm{kg} \times 9.8\,\mathrm{m/s^2} \times 2.5\,\mathrm{m} = 73.5\,\mathrm{J}$．

【4】 動摩擦力は物体の運動と逆向きにほぼ一定の大きさではたらく．物体の運動の道筋によって，動摩擦力の及ぼす仕事（道のりに比例する）はいろいろな値をとるので，動摩擦力は非保存力である．

【5】 $(1/2) \times 100\,\mathrm{N/m} \times (0.1\,\mathrm{m})^2 = 0.5\,\mathrm{J}$．

【6】 $(1/2) \times 3\,\mathrm{kg} \times (7\,\mathrm{m/s})^2 = 73.5\,\mathrm{J}$.
【7】 (a) $m(d^2x/dt^2) = -\mu' mg$.
(b) $v(t) = v_0 - \mu' gt$, $x(t) = x_0 + v_0 t - (1/2)\mu' gt^2$.
(c) 静止する時刻は $t_\mathrm{s} = v_0/\mu' g$, $s = v_0{}^2/2\mu' g$.
(d) $w = \int_0^{t_\mathrm{s}} (-\mu' mg)(v_0 - \mu' gt)\,dt = -\mu' mgs = -(1/2)mv_0{}^2$.
【8】 $v_x = v_{x0}$, $v_y = v_{y0} - gt$, $y = v_{y0}t - (1/2)gt^2$ を用いる.
【9】 保存力は $\boldsymbol{F} = (-\partial U/\partial x, -\partial U/\partial y, -\partial U/\partial z)$ と表されるので, $\nabla \times \boldsymbol{F} = (-\partial^2 U/\partial y\partial z + \partial^2 U/\partial z\partial y, -\partial^2 U/\partial z\partial x + \partial^2 U/\partial x\partial z, -\partial^2 U/\partial x\partial y + \partial^2 U/\partial y\partial x) = (0, 0, 0) = \mathbf{0}$ である.
【10】 周期は $T = 2\pi\sqrt{m/-2E}$. 微小振動の場合は $T \sim 2\pi\sqrt{m/2U_0}$ である.

第5章

【1】 $\omega_\oplus = 2\pi/(24 \times 3600\,\mathrm{s}) = 7.3 \times 10^{-5}\,\mathrm{s}^{-1}$.
【2】 ケプラーの第3法則により, $a_0{}^3/T^2$ はどの惑星でも一定である. 木星軌道の平均半径 a_0 は $(12)^{2/3} = 5.2$ 天文単位となる.
【3】 人工天体の近地点距離が地球軌道の平均半径, 遠地点距離が火星の平均半径とする. この軌道の平均半径は1.26天文単位である. 周期を T 年とすると, ケプラーの第3法則により $(1.26)^3/T^2 = 1$ なので, 周期は約1.4年, ゆえに往復に約1.4年かかる.
【4】 角運動量保存則または面積速度一定の法則によって, $a_1 v_1 = a_2 v_2$, すなわち $v_1/v_2 = 60$ である.
【5】 最小の高さは, $h = (5/2)R$ である.
【6】 最小の d は $d = (3/5)l$.
【7】 (a) $S = mr\omega^2$, $L = mr^2\omega =$ 一定.
(b) $L = mh$ とすると, $S = mh^2/r^3$ である. よって, $\int_R^{R'} (mh^2/r^3)(-dr) = (mh^2/2)(-1/R^2 + 1/R'^2) = (1/2)mv^2|_{r=R'} - (1/2)mv^2|_{r=R}$ である.
(c) 角振動数は $\omega = \sqrt{3Mg/(m+M)r_0}$, 周期は $T = 2\pi\sqrt{(m+M)r_0/3Mg}$ となる.
【8】 (a) 1日は $T = 86400\,\mathrm{s}$ であるから, 静止衛星の軌道半径 r は $r = (GM_\oplus T^2/4\pi^2)^{1/3} = 4.22 \times 10^7\,\mathrm{m}$ である. 地表からの距離は $3.59 \times 10^7\,\mathrm{m}$ である.
(b) $(1/2)v^2 - GM_\oplus/R_\oplus = -GM_\oplus/2r$ より, $10.8\,\mathrm{km/s}$ である. (c) $(1/2)v^2 - GM_\oplus/R_\oplus = -GM_\oplus/r$ より $10.3\,\mathrm{km/s}$ である.
【9】 まず, レンツ・ベクトルを t で微分し, 運動方程式を用いる. 5.6節で求めた解を代入すると, $\varepsilon_x = \varepsilon$, $\varepsilon_y = 0$, $\varepsilon_z = 0$ が得られ, したがって, $\boldsymbol{\varepsilon}$ は大きさが離心率に等しく, 近日点の方向を向いているベクトルである.
【10】 $U(r) = (1/2)m\omega^2 r^2$ の形である.

第6章

【1】 $a = 9.8\,\mathrm{m/s^2} \times \tan \pi/6 = 5.7\,\mathrm{m/s^2}$.
【2】 鉛直下方に重力 mg と慣性力 ma の合力がはたらく．したがって，$T = 2\pi\sqrt{l/(g+a)}$ である．
【3】 この場合，重力 mg と大きさ ma の慣性力との合力の大きさは，$m\sqrt{g^2+a^2}$ である．したがって，$T = 2\pi\sqrt{l/\sqrt{g^2+a^2}}$ である．
【4】 $\tilde{F} = 50\,\mathrm{kg} \times 10\,\mathrm{m} \times (2\pi/20\,\mathrm{s})^2 = 49\,\mathrm{N}$．ちなみに，質量 50 kg の物体にはたらく重力 $W = 50\,\mathrm{kg} \times 9.8\,\mathrm{m/s^2} = 490\,\mathrm{N}$ のおよそ 10 分の 1 である．
【5】 地球の半径を $R_\oplus = 6.37 \times 10^6\,\mathrm{m}$，自転周期を（本当は 1 日より短いが近似として）$T = 86400\,\mathrm{s}$ とする．赤道上の地点における遠心力による加速度の大きさは，$a = R_\oplus\omega^2 = R_\oplus(2\pi/T)^2 = 0.0337\,\mathrm{m/s^2}$ と求められる．遠心力の大きさは，半径が一定ならば角速度の 2 乗に比例する．$g/a = 9.8/0.0337 \sim 290 \sim (17)^2$ なので，角速度が約 17 倍になれば，重力と遠心力の大きさが等しくなる．
【6】 コリオリの力は上方にはたらく．比は，$(2 \times 7.3 \times 10^{-5} \times 700000 \div 3600)/9.8 = 2.9 \times 10^{-3}$ となる．
【7】 $(g/\omega^2)\cot(\theta+\theta_0) \leqq r \leqq (g/\omega^2)\cot(\theta-\theta_0)$.
【8】 (a) $m(d^2r/dt^2 - r\omega^2) = 0$，$(d/dt)mr^2\omega = nr$，ただし抗力を n とする．解は $r = l\cosh\omega t$ である．抗力の大きさは，$n = 2m(dr/dt)\omega$ である．ビーズの運動エネルギーの変化率は，$rn\omega$ である．(b) $m(d^2r/dt^2) =$ 遠心力 $= mr\omega^2$.
【9】 $(1/3)(v_0{}^3/g^2)\omega\cos\alpha$ だけ東へずれる．
【10】 $(4/3)(v_0{}^3/g^2)\omega\cos\alpha$ だけ西へずれる．

第7章

【1】 運動量変化は力積に等しい．向きも考慮すると，$0.1\,\mathrm{kg} \times v\,[\mathrm{m/s}] - 0.1\,\mathrm{kg} \times (-25\,\mathrm{m/s}) = 6.0\,\mathrm{N\cdot s}$ であるから，$v = 35\,\mathrm{m/s}$.
【2】 人の飛び込んだ方向と逆向きに，1 m/s で動き出す．
【3】 運動量保存則より，$2\,\mathrm{kg} \times 2\,\mathrm{m/s} + 1\,\mathrm{kg} \times 1\,\mathrm{m/s} = 2\,\mathrm{kg} \times 1.5\,\mathrm{m/s} + 1\,\mathrm{kg} \times v\,[\mathrm{m/s}]$，これを解いて $v = 2\,\mathrm{m/s}$．反発係数は $e = (2\,\mathrm{m/s} - 1.5\,\mathrm{m/s})/(2\,\mathrm{m/s} - 1\,\mathrm{m/s}) = 0.5$.
【4】 弾性衝突と同じとして考えればよい．木星の速度は変化しないと考えられるので，$13\,\mathrm{km/s} + 10\,\mathrm{km/s} = -13\,\mathrm{km/s} + v\,[\mathrm{km/s}]$ より $v = 36\,\mathrm{km/s}$．（ガリレイ変換により，木星が静止している座標系を考えれば，そこでは壁との弾性衝突と等価である．）
【5】 運動量保存則を用いる．$V_x = 3\,\mathrm{m/s}$，$V_y = 4\,\mathrm{m/s}$（速さ $V = 5\,\mathrm{m/s}$）.
【6】 はかりの目盛りは $\lambda(3l+2h)\,[\mathrm{kg}]$ である．
【7】 上昇する高さは，$(V^2/2g) = \{m/(m+M)\}^2(v^2/2g)$ となる．

【8】　$V' = \{(M - m)/(M + m)\}V$，$v_G = v/2 = \{m/(m + M)\}V$．ちなみに，この連結体を1つの物体と見なしたときの有効反発係数は，$e = (v_G - V')/V = m/(m + M)$ となる．
【9】　角速度は $\omega = \sqrt{GM/d^3}$ で与えられる．
【10】　質点とばねの数を増やしていくと，それらの点は正弦関数のグラフの上に乗り，どんどん個数を増やしていくと，両端を固定した弦のような振動にどんどん近づいていく．基準振動数は，$\omega_a{}^2 = 2[1 - \cos\{\pi a/(N + 1)\}]\omega_0{}^2$ である．ただし，$\omega_0{}^2 = k/m$ とした．

第8章

【1】　腕を伸ばした状態から胴体に近づけると，回転軸周りの慣性モーメントは減少する．角運動量保存則により，慣性モーメントが半分になれば角速度は倍になる．
【2】　ボールの質量を M〔kg〕とする．並進の運動エネルギーは，$(1/2) \times M$〔kg〕$\times (8\,\mathrm{m/s})^2 = 32\,M$〔J〕．滑らずに転がる場合の回転のエネルギーは，$(1/2) \times (2/5) \times M$〔kg〕$\times (0.2\,\mathrm{m})^2 \times (8\,\mathrm{m/s}/0.2\,\mathrm{m})^2 = 12.8\,M$〔J〕．したがって，答えは $(32 + 12.8)/32 = 1.4$ である．
【3】　蝶番周りにおける力のモーメントのつり合い $Mg(L/2) = SL\sin\theta$ から，張力の大きさは $S = Mg/2\sin\theta$ である．力のつり合いより，蝶番から棒にはたらく力は，水平方向成分は $S\cos\theta = Mg/2\tan\theta$，垂直方向成分は $Mg - S\sin\theta = Mg/2$ となる．
【4】　$R = I/MR'$ となる．この位置を**打撃の中心**，またはスイートスポットとよぶ．ちなみに，一様な棒の端をもつなら，そこから棒の長さの2/3のところが打撃の中心である．なお，$R + R'$ は，慣性モーメントが I である実体振り子の相当単振り子の長さと一致する．
【5】　慣性モーメントは $(1/4)\,M\{a^2 + (1/3)\,h^2\}$．
【6】　平行軸の定理より $T = 2\pi\sqrt{(I_G + MR^2)/MgR}$．$(I_G + MR^2)/MgR$ が最小となるのは $MR^2 = I_G$ のときで，このとき $T = 2\pi\sqrt{2R/g}$ である．
【7】　$R' = I_G/MR$．このときの周期は，$T = 2\pi\sqrt{(R + R')/g}$．
【8】　加速度 $a = Mg/\{M + (I/R^2)\}$ である．なお，質量分布が一様な円板では，$a = (2/3)g$ となる．ちなみに，$S = \{I/(I + MR^2)\}Mg$ である．
【9】　$T = 2\pi\sqrt{3(R - a)/2g}$．
【10】　$\cos\theta = 10/17$．

第9章

【1】　回転角速度を ω として，$2\pi/1\,\mathrm{s} = (50 \times 10^{-3}\,\mathrm{kg} \times 9.8\,\mathrm{m/s^2} \times 4 \times 10^{-2}\,\mathrm{m})$

$\div \{(1/2) \times 50 \times 10^{-3}\,\mathrm{kg} \times (3 \times 10^{-2}\,\mathrm{m})^2 \times \omega$〔rad/s〕$\}$ より，$\omega = 139\,\mathrm{rad/s}$．1 秒当りの回転数は $\omega/2\pi = 22.1$ 回/秒となる．

【2】 球の質量を m，半径を r，慣性モーメントを I，円運動の半径を R とするとき，$I\{R(\Omega - \omega)/r\}\omega = mRr\omega^2$ となる．したがって，$\omega = \{I/(I + mr^2)\}\Omega$，$I = (2/5)mr^2$ を代入すると，$\omega = (2/7)\Omega$ である．

【3】 $I_{xx} = 2ml^2$，$I_{yy} = 2ml^2$，$I_{zz} = 4ml^2$，他の要素，すなわち慣性乗積はゼロである．したがって，この場合，x，y，z それぞれの軸が慣性主軸である．また，ϕ によらないことから，$z = 0$ の平面上に任意の直交する軸を主軸とすることができる．このように，回転体でなくても主慣性モーメントが $I_X = I_Y = I_\perp \neq I_Z$ となっている剛体は無数に存在する．

【4】 角運動量ベクトル $\boldsymbol{L}$ と角速度ベクトル $\boldsymbol{\omega}$ の関係は，慣性テンソル $\tilde{I}$ を用いて $\boldsymbol{L} = \tilde{I}\boldsymbol{\omega}$ と表される．座標軸は，任意に設定できるので角速度ベクトル $\boldsymbol{\omega}$ の方向に z 軸をとる．このとき $\boldsymbol{\omega} = (0, 0, \omega)$ である．したがって，$\boldsymbol{L} = (I_{xz}\omega,\ I_{yz}\omega,\ I_{zz}\omega)$ となる．角運動量の時間微分は $\dot{\boldsymbol{L}} = (I_{xz}\dot{\omega},\ I_{yz}\dot{\omega},\ I_{zz}\dot{\omega})$ となる．この x 成分，y 成分は一般にゼロではないが，固定された軸からの抗力が剛体に力のモーメントの x 成分，y 成分を与えることによって，軸は固定された方向を向いたままであると考えられる．なお，軸は摩擦力のような力がなければ，z 成分をもつ力のモーメントを与えることはないことに注意する．したがって，$\dot{L}_z = I_{zz}\dot{\omega}$ のみ考えればよい．ちなみに，回転の運動エネルギーも，この場合同様に考え，$K = (1/2)I_{zz}\omega^2$ とすればよいことがわかる．

【5】 もちろん，1 点では無理である．剛体中の 2 点を固定すると，その 2 点を結ぶ軸周りの回転の自由度がまだ残っている．3 点を選べば，剛体の位置，向き共に固定することができる．このとき，3 点の座標それぞれ 3 成分，全部で $3 \times 3 = 9$ つの変数があるように思えるが，剛体中の質点の互いの位置は固定されているため，3 点を頂点とした三角形の 3 辺は変化しえないので，独立変数の数は $9 - 3 = 6$ である．当然ながら，剛体の状態を重心位置・オイラー角で表す場合とその自由度は同一である．

【6】 $L_z = \boldsymbol{L}\cdot\boldsymbol{e}_z = I_X(\dot{\theta}\cos\psi + \dot{\phi}\sin\theta\sin\psi)\sin\theta\sin\psi + I_Y(-\dot{\theta}\sin\psi + \dot{\phi}\sin\theta \times \cos\psi)\sin\theta\cos\psi + I_Z(\dot{\psi} + \dot{\phi}\cos\theta)\cos\theta$．$I_X = I_Y = I_\perp$ のときは，$L_z = I_\perp\dot{\phi}\sin^2\theta + I_Z\omega_Z\cos\theta$ である．

【7】 $\omega_Z{}^2$ が十分大きいとき，2 つの解は $\Omega = I_Z\omega_Z/I_\perp\cos\theta$，$\Omega = MgR/I_Z\omega_Z$ である．これに，$I_Z = (1/2)Ma^2$，および $I_\perp = (1/4)Ma^2 + MR^2$ を代入すると，$\Omega = 2a^2\omega_Z/(a^2 + 4R^2)\cos\theta_0$，$\Omega = 2gR/a^2\omega_Z$ となる．

【8】 角運動量ベクトル $\boldsymbol{L} = I_\perp\Omega\sin\theta_0(\sin\psi\,\boldsymbol{e}_X + \cos\psi\,\boldsymbol{e}_Y) + I_Z\omega_Z\boldsymbol{e}_Z$ を用いると，$\dot{\boldsymbol{L}} = \Omega\boldsymbol{e}_Z \times \boldsymbol{L} = (I_Z\omega_Z\Omega - I_\perp\Omega^2\cos\theta_0)\sin\theta_0(\cos\psi\,\boldsymbol{e}_X - \sin\psi\,\boldsymbol{e}_Y)$ を得る．これが $\boldsymbol{N} = MgR\sin\theta_0\,(\cos\psi\,\boldsymbol{e}_X - \sin\psi\,\boldsymbol{e}_Y)$ と等しいので，$I_Z\omega_Z\Omega - I_\perp\Omega^2\cos\theta_0 = mgR$ が求められる．この式は 9.5 節例題 9.11（9.60）と同一であるので，Ω として（9.61），（9.62）が求められる．

【9】 円運動の角速度は $\Omega = \sqrt{4g\cos\theta_0/\sin\theta_0(6R - 5r\cos\theta_0)}$ である．

【10】 力学的エネルギーを求め，有効ポテンシャル $U(\theta) = (1/2)I_Z\,\omega_Z{}^2 +$

$MgR\cos\theta + (L_Z - I_Z\omega_Z\cos\theta)^2/2I_\perp\sin^2\theta$ を導く．θ の微小振動は角振動数 $\omega' \sim I_Z\omega_Z/I_\perp$ をもつ．このようなこまの軸の角度の周期的変化を**章動**とよぶ．

眠りごまの場合 $L_z = I_Z\omega_Z$ で，安定な微小振動が存在する条件から，${\omega_Z}^2 > 4I_\perp MgR/{I_Z}^2$ であれば眠りごまは安定であることがわかる．

索　　　引

著者略歴

白石　清（しらいし きよし）

1960年　東京都生まれ

1987年　東京都立大学（現 首都大学東京）大学院理学研究科博士課程修了，理学博士．

1991年9月～1993年3月　秋田短期大学（現 ノースアジア大学）商経科専任講師

1993年4月～1996年3月　秋田経済法科大学秋田短期大学商経科助教授

1996年4月～2003年3月　山口大学理学部自然情報科学科助教授

2003年4月～2006年3月　山口大学理学部自然情報科学科教授

2006年4月～　山口大学大学院理工学研究科教授（改組による），現在に至る．

専攻　素粒子理論，重力理論

研究テーマ　高次元重力理論に基づいた素粒子統一理論および宇宙論モデル

主な著書：

「絶対わかる力学」，「絶対わかる電磁気学」，「絶対わかる熱力学」，「絶対わかる量子力学」，「絶対わかる物理数学」，「絶対わかる物理の基礎知識」（以上，講談社サイエンティフィク）

理工系の基礎　**力学**

2015年11月5日　第1版1刷発行
2021年6月30日　第2版1刷発行

検印省略

定価はカバーに表示してあります．

著作者　白石　清
発行者　吉野和浩
発行所　〒102-0081 東京都千代田区四番町8-1
電話　(03)3262－9166
株式会社　裳華房
印刷所　中央印刷株式会社
製本所　牧製本印刷株式会社

一般社団法人
自然科学書協会会員

ISBN 978-4-7853-2247-2

本質から理解する　数学的手法

荒木　修・齋藤智彦 共著　Ａ５判／210頁／定価 2530円（税込）

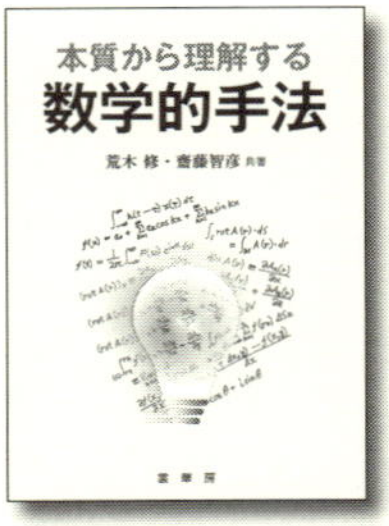

大学理工系の初学年で学ぶ基礎数学について，「学ぶことにどんな意味があるのか」「何が重要か」「本質は何か」「何の役に立つのか」という問題意識を常に持って考えるためのヒントや解答を記した．話の流れを重視した「読み物」風のスタイルで，直感に訴えるような図や絵を多用した．

【主要目次】1. 基本の「き」　2. テイラー展開　3. 多変数・ベクトル関数の微分　4. 線積分・面積分・体積積分　5. ベクトル場の発散と回転　6. フーリエ級数・変換とラプラス変換　7. 微分方程式　8. 行列と線形代数　9. 群論の初歩

力学・電磁気学・熱力学のための　基礎数学

松下　貢 著　Ａ５判／242頁／定価 2640円（税込）

「力学」「電磁気学」「熱力学」に共通する道具としての数学を一冊にまとめ，豊富な問題と共に，直観的な理解を目指して懇切丁寧に解説．取り上げた題材には，通常の「物理数学」の書籍では省かれることの多い「微分」と「積分」，「行列と行列式」も含めた．

【主要目次】1. 微分　2. 積分　3. 微分方程式　4. 関数の微小変化と偏微分　5. ベクトルとその性質　6. スカラー場とベクトル場　7. ベクトル場の積分定理　8. 行列と行列式

大学初年級でマスターしたい　物理と工学の　ベーシック数学

河辺哲次 著　Ａ５判／284頁／定価 2970円（税込）

手を動かして修得できるよう具体的な計算に取り組む問題を豊富に盛り込んだ．

【主要目次】1. 高等学校で学んだ数学の復習 －活用できるツールは何でも使おう－　2. ベクトル －現象をデッサンするツール－　3. 微分 －ローカルな変化をみる顕微鏡－　4. 積分 －グローバルな情報をみる望遠鏡－　5. 微分方程式 －数学モデルをつくるツール－　6. ２階常微分方程式 －振動現象を表現するツール－　7. 偏微分方程式 －時空現象を表現するツール－　8. 行列 －情報を整理・分析するツール－9. ベクトル解析 －ベクトル場の現象を解析するツール－　10. フーリエ級数・フーリエ積分・フーリエ変換 －周期的な現象を分析するツール－

物理数学　［裳華房テキストシリーズ - 物理学］

松下　貢 著　Ａ５判／312頁／定価 3300円（税込）

数学的な厳密性にはあまりこだわらず，直観的にかつわかりやすく解説した．とくに学生が躓きやすい点は丁寧に説明し，豊富な例題と問題，各章末の演習問題によって各自の理解の進み具合が確かめられる．

【主要目次】Ⅰ．常微分方程式（１階常微分方程式／定係数２階線形微分方程式／連立微分方程式）　Ⅱ．ベクトル解析（ベクトルの内積，外積，三重積／ベクトルの微分／ベクトル場）　Ⅲ．複素関数論（複素関数／正則関数／複素積分）　Ⅳ．フーリエ解析（フーリエ解析）

表1　ギリシア文字

大文字	小文字	読　み
A	α	alpha（アルファ）
B	β	beta（ベータ）
Γ	γ	gamma（ガンマ）
Δ	δ	delta（デルタ）
E	ε	epsilon（イプシロン）
Z	ζ	zeta（ゼータ）
H	η	eta（イータ）
Θ	θ	theta（シータ）
I	ι	iota（イオタ）
K	κ	kappa（カッパ）
Λ	λ	lambda（ラムダ）
M	μ	mu（ミュー）
N	ν	nu（ニュー）
Ξ	ξ	xi（グザイ）
O	o	omicron（オミクロン）
Π	π	pi（パイ）
P	ρ	rho（ロー）
Σ	σ	sigma（シグマ）
T	τ	tau（タウ）
Υ	υ	upsilon（ウプシロン）
Φ	ϕ	phi（ファイ）
X	χ	chi（カイ）
Ψ	ψ	psi（プサイ）
Ω	ω	omega（オメガ）